树莓派
趣学100例

余智豪　冯梓洋◎编著

清华大学出版社
北　京

内 容 简 介

　　树莓派(Raspberry Pi)是一款基于 Linux 操作系统的迷你型计算机,为计算机编程教育而设计。本书是针对第 5 代树莓派(Raspberry Pi 5B)的实例教程,列举了 100 个典型的树莓派应用实例,详细介绍树莓派的工作原理、网络应用、程序设计、游戏开发、图像处理、传感器应用、搭建服务器、语音处理、搭建智能小车等知识。

　　本书为初学者入门了解树莓派提供了很好的切入点,使读者全面了解树莓派的应用开发技术。希望读者能在书中找到自己喜欢的实例,顺利入门树莓派。

图书在版编目(CIP)数据

树莓派趣学 100 例 / 余智豪,冯梓洋编著. -- 北京 :清华大学出版社,2025. 6. -- ISBN 978-7-302-68508-1

Ⅰ. TP36

中国国家版本馆 CIP 数据核字第 2025MT2362 号

责任编辑:刘向威
封面设计:文　静
责任校对:申晓焕
责任印制:刘海龙

出版发行:清华大学出版社
　　　　　　网　　　址:https://www.tup.com.cn,https://www.wqxuetang.com
　　　　　　地　　　址:北京清华大学学研大厦 A 座　　　邮　　编:100084
　　　　　　社 总 机:010-83470000　　　邮　　购:010-62786544
　　　　　　投稿与读者服务:010-62776969,c-service@tup.tsinghua.edu.cn
　　　　　　质量反馈:010-62772015,zhiliang@tup.tsinghua.edu.cn
　　　　　　课件下载:https://www.tup.com.cn,010-83470236
印 装 者:北京同文印刷有限责任公司
经　　销:全国新华书店
开　　本:185mm×260mm　　　**印　张:**17　　　**字　数:**417 千字
版　　次:2025 年 6 月第 1 版　　　**印　次:**2025 年 6 月第 1 次印刷
印　　数:1～1500
定　　价:69.00 元

产品编号:105949-01

前言
PREFACE

树莓派(Raspberry Pi)是尺寸仅有信用卡大小的迷你型计算机,可以将树莓派连接电视、显示器、键盘、鼠标等设备使用。树莓派能替代 PC 的多种用途,包括文档编辑、表格处理、程序设计、网页浏览、游戏娱乐,还可以播放 4K 高清视频,可谓是"麻雀虽小,五脏俱全"。研发树莓派的初衷是促进计算机科学教育,但由于其强大的功能和低廉的价格,很快就得到了广大计算机爱好者的青睐,他们用树莓派学习编程,并创造出多种新奇的、风靡一时的软硬件应用项目。

本书由从事计算机专业教育多年的一线教师编写,列举了 100 个典型的树莓派应用实例,以实例开发的方式将基础知识和典型应用相结合,全面系统地介绍了树莓派软硬件应用各个方面的知识,内容包括树莓派应用简介、硬件剖析、操作系统、网络应用、文件管理、办公应用、远程控制、编程入门、游戏开发、外部接口、图像处理、语音处理、搭建智能小车等。

本书由余智豪、冯梓洋等共同编著。余智豪负责编写第 1、8~14、17、18 章,冯梓洋负责编写第 2~6 章,周灵负责编写第 7、15、16 章。冯梓洋审阅全书并提供了许多宝贵意见。周灵、麦丰收、余泽龙、谭杰文、孔维洋、黄琪、李汝成、徐健雄、陈泽浩、彭雪峰等参与了全书的审校工作。全书由余智豪负责策划、修订、审核和定稿。

在本书的编写过程中参考了国内外大量有关树莓派的文献、书刊、网站等资料。在此,对所有的被参考和引用的文献作者表示衷心的感谢。还要感谢所有对本书的写作和出版提供帮助的朋友。更要感谢清华大学出版社的鼎力支持和指导,让本书能够顺利出版。由于编者的水平有限,本书难免存在错误和不妥之处,恳请广大读者不吝赐教。

我们希望将树莓派推广给全世界的青少年计算机爱好者,用于培养计算机程序设计的兴趣和能力。

编　者

2024 年 12 月

目录
CONTENTS

## 第 1 章

树莓派应用简介

实例 1　初识树莓派

树莓派的外形如图 1-1 所示,别看它外表只有信用卡的大小,其内"芯"却很强大,它集合了软件设计、硬件开发、办公软件、视频播放、电子游戏、上网等众多功能,是一款简单实用、功能齐全、物美价廉的迷你型计算机,自树莓派问世以来,受到广大计算机发烧友和创客的追捧,曾经一"派"难求。

树莓派最初是专门为少年儿童学习计算机编程而设计的,其操作系统是基于 Linux 的 Raspbian,可以运行各种免费软件,实现多种多样的功能。

早在 2006 年,英国剑桥大学的埃本·厄普顿(Eben Upton)教授和同事们萌发了研发一种既具备编程能力又廉价的计算机的构想。这款孕育中的迷你型计算机的潜在用户是少年儿童,除了编程,这款迷你型计算机还可以做各种新奇有趣的事情。经过 6 年的不懈努力,2012 年 2 月,世界上第一台树莓派终于诞生了。由厄普顿教授组建的树莓派基金会 (Respberry Pi Foundation)开始正式发售树莓派。这款迷你型计算机价格低廉,只需 35 美元。埃本·厄普顿也被称为树莓派之父,如图 1-2 所示。

图 1-1　树莓派

图 1-2　树莓派之父——埃本·厄普顿

树莓派的芯片是由博通公司开发并制造的。当初,第一代树莓派采用基于 ARM 架构的单核的 CPU——博通 BCM 2835,最新一代的树莓派 5B 已经把 CPU 升级为性能价格比更高的四核的博通 BCM 2712。树莓派以 SD/Micro SD 卡为存储设备,用来替代硬盘。树莓派 5B 主板配置了 4 个 USB 接口、一个千兆以太网有线网络接口和一个 802.ac11 无线网络接口(即 5G WiFi),可连接键盘、鼠标和网线,同时拥有双 HDMI 高清视频输出接口。所有部件全部安装在一张仅比信用卡稍大的主板上,具备了所有计算机的基本功能。既可以满足喜欢折腾的创客们的各种需求,又可以实现如浏览网页、编辑文字、制作表格、玩游戏、播放高清视频等诸多功能。

树莓派由 Element 14/Premier Farnell 公司、RS Components 公司和 Egoman 公司生产和发售。目前,在国内电子商务网站都可以买到树莓派。

实例 2 树莓派的家族成员

从 2012 年 2 月第一台树莓派问世而来,树莓派的性能不断升级,而价格却不变,到目前为止,已经发行了多个不同的版本。下面简单地介绍一下树莓派的家族成员。

1. 树莓派 1

2012 年 2 月,树莓派 1 正式发售,如图 1-3 所示。

树莓派 1 分为 A 和 B 两个型号。

A 型号:博通 BCM2835 处理器、只有 1 个 USB 接口、没有有线网络接口、GPIO 接口只有 26 个针脚、工作电流 500mA、功率 2.5W、只有 256MB 内存。

B 型号:博通 BCM2835 处理器、有 2 个 USB 接口、支持有线网络接口、GPIO 接口只有 26 个针脚、工作电流 700mA、功率 3.5W、有 512MB 内存。

2. 树莓派 2

2014 年 7 月,树莓派 2 正式发售,如图 1-4 所示。

图 1-3 树莓派 1

图 1-4 树莓派 2

树莓派 2 分为 A＋和 B＋两个型号。

A＋型号:没有网络接口,1 个 USB 接口。支持 Micro SD 卡读卡器、40 针的 GPIO 接口、博通 BCM2835 处理器、256MB 的内存和 HDMI 输出端口。

B＋型号:4 个 USB 接口,支持推入式 Micro SD 卡槽、40 针的 GPIO 接口、博通 BCM2835 处理器、512MB 内存和 HDMI 接口,功耗降低了 0.5～1W。此外,树莓派主板的 4 个安装孔被移到了 4 个角,以便于安装。

3. 树莓派 3

2016 年 2 月，发布了树莓派 3B 版本。如图 1-5 所示。

与树莓派 2 相比，树莓派 3B 主要的改变有：

（1）CPU 升级，从 32 位 A7（BCM2835）升级到 64 位 A53（BCM2837），主频从 900MHz 升级到 1.2GHz；

（2）GPU 主频从 250MHz 提升到 400MHz；

（3）增加 802.11 b/g/n 无线网卡；

（4）Micro SD 卡槽采用直接插拔式，而不是弹出式；

（5）两个指示灯也因天线的布局移到了电源一侧；

（6）增加低功耗蓝牙 4.1 适配器；

（7）最大驱动电流增加至 2.5A。

2018 年 3 月 14 日树莓派基金会发布了树莓派 3B＋，如图 1-6 所示。

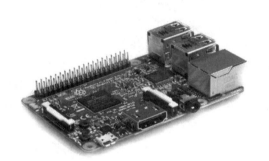

图 1-5　树莓派 3B

图 1-6　树莓派 3B＋

树莓派 3B＋主要特性如下：

（1）博通 BCM2837B0 四核 A53（ARMv8）64 位，主频 1.4GHz（带散热片）；

（2）双频 802.11ac 无线网卡和蓝牙 4.2；

（3）更快的以太网（千兆以太网 over USB 2.0）；

（4）1GB LPDDR2 内存；

（5）PoE 支持（Power-over-Ethernet，with PoE HAT）；

（6）改进 PXE 网络与 USB 大容量存储启动。

4. 树莓派 4B

2019 年 6 月正式发布了树莓派 4B，如图 1-7 所示。

相比于树莓派 3B＋，树莓派 4B 的性能更加强大，采用 64 位 BCM2711 四核处理器，主频 1.5GHz，VideoCore GPU，并增加了全新功能：双 HDMI 4K 超高清显示输出，USB3 端口，千兆以太网接口，蓝牙 5.0 接口，同时提供多个内存选项（1GB/2GB/4GB），内存最高可达 4GB。内存为 1GB 的树莓派 4B

图 1-7　树莓派 4B

售价依然为 35 美元。

树莓派 4B 的主要性能指标如下：

（1）处理器：博通 BCM2711，四核 Cortex-A72、64 位 SoC、主频 1.5GHz（带散热片）；

（2）内存：1GB、2GB、4GB LPDDR4 SDRAM（内存大小取决于型号）；

（3）接口：双频 IEEE 802.11ac 无线网络，蓝牙 5.0，千兆以太网，2×USB 3.0、2×USB 2.0 端口；

（4）GPIO：向前兼容树莓派的标准 40 针引脚；

（5）视频和声音：2×micro-HDMI 输出（4Kp60 或 4Kp30）、2 通道 MIPI DSI 显示端口、2 通道 MIPI CSI 摄像头端口、4 极立体声音频和复合视频端口；

（6）多媒体：HEVC/H.265（4Kp60 解码）、AVC/H.264（1080p60 解码/1080p30 编码）、OpenGL ES 3.0 GPU；

（7）外存：Micro SD 卡槽，用于加载操作系统和数据存储；

（8）电源接口：5V DC（USB-C、3A）、GPIO 接头支持 5V DC @ 3A 或以太网供电（需单独的 PoE HAT）；

（9）工作温度：0～50℃。

5. 树莓派 5

2023 年 10 月底，树莓派 5B 正式发售，如图 1-8 所示。树莓派 5B 几乎每个方面都进行了升级，可以提供更好的用户体验。树莓派 5B 性能大大提升，运行速度是树莓派 4B 的两倍多，并且是英国剑桥大学第一台自主研发芯片的树莓派计算机。

图 1-8　树莓派 5B

树莓派 5B（Raspberry Pi 5B）的主要性能指标如下：

（1）2.4GHz 四核 64 位 ARM Cortex-A76 CPU（带散热片）；

（2）VideoCore VII GPU，支持 OpenGL ES 3.1、Vulkan 1.2；

（3）双 4Kp60 HDMI 显示输出；

（4）4Kp60 HEVC 解码器；

（5）双频 802.11ac 无线网络；

（6）蓝牙 5.0/低功耗蓝牙（BLE）；

（7）高速 Micro SD 卡接口，支持 SDR104 模式；

（8）2 个 USB3.0 接口，支持同时 5Gb/s 操作；

（9）2 个 USB2.0 接口；

（10）千兆以太网，支持 PoE+（需要单独的 PoE+HAT，即将推出）；

（11）2 个 4 通道 MIPI 摄像头/显示器接口；

（12）用于快速外设的 PCIe 2.0 x1 接口；

（13）树莓派标准 40 针 GPIO 接口；

（14）板载实时时钟 RTC；

（15）电源按键。

6. 简化版的树莓派

简化版的树莓派分为树莓派 Zero、树莓派 Zero W 和树莓派 Zero 2W 共 3 种型号。下面介绍树莓派 Zero W 和树莓派 Zero 2W。

2017 年 3 月，为了庆祝树莓派的 5 岁生日，树莓派基金会推出了树莓派 Zero W，Zero W 是树莓派 Zero 的升级版，价格非常便宜，售价仅为 10 美元。配置方面并没有太多的变化，但添加了用户一直要求的功能——WiFi 和蓝牙。树莓派 Zero W 如图 1-9 所示。

树莓派 Zero W 板子小巧精致，与树莓派 3B 相比，为了尽量小巧，板子上一切可以缩小的都变小了。USB 接口换成了 Micro USB，HDMI 换成了 Mini HDMI，主板没有 GPIO 引脚，同时也去掉了 AV 接口和以太网接口，指示灯从 PWR 和 ACT 的组合改成了单独的 ACT。

树莓派 Zero W 中的 W 就是蓝牙和 WiFi 的意思，可直接通过 WiFi 上网，不用通过 Micro USB 转 USB 的方式来连接网卡了。树莓派 Zero W 采用了与树莓派 3 上一样的 BCM43438 WiFi/BT 无线芯片，提供 802.11n 无线网络和蓝牙 4.1 连接。另外，树莓派 Zero W 增加了 CSI 接口。

2021 年 10 月，树莓派 Zero 2W 正式发售，官方售价 15 美元，如图 1-10 所示。

图 1-9　树莓派 Zero W

图 1-10　树莓派 Zero 2W

树莓派 Zero 2W 使用 BCM2710A1 作为 CPU。ARM 内核的时钟频率为 1GHz，与 512MB LPDDR2 SDRAM 封装在一起。树莓派 Zero 2W 的性能提升因工作负载而异，运行速度几乎是树莓派 Zero W 的 5 倍。

树莓派开发者将两个第三方芯片（BCM2710A1）和一个 512MB LPDDR2 芯片封装到一起，解决了先前因为板子尺寸，内存没有足够的额外空间问题。

树莓派 Zero 2W 的硬件主要参数如下：

(1) CPU：博通 BCM2710A1（BCM2837）（4×1GHz Cortex-A53）；

(2) GPU：博通 VideoCore IV；

(3) 内存：512MB LPDDR2；

(4) 存储：Micro SD 卡；

(5) 网络：2.4GHz 802.11b/g/n WiFi、蓝牙 4.2；

(6) 接口：Mini-HDMI、Micro-USB 2.0 OTG、相机串行接口（CSI）、40 针 GPIO 接头；

(7) 尺寸：65mm×30mm。

实例 3　树莓派的典型应用

树莓派的个头虽小，但却是一台物美价廉、功能完整的计算机，可以满足用户的各种应用需求。其典型的应用包括以下几方面。

1. 使用树莓派访问网站

用户可以使用树莓派在网上冲浪，如浏览网页、检索资料、收发电子邮件、下载文件，还可以用树莓派在网上购物、休闲娱乐等。

例如，用树莓派自带的浏览器访问新浪网主页（www.sina.com.cn），如图 1-11 所示。

图 1-11　用树莓派访问新浪网主页

用树莓派访问百度网站（www.baidu.com），检索与"树莓派"有关的资料，如图 1-12 所示。

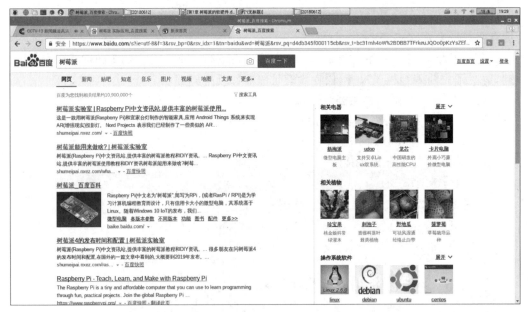

图 1-12　用树莓派访问百度网站

用树莓派的浏览器访问 QQ 邮箱,如图 1-13 所示。

图 1-13　用树莓派的浏览器访问 QQ 邮箱

用树莓派观看 CCTV-15 音乐频道电视直播节目,如图 1-14 所示。

图 1-14　用树莓派观看 CCTV-15 音乐频道电视直播节目

2. 使用树莓派办公

用户可以使用树莓派编辑办公文档,浏览 PDF 文件,编制电子表格,制作幻灯片和海报等。

例如，用树莓派自带的办公软件 LibreOffice Writer 编辑文档，如图 1-15 所示。

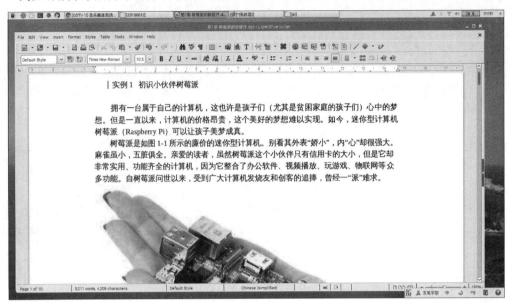

图 1-15　用树莓派编辑文档

用树莓派的浏览器查看 PDF 格式文件，如图 1-16 所示。

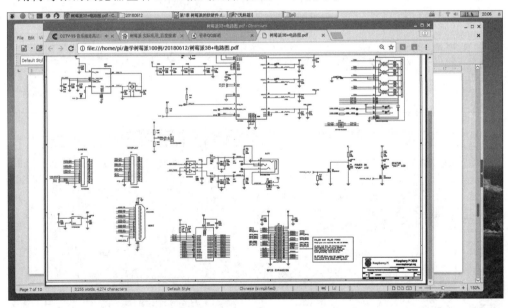

图 1-16　用树莓派查看 PDF 格式文件

3. 使用树莓派学习编程

树莓派是为了学习计算机相关知识而诞生的，利用树莓派学习编程当然是它的重要功能之一。使用者可以使用树莓派学习 Python、Scratch、C、Java、Sonic Pi 和 Minecraft 等多种编程语言。

例如，用树莓派自带的 Python 语言环境学习 Python 程序设计，如图 1-17 所示。

用树莓派自带的 Scratch 语言环境学习 Scratch 程序设计，如图 1-18 所示。

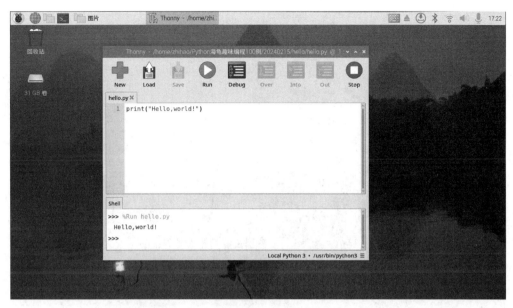

图 1-17 用树莓派学习 Python 程序设计

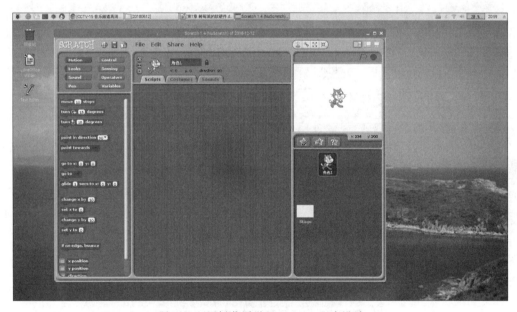

图 1-18 用树莓派学习 Scratch 程序设计

4. 使用树莓派学习硬件开发

树莓派还提供了通用的输入输出接口(GPIO 接口),可以用于硬件应用项目的开发。通过 GPIO,树莓派可以连接并控制 LED、直流电机、继电器和各种传感器等设备。

例如,可以用树莓派制作智能小车,如图 1-19 所示。

5. 用树莓派玩电子游戏

玩电子游戏可以锻炼思维和反应能力,很多游戏需要玩家快速做出决策或反应,对开发智力和提高创造力有一定的好处。例如,可用树莓派玩黑白棋游戏,如图 1-20 所示。

图 1-19　用树莓派制作的智能小车

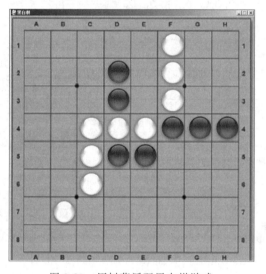

图 1-20　用树莓派玩黑白棋游戏

实例 4　购买树莓派及其配件

通过实例 3 对树莓派应用的介绍,读者朋友,想不想买一台？以下简要介绍到天猫网店购买树莓派 5B 及其配件的方法。

1. 购买树莓派 5B

访问天猫网站主页,如图 1-21 所示。

图 1-21　访问天猫网站主页

在搜索栏中输入"树莓派 5B",单击"搜索"按钮,搜索有关"树莓派 5B"的网店,结果如图 1-22 所示,然后可以访问有关的网店。

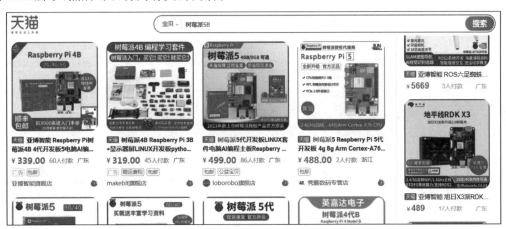

图 1-22　搜索有关"树莓派 5B"的网店

2. 购买 Micro SD 卡

SD(secure digital,安全数字)卡是一种基于 Flash 芯片的存储设备,被广泛应用于各种便携式设备,如手机、数码相机和平板电脑等。Micro SD 卡是微型的 SD 卡,如图 1-23 所示。

与常见的 PC 相比,树莓派上并没有内置硬盘或其他存储芯片,操作系统和应用软件以及其他数据均需要存放到 Micro SD 卡上,因此树莓派在电路板左侧下方提供了一个 Micro SD 卡接口。

通常树莓派能很好地支持 Class4~Class10 速度的 SD 卡。

图 1-23　Micro SD 卡

但由于树莓派的操作系统需要频繁读写 Micro SD 卡，所以建议选购速度最快的 Class10 型号的 Micro SD 卡。另外，为了有足够的空间来安装操作系统和其他应用软件，建议选购容量为 32GB 的 Micro SD 卡。

3. 购买显示器和 HDMI 连接电缆

树莓派需要使用一台具有 HDMI 接口的显示器或家用电视机作显示设备，并且需要一根 HDMI 连接电缆与之相连。显示器或电视机的分辨率最好是在 1024×768 像素以上。树莓派 3B＋最高可以支持 1920×1080 高清格式视频，而树莓派 4B 和 5B 可以支持双 4K 高清格式视频。

树莓派 5B 的 HDMI 连接电缆如图 1-24 所示，电缆两端接头的形状不同。较大的接头连接电视机或显示器，较小的接头则连接树莓派 5B。

4. 购买 USB 键盘和 USB 鼠标

与常见的 PC 一样，树莓派也使用键盘和鼠标作为输入设备。树莓派使用 USB 接口与有线键盘和鼠标连接，也可以连接无线键盘和鼠标。

5. 购买电源和电源线

树莓派 5B 需要一个 USB 接口的电源和一条 USB-C 接口的电源线为其供电，这个 USB 接口的电源应能够提供电压为 5V，电流为 5A 的直流电。

注意：如果电源的输出电流不足 5A，可能会导致树莓派 5B 出现死机甚至无法启动的严重故障。

USB 接口的电源如图 1-25 所示。

图 1-24　树莓派 5B 的 HDMI 连接电缆　　　图 1-25　USB 接口的电源

USB-C 接口的电源线如图 1-26 所示。为了解决树莓派电源电流不足 5A 的问题，树莓派基金会建议用户购买树莓派 5 官方电源适配器，如图 1-27 所示。

图 1-26　USB-C 接口的电源线　　　　图 1-27　树莓派 5 官方电源适配器

实例 5　树莓派其他配件

1. 树莓派的散热片

在台式计算机的 CPU 上，为了加强散热效果，一般都为 CPU 配置一个散热片并配上机械风扇。树莓派主板上 CPU、GPU 和 WiFi/蓝牙芯片散热较大。但是，只有树莓派 3B+、4B、5B 安装了散热片，早期的树莓派产品（即树莓派 1～3B）中这 3 个芯片都没有安装散热片。当工作环境的温度过高时可能会引起树莓派死机，甚至有可能烧坏芯片。因此，很有必要为早期的树莓派产品选购和安装散热片。

目前，网店出售的是一套共 3 片的散热片，如图 1-28 所示。

安装散热片的方法很简单，只要撕下双面胶，将散热片贴在芯片上即可。安装了散热片的树莓派 3B 的正面如图 1-29 所示，而安装了散热片的树莓派 3B 的背面如图 1-30 所示。

图 1-28　树莓派的散热片

图 1-29　安装了散热片的树莓派 3B 的正面

2. 树莓派的外壳及风扇

树莓派自身不包含外壳，容易导致树莓派损坏。因此，为了保护树莓派，可以购买一个外壳。因为树莓派 5B 的 CPU 散热量较大，所以为了防止烧毁 CPU，需要安装风扇来加强散热效果。

一款漂亮的树莓派 5B 的外壳及风扇如图 1-31 所示。

图 1-30　安装了散热片的树莓派 3B 的背面

图 1-31　树莓派 5B 的外壳及风扇

树莓派 5B 风扇的连接方法如图 1-32 所示。风扇需要+5V 直流电供电，在主板上找到树莓派的风扇连接插座，然后将风扇的连接线接头插入插座即可。

图 1-32　连接风扇的树莓派 5B

3. Micro SD 卡读写器

如果没有 Micro SD 卡,或者虽然有 Micro SD 卡但 Micro SD 卡上并没有烧录操作系统,那么树莓派是不能正常工作的。因此需要使用 Micro SD 卡读写器来为 Micro SD 卡烧录操作系统。Micro SD 卡读写器如图 1-33 所示。

图 1-33　Micro SD 卡读写器

Micro SD 卡读写器的速度分为 USB 2.0 和 USB 3.0 两种规格,建议选购支持 USB 3.0 的 Micro SD 卡读写器。

## 第 2 章

树莓派硬件剖析

实例 6　树莓派的硬件结构

1. 树莓派 5B 的硬件结构

树莓派 5B 主板的硬件结构如图 2-1 所示。

图 2-1　树莓派 5B 主板的硬件结构

　　主板的正中间偏左位置的大正方形是树莓派的主芯片（CPU）——BCM2712 四核 Cortex-A76（ARM v9）64 位处理器（带银色的散热片）。

　　CPU 上方的黑色的长方形集成电路芯片是 LPDDR4 内存芯片，用来配合 CPU 工作，处理和保存数据。视产品的不同规格，内存芯片容量可以分为 1GB、2GB、4GB 和 8GB。

CPU 左上方的灰色长方形集成电路芯片是双频 WiFi/蓝牙 5.0 芯片。

主板的左上方的双列插针是 GPIO 接口,即通用输入输出接口,共有 40 个引脚,用来输出驱动信号或者是扩展树莓派的硬件功能。简单地说,GPIO 可以使树莓派变为一个嵌入式控制系统。

主板的左侧是 DSI 串行显示接口,用来连接外部的串行显示器。

主板的左下角是 USB-C 供电接口,用来为树莓派 5B 提供＋5V/5A 的直流电。

5B 主板的下方有两个 Micro HDMI 接口,可以用来连接双电视机或显示器,支持 4K 超高清视频以及音频的信号传输。

在 Micro HDMI 接口的右侧是两个 CSI 摄像头接口,可连接两个树莓派的官方摄像头。

主板的右侧是两个 USB 2.0 接口和两个 USB 3.0 接口,用来连接 USB 格式的键盘和鼠标器,也可以连接 USB 格式的摄像头,还可以连接外部存储器(如 U 盘和移动硬盘等)。

主板的右下角是一个千兆以太网端口,用来连接至其他网络设备。

2. 新旧树莓派的性能对比

树莓派 3B＋、4B、5B 的性能对比如表 2-1 所示。

表 2-1 树莓派 3B＋、4B、5B 的性能对比

名称	树莓派 3B＋	树莓派 4B	树莓派 5B
SOC	Broadcom BCM2837B0	Broadcom BCM2711	Broadcom BCM2712
CPU	64 位 1.4GHz 四核(40nm 工艺)	64 位 1.5GHz 四核(28nm 工艺)	64 位 2.4GHz 四核(16nm 工艺)
GPU	Broadcom VideoCore IV @400MHz	Broadcom VideoCore VI @500MHz	Broadcom VideoCore VII @800MHz
蓝牙	蓝牙 4.2	蓝牙 5.0	蓝牙 5.0
USB 接口	USB 2.0×4	USB 2.0×2/USB 3.0×2	USB 2.0×2/USB 3.0×2
HDMI	标准 HDMI×1	Micro HDMI×2 支持 4Kp60	Micro HDMI×2 支持 4Kp60
供电接口	Micro USB(5V 2.5A)	Type C(5V 3A)	Type C(5V 5A)
多媒体	H.264,MPEG-4 decode (1080p30); H.264 encode(1080p30) OpenGL ES 1.1,2.0 graphics	H.265(4Kp60 decode); H.264(1080p60 decode 1080p30 encode); OpenGL ES 3.0 graphics	H.265(4Kp60 decode); H.264(1080p60 decode 1080p30 encode); OpenGL ES 3.1 graphics
WiFi 网络	802.11ac 无线 2.4GHz/5GHz 双频 WiFi	802.11ac 无线 2.4GHz/5GHz 双频 WiFi	802.11ac 无线 2.4GHz/5GHz 双频 WiFi
有线网络	USB 2.0 千兆以太网(300Mb/s)	真千兆以太网(网口可达)	真千兆以太网(网口可达)
以太网 POE	通过额外的 HAT 以太网 (POE)供电	通过额外的 HAT 以太网 (POE)供电	通过额外的 HAT 以太网 (POE)供电

实例 7 树莓派 CPU 的工作原理

中央处理器(CPU)是一台计算机的运算和控制核心。它的功能主要是解释计算机指令以及处理计算机软件中的数据。

中央处理器主要包括运算器(arithmetic logic unit,ALU)和高速缓冲存储器(cache)及实现它们之间联系的数据、控制及状态的总线(bus)。CPU与内部存储器和输入输出设备合称为计算机三大核心部件。

1. CPU 的内部结构

CPU的内部结构包括逻辑运算部件、寄存器部件和控制部件等。

(1)逻辑运算部件。逻辑运算部件可执行定点或浮点算术运算操作、移位操作及逻辑操作,也可执行地址运算和转换。

(2)寄存器部件。寄存器部件包括通用寄存器、专用寄存器和控制寄存器。通用寄存器又可分定点数和浮点数两类,它们用来保存指令执行过程中临时存放的寄存器操作数和中间(或最终)的操作结果。通用寄存器是中央处理器的重要部件之一。

(3)控制部件。控制部件主要是负责指令译码,并且发出为完成每条指令所要执行操作的控制信号。

2. CPU 的主要功能

CPU的主要功能是解释计算机指令以及处理计算机软件中的数据,并执行指令。在微型计算机中,CPU又称为微处理器,计算机的所有操作都受CPU控制,CPU的性能指标直接决定了计算机系统的性能指标。

(1)处理指令。处理指令指控制程序中指令的执行顺序。程序中的各指令之间是有严格顺序的,必须严格按程序规定的顺序执行,才能保证计算机系统工作的正确性。

(2)执行操作。一条指令的功能是由计算机中的部件执行一系列的操作来实现的。CPU要根据指令的功能,产生相应的操作控制信号,发给相应的部件,从而控制这些部件按指令的要求进行运作。

(3)控制时间。控制时间是对各种操作进行定时。在指令的执行过程中,在什么时间做什么操作均应受到严格的控制。只有这样,计算机才能有条不紊地工作。

(4)处理数据。处理数据指对数据进行算术运算和逻辑运算,或进行其他的信息处理。

3. CPU 的工作原理

CPU从存储器或高速缓冲存储器中取出指令,放入指令寄存器,并对指令译码。它把指令分解成一系列的微操作,然后发出各种控制命令,执行微操作系列,从而完成一条指令的执行。指令是计算机规定执行操作的类型和操作数的基本命令。指令是由一字节或者多字节组成的,其中包括操作码字段、一个或多个有关操作数地址的字段以及一些表征机器状态的状态字以及特征码。有的指令中直接包含操作数本身。

(1)提取指令。提取指令指从存储器或高速缓冲存储器中检索指令(为数值或一系列数值)。由程序计数器指定存储器的位置。(程序计数器保存供指令寄存器识别的指令的位置值。换言之,程序计数器记录了CPU在程序里的踪迹。)

(2)解码。解码指CPU根据存储器提取到的指令来决定其执行行为。在解码阶段,指令被拆解为有意义的片段。根据CPU的指令集架构定义将数值解译为指令。一部分的指令数值为运算码,其指示要进行哪些运算。其他的数值通常供给指令必要的信息,诸如一个加法运算的运算目标。

4. 树莓派的 CPU

2023年10月发布的树莓派5B主板如图2-1所示。与传统的PC所使用的x86指令集架构不同,树莓派 CPU 采用 ARM 架构。ARM 架构是一个精简指令集计算机(RISC)处理器架构,广泛地使用在许多嵌入式系统中。由于具有节能的特点,ARM 处理器非常适用于移动通信领域,符合其主要设计目标为低耗电的特性。

树莓派系列产品一直使用博通公司的 ARM 系列芯片作为 CPU 主芯片。BCM2712 的基础架构与 BCM2836/BCM2837 相同,唯一重要的区别是树莓派 5B 用 ARM Cortex A76 (ARMv9)四核芯片替换树莓派 4B 的 ARM Cortex A72(ARMv8)四核芯片。

树莓派 5B 主芯片(CPU)的外观明显不同,其 BCM2712 CPU 改用银色金属散热片封装,使得散热效果增强了。

BCM2712 是具有四核的 64 位 Cortex A76 处理器,主频为 2.4GHz,运行速度为 4B 的 2~3 倍。封装尺寸为 85mm×85mm。产品支持 4K 超高清 H.265 视频编码/解码 VideoCore Ⅶ多媒体协处理器。

实例 8　树莓派的图形处理器

图形处理器(graphics processing unit,GPU)又称显示核心、视觉处理器、显示芯片,是一种专门在 PC、工作站、游戏机和一些移动设备(如平板电脑、智能手机等)上进行图像运算工作的微处理器。

GPU 的用途是将计算机系统所需要的显示信息进行转换驱动,并向显示器提供行扫描信号,控制显示器使其正确显示,是连接显示器和 PC 主板的重要元件,也是"人机对话"的重要设备之一。

GPU 与 CPU 类似,只不过 GPU 是专为执行复杂的数学和几何计算而设计的,这些计算是图形渲染所必需的。某些最快速的 GPU 集成的晶体管数甚至超过了普通 CPU。

目前,大多数的 GPU 都拥有 2D 或 3D 图形加速功能。如果 CPU 想画一个二维图形,只需要发个指令给 GPU,如"在坐标位置(x,y)处画个长和宽为 $a×b$ 大小的长方形",GPU 就可以迅速计算出该图形的所有像素,并在显示器上指定位置画出相应的图形,画完后就通知 CPU,然后等待 CPU 发出下一条图形指令。

有了 GPU,CPU 就从繁重的图形处理的任务中解放出来,可以执行其他更多的系统任务,这样可以大大提高计算机的整体性能。

GPU 芯片一般分为 2D 显示芯片和 3D 显示芯片。2D 显示芯片在处理 3D 图像与特效时主要依赖 CPU 的处理能力,称为软加速。3D 显示芯片是把三维图像和特效处理功能集中在显示芯片内,也就是所谓的"硬件加速"功能。

与 CPU 一样,GPU 也会产生大量热量,所以它的上方通常需要安装有散热器或风扇。

树莓派 5B 建立在博通公司 CPU BCM2712 架构的基础上,它包含了 VideoCore Ⅶ GPU,这是一款用于嵌入式系统的高度优化的硬件图形引擎。该 GPU 支持 OpenGL ES 1.1 和 OpenGL ES 2.0 硬件加速,并且应用了各种 3D 技术和优化手段。

VideoCore Ⅶ GPU(也称为 V3D)被拆分到单核心模块中,由主顶点和图元管线、光栅化器和瓦片存储器组成,还包括很多个称为切片的计算单元。切片最多包含四个定制的 32 位浮点处理器、缓存、一个特殊功能单元和多达两个的专用纹理提取和过滤引擎。BCM2712 包含一个具有三个这种切片的 V3D,每个切片又包含四个浮点着色处理器和两个纹理单元。

树莓派的 GPU 支持 OpenGL ES 2.0、硬件加速的 OpenVG 和高至 4K 60fps 的 H.265 硬件解码。GPU 的通常计算能力能达到 1Gpixel/s,1.5Gtexel/s 或 24 GFLOPs,并且 GPU 提供一系列材质渲染过滤与 DMA 功能。

相比较来看,树莓派 5B 的图形处理器的性能基本上与第一代的 Xbox 等同。

实例 9　树莓派的内存

树莓派 5B 的内存芯片如图 2-1 所示,位于树莓派 5B 主板正面 CPU 的上方。其容量为 1GB、2GB、4GB、8GB,用来配合 CPU 处理并保存临时数据。

在计算机的硬件结构中,存储器是一个很重要的组成部分。存储器是用来存程序和数据的部件,对于计算机来说,有了存储器,才有记忆功能,才能保证正常工作。存储器的种类很多,按其用途可分为主存储器和辅助存储器,主存储器又称内存储器(简称内存)。

内存是 CPU 能直接寻址的存储空间,由半导体器件制成。内存的特点是存取速率快。内存是计算机中的重要部件,它是相对于外存而言的。用户平常使用的程序,如操作系统、办公软件、游戏软件等,一般都是安装在硬盘等外部存储器上的。但存放在硬盘上的程序是不能执行的,必须把程序从硬盘调入内存中运行,才能正常地工作。用户向计算机输入的一段文字,或玩计算机游戏,其实都是在内存中进行的。就好像在一个书房里,存放书籍的书架和书柜相当于计算机的外存(硬盘),而工作的办公桌就是内存。通常把要永久保存的、大量的数据存储在外存上,而把一些临时的或少量的数据和程序放在内存里,当然内存的性能会直接影响计算机的运行速度。

内存就是暂时存储程序以及数据的地方,例如,当我们在编辑处理办公文稿时,当你在键盘上敲入字符时,这些信息仅仅存放在内存中,并没有存放到外存。只有保存文件后,内存中的数据才会被存入外存(硬盘)中。

树莓派 1 的内存容量仅有 256MB 和 512MB,树莓派 2 的内存容量逐渐增加到 1GB,5B 内存的最大容量可达 8GB。因为使用 LPDDR4 SDRAM,所以系统性能有较大提升。树莓派的 CPU 与 GPU 共享内存,这可以理解为 GPU 的显存与 CPU 的内存是同一个存储器。

实例 10　树莓派的硬件连接

阅读了以上的关于树莓派的介绍,你是否已经迫不及待,要立即购买并动手组装一台树莓派。那么,应该如何组装树莓派呢?

下面以树莓派 5B 为例,简要说明树莓派的硬件连接方法。树莓派 5B 与键盘、鼠标、显示器、网线和电源等硬件的连接方法如图 2-2 所示。连接步骤如下:

(1) 连接 USB 键盘。树莓派 5B 有 4 个 USB 插座。将键盘的 USB 插头插入任意一个 USB 插座。

(2) 连接 USB 鼠标。将鼠标的 USB 插头插入树莓派 5B 的任意一个 USB 插座。

(3) 连接显示器。树莓派 5B 主板提供双 Micro HDMI 接口,可以同时连接两台显示设备。连接树莓派 5B 主板时,将 HDMI 连接电缆的一端插入电视机或显示器的 HDMI 接

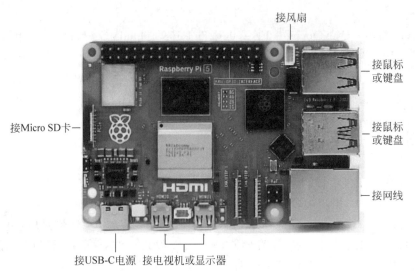

接风扇

接鼠标
或键盘

接Micro SD卡

接鼠标
或键盘

接网线

接USB-C电源 接电视机或显示器

图 2-2 树莓派 5B 与硬件的连接

口,另一端插入树莓派 5B 的 Micro HDMI 接口即可。

（4）连接网线。如果用有线网络,需要将网线的一端插入路由器的以太网接口,另一端插入树莓派 5B 的以太网接口上。如果使用无线网络（WiFi）,则不需要连接网线。

（5）连接风扇。安装风扇可以向外风抽风,加强散热效果,从而降低树莓派各芯片的温度,预防芯片过热烧毁。把风扇连接线的四芯插头接到树莓派 5B 主板右上方的专用风扇插座上。

（6）连接电源。树莓派 5B 的电源用 Type-C 接口的电源供电,要求供电电流为 5A 或 5A 以上。因此,在连接电源之前,首先请检查 Type-C 电源的输出电流是否大于或等于 5A,否则树莓派 5B 可能不能正常启动。

在树莓派的主板上并没有配备电源开关,所以应为树莓派提供带电源开关的 220V 电源插座。树莓派 5B 连接电源的具体步骤如下:

（1）关闭 220V 交流电源插座上的电源开关;

（2）把电源转换器插入 220V 交流电源插座上;

（3）将电源连接线的 USB 端插入电源转换器上;

（4）将电源连接线的 Type-C 端插入树莓派 5B 的电源接口上;

（5）开启 220V 交流电源插座上的电源开关;

（6）树莓派 5B 主板上的电源指示灯点亮,并且从红色变为绿色,表示已经正常启动。

## 第 3 章

安装树莓派操作系统

实例 11　操作系统的基础知识

操作系统(operating system,OS)是管理和控制计算机硬件与软件资源的计算机程序,是直接与硬件打交道,并且运行在计算机最底层之上的系统软件,任何其他软件都必须在操作系统的支持下才能运行。换句话说,要使计算机能够正常工作,首先就要安装管理计算机的操作系统,然后才能安装和使用其他应用软件。

操作系统是用户和计算机的接口,也是计算机硬件和其他软件的接口。操作系统的功能包括管理计算机系统的硬件、软件及数据资源,控制程序运行,为其他应用软件提供支持,让计算机系统的所有资源最大限度地发挥作用,提供各种形式的用户界面,使用户有一个好的工作环境,为其他软件的开发提供必要的服务和相应的接口等。

目前,操作系统的种类繁多,常用的操作系统可以分为 UNIX、Linux、macOS、Windows、iOS 和 Android 等。

1. UNIX

UNIX 最初于 1969 年由 Ken Thompson 和 Dennis Ritchie 在美国 AT&T 公司的贝尔实验室开发。UNIX 是一个强大的多用户、多任务、分时操作系统,支持多种处理器架构。UNIX 大部分源代码都是由 C 语言编写的,这使得系统易读、易改、易移植。UNIX 提供了丰富的、精心设计的系统功能,整个系统的实现十分紧凑、简洁。

2. Linux

Linux 与 UNIX 兼容。Linux 最初是由芬兰赫尔辛基大学的林纳斯·托瓦兹(Linus Torvalds)在 UNIX 的基础上开发的操作系统,Linux 的设计目的是让其在 Intel 微处理器上更有效地运行。其后林纳斯·托瓦兹在理查德·斯托曼的建议下以 GNU 通用公共许可证发布,成为自由软件 UNIX 的衍生产品。它的最大的特点在于它是一个开源的操作系统,其内核源代码可以自由传播。

Linux 的发行版本众多,例如 Debian GNU/Linux(及其衍生系统 Ubuntu、Linux Mint)、

Fedora、openSUSE、CentOS 等。Linux 系统在服务器领域上已经成为主流的操作系统。

3. macOS

macOS 系统于 2001 年由苹果公司推出。macOS 是一套运行在苹果公司的 Macintosh 系列计算机上的图形操作系统。macOS 是首个在商用领域上取得成功的图形操作系统。

4. Windows

Windows 是由微软公司在 MS-DOS 的基础上开发的图形操作系统。Windows 可以在 32 位和 64 位的 Intel 和 AMD 的处理器上运行。微软公司在 2001 年 10 月发布了 Windows XP，2009 年 10 月正式推出 Windows 7，2015 年 7 月发布了 Windows 10，2021 年 10 月发布了 Windows 11。

5. iOS

iOS 是由苹果公司开发的手持设备操作系统。iOS 与苹果的 macOS 操作系统一样，都是以 Darwin 为基础的，同样属于类 UNIX 的操作系统。原本这个系统名为 iPhone OS，直到 2010 年 6 月 7 日 WWDC 大会上才宣布改名为 iOS。

6. Android

Android 是一种以 Linux 为内核的操作系统，主要应用于便携设备。Android 操作系统最初由安迪·鲁宾(Andy Rubin)开发，主要支持手机，2005 年由 Google 收购注资并组建开放手机联盟，此后 Android 逐渐从手机扩展到平板电脑及其他便携设备上。

实例 12 树莓派的操作系统

树莓派使用的操作系统可以分为官方和非官方两大类。

树莓派基金会官方指定的操作系统是 Raspbian 系统，属于 Linux 系统。

除了 Raspbian 系统以外，树莓派非官方操作系统种类繁多，其性能也各有千秋，常用的非官方操作系统包括 ubuntu MATE、Snappy Ubuntu、Windows 10 IoT Core、OSMC、LibreELEC、PiNet、RISC OS 等系统。

1. Raspbian

Raspbian 是基于 Debian 优化的专门为树莓派硬件开发的免费操作系统。

Debian 作为 Liunx 操作系统家族的重要成员，自带了 Python 语言、C 语言等开发工具和众多的例程，并一起被移植到树莓派中。移植到树莓派后的 Debian 的名字从原来的词组 Raspberry Pi 和 Debian 中各截取了一部分，合并成 Raspbian。其标志如图 3-1 所示。

图 3-1 Raspbian 系统的标志

事实上，Raspbian 不仅是操作系统，它还包含了 35 000 多个预编译的软件包，内容非常丰富，这些软件包都可以很方便地安装在树莓派上。2019 年 9 月 26 日发布的 Raspbian 的工作界面如图 3-2 所示。

2. ubuntu MATE

Ubuntu Linux 是一个以桌面应用为主的开源 GNU/Linux 操作系统，ubuntu Linux 基

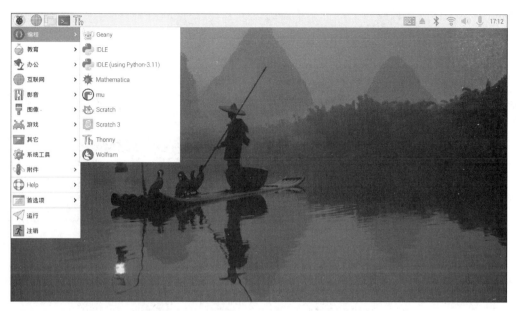

图 3-2 Raspbian 的工作界面

于 Debian GNU/Linux，支持 x86、AMD64（即 x64）和 PPC 架构，由全球化的专业开发团队 Canonical Ltd 开发。

ubuntu MATE 是 Ubuntu Linux 的一个派生版，基于桌面环境 MATE。适用于树莓派 5B 的 ubuntu 桌面版的工作界面如图 3-3 所示。

图 3-3 适用于树莓派 5B 的 ubuntu 桌面版的工作界面

3. Snappy Ubuntu

Snappy Ubuntu 是一个专门为云及设备而设计的、崭新的、具有事务性更新功能的操作系统。它分为 Snappy Ubuntu Core 和 Snappy Ubuntu Personal 两个版本。Snappy Ubuntu Core 是 Ubuntu 的定位于物联网（Internet of thing，IoT）之上的产品。Snappy

Ubuntu Core 可以运行在一个不带显示器的设备上，例如家庭网关、机器人、开发板和虚拟机等。Snappy Ubuntu Core 的标志如图 3-4 所示。

4．Windows 10 IoT Core

Windows 10 IoT Core 是微软公司利用 Windows 10 核心架构开发的物联网操作系统，是 Windows 10 多个版本中最简洁的一个版本。Windows 10 IoT Core 使得我们能够用树莓派打造低成本的智能设备。Windows 10 IoT Core 的标志如图 3-5 所示。

图 3-4　Snappy Ubuntu Core 的标志　　　　图 3-5　Windows 10 IoT Core 的标志

5．OSMC

OSMC 是一款基于 Linux 的免费和开源的媒体播放系统，可以用作建造低成本的家庭影院。支持树莓派 3B、4B、5B 等硬件平台。OSMC 的工作界面如图 3-6 所示。

图 3-6　OSMC 的工作界面

6．LibreELEC

LibreELEC 是运行 Kodi 媒体中心的轻量级操作系统，基于 Linux 内核发行，系统为适配 Kodi 运行环境，进行了许多优化和精简，运行速度快，操作简单，也是一款很优秀的多媒体播放系统。LibreELEC 的工作界面如图 3-7 所示。

7．PiNet

PiNet 是一个免费和开源的项目，其设计目标是帮助学校建立和管理树莓派教室。PiNet 由来自世界各地十多个国家的教师共同开发。

图 3-7　LibreELEC 的工作界面

PiNet 的主要特征包括以下 6 个方面：

（1）基于网络的用户账户，教师和学生可以在任何树莓派上登录系统；

（2）基于网络的操作系统，所有树莓派都可以登录同一个 Raspbian 主机系统；

（3）共享文件夹，便于教师和学生共同使用共享文件夹中的公共文件；

（4）工作收集系统，简单的工作收集/提交系统，便于学生上交作业；

（5）自动备份，定期将所有学生的文件自动备份到外部存储器中；

（6）更多的小功能，如批量用户导入、课堂管理软件集成等。

PiNet 由一台服务器和多台树莓派（即工作站）组成。建议在服务器上安装 Ubuntu Linux 16.04 系统。Ubuntu 系统是完全免费的。然后，使用有线网络将服务器和所有树莓派连接在一起。PiNet 的工作界面如图 3-8 所示。

图 3-8　PiNet 的工作界面

8. RISC OS

RISC OS 与众不同，它并不是一款 Linux 操作系统，也与 Windows 毫无关系。RISC

OS 的起源可以追溯到最初开发 ARM 微处理器的团队。RISC OS 最初由 ARM 公司的前身即英国的爱康计算机公司(Acorn Computers)开发,发布于 1987 年,它专门设计在 CPU 为 ARM 芯片的计算机上运行。RISC OS 的名字来自于所支持的精简指令集计算机(RISC)架构。RISC OS 系统具有快速、紧凑、高效的特点。如今,RISC OS 系统的版权归 Castle Technology 公司所有。树莓派上的 RISC OS 的工作界面如图 3-9 所示。

图 3-9　RISC OS 的工作界面

以上介绍了树莓派常用的操作系统,如果读者有兴趣进一步了解更多的树莓派的相关知识,建议访问树莓派的官方网站(https://www.raspberrypi.org)。此外,中国的树莓派实验室也是一个优秀的网站(http://shumeipai.nxez.com/),提供了丰富的树莓派教程、作品、软件和相关的资源。

实例 13　格式化 Micro SD 卡

正如本书实例 4 所述,Micro SD 卡用于安装树莓派的操作系统(操作系统是一种使树莓派正常工作的系统软件,就像 PC 里的 Windows)。因为树莓派操作系统与大部分计算机的操作系统安装常用的光盘安装方法有很大的不同,所以很多初学者觉得这是使用树莓派最棘手的部分。其实树莓派操作系统的安装是很简单的——只是与众不同罢了。

为了安装树莓派最新款的官方的 Raspbian 操作系统,并且使 Raspbian 能够流畅地运行,需要准备一块全新的容量大于或等于 32GB 且速度为 Class10 的 Micro SD 卡。

全新的 Micro SD 卡一般不需要进行格式化。但如果是曾经使用过的旧卡,例如是一块安装过早期版本的 Raspbian 的旧卡,那么在安装 Raspbian 之前,就必须首先对旧卡进行格式化。

然而,必须指出的是,Windows 系统自带的格式化程序是不能完成 Micro SD 卡的格式化工作的。因此,需要下载并安装用于 Micro SD 卡格式化的专门工具 SD Card Formatter,其下载网址为 https://www.sdcard.org/chs/downloads/formatter_4/index.html。

Micro SD 卡格式化工具 SD Card Formatter 对话框如图 3-10 所示。

然后,单击图中的 Select card 下拉列表框,指定需要格式化的 Micro SD 卡。指定了需要格式化的 Micro SD 卡的盘符并且确认无误后,单击 Format 按钮,然后会弹出一个对话框,如图 3-11 所示,提示格式化将会删除这个卡中的所有数据,问是否真的要继续执行? 如果确实要进行格式化,单击"是"按钮。

注意: 选择格式化目标卡操作必须十分谨慎,千万要小心,不能选错,否则会格式化计算机的其他硬盘分区,导致数据损失。

图 3-10 SD Card Formatter 对话框

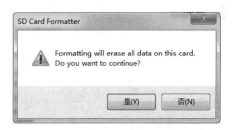

图 3-11 格式化 Micro SD 卡的提示信息

接着,屏幕上会出现执行格式化操作的画面,如图 3-12 所示。稍等片刻,即会完成整个格式化任务,并会出现如图 3-13 所示的格式化完成提示信息。

图 3-12 格式化 Micro SD 卡

图 3-13 格式化 Micro SD 卡完成的提示信息

实例 14　用镜像文件安装 Raspbian

安装树莓派的 Raspbian，除了要准备好格式化过的 Micro SD 卡以外，还需要下载 Raspbian 的镜像文件。可以到树莓派基金会的官方网站下载 Raspbian 系统的镜像文件，下载页面如图 3-14 所示。

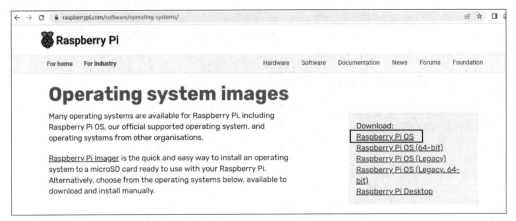

图 3-14　树莓派 Raspbian 镜像文件下载页面

注意：树莓派基金通常会不定期更新 Raspbian 的镜像文件，并且 2023 年 10 月前在树莓派官网发布的 Raspbian 的镜像文件只能安装在树莓派 4B 及之前的产品上，不能安装在树莓派 5B 上。因此，本例以 2023 年 12 月 5 日发布的 32 位树莓派系统镜像文件为例来说明其下载和安装的具体步骤。

网页正文第一段说明树莓派可以安装多种不同的操作系统，包括树莓派官方的操作系统和其他机构开发的操作系统。

网页正文第二段介绍快速和简易安装操作系统到 Micro SD 卡的方法是使用镜像写入器。可以在右侧选项中选择某个操作系统的镜像文件，然后下载并手动安装。可供下载的树莓派系统镜像文件是：

（1）Raspberry Pi OS（32 位的树莓派系统镜像文件）。

（2）Raspberry Pi OS（64-bit）（64 位的树莓派系统镜像文件）。

（3）Raspberry Pi OS（Legacy）（传统的 32 位的树莓派系统镜像文件）。

（4）Raspberry Pi OS（Legacy）（传统的 64 位的树莓派系统镜像文件）。

（5）Raspberry Pi OS Desktop（桌面版的树莓派系统镜像文件）。

推荐下载兼容性最好的 32 位树莓派系统镜像文件 Raspberry Pi OS。然后转入下载页面，如图 3-15、图 3-16 所示。

如图 3-15 所示，32 位版的树莓派系统适用于大多数用户，并且兼容所有型号的树莓派产品。

32 位的树莓派系统又细分为如下 3 种：

（1）Raspberry Pi OS with desktop。Raspberry Pi OS with desktop 是桌面版的 32 位的树莓派系统，其镜像文件大小为 891MB，仅含有操作系统，不带其他应用软件；

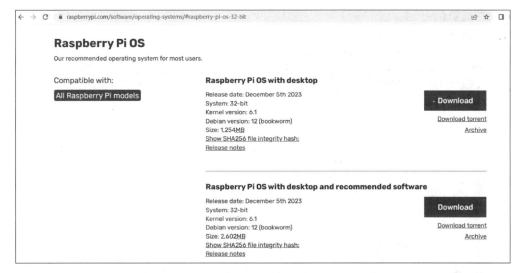

图 3-15　桌面版和升级版树莓派系统的下载页面

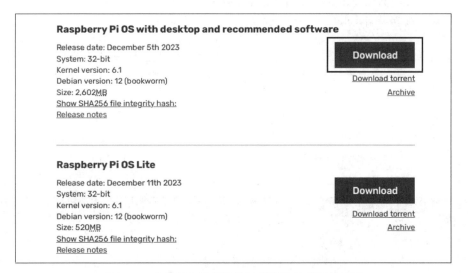

图 3-16　升级版和精简版的树莓派系统的下载页面

（2）Raspberry Pi OS with desktop and recommended software。这是桌面和常用软件版的 32 位的树莓派系统，其镜像文件较大，大小为 2602MB，除了操作系统以外，还自带了许多常用的软件，如 Scratch 语言、Python 语言等；

（3）Raspberry Pi OS Lite。Raspberry Pi OS Lite 是精简版的 32 位版的树莓派系统，其镜像文件很小，只有 520MB，适用于安装在速度较慢而且内存容量又比较小的早期的树莓派产品上，如图 3-16 所示。

在这里，建议读者下载桌面和常用软件版的 32 位的树莓派系统的镜像文件。

注意：因为桌面中文和常用软件版的镜像文件比较大，所以要在下载之前确认用于存放镜像文件的硬盘分区至少有 20GB 的空间，否则将无法下载和解压。还需要提前安装好最新版本的压缩/解压缩工具，如 WinRAR、WinZIP 或好压等。

在这一步，单击图 3-16 右上角的桌面和常用软件版镜像文件的 Download 按钮，则弹出

"另存为"对话框,在本例中,选择将文件下载到"E:\\软件\\树莓派系统\\"文件夹,单击"保存"按钮开始下载,如图 3-17 所示。

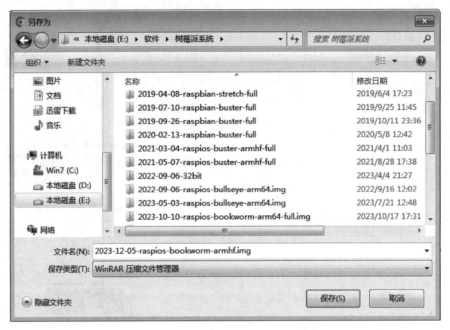

图 3-17　选择下载文件存放的文件夹

由于镜像文件较大,下载时间较长,请耐心等待。下载完成后,打开镜像文件所在的文件夹,就可以找到下载成功的压缩文件 2023-12-05-raspios-bookworm-armhf-full.img.xz,双击这个文件,就可以解压得到 IMG 格式的镜像文件,如图 3-18 所示。该文件就是 2023 年 12 月 5 日发布的 Raspbian 系统镜像文件,大小约为 14.15GB。

图 3-18　解压得到 IMG 格式的镜像文件

为了安装 Raspbian 系统,还需要下载并安装一个名为 Win32 Disk Imager 的安装工具。接着,把格式化后的 Micro SD 卡通过读卡器插入计算机的 USB 接口上。

启动 Win32 Disk Imager 后,屏幕上就会出现 Win32 磁盘镜像工具的窗口,如图 3-19 所示。

单击选择按钮 📁 ,指定下载并解压后得到的 Raspbian 镜像文件,结果如图 3-20 所示。单击"写入"按钮,启动安装程序。安装完成后,屏幕上会出现"写入成功"的提示信息,表明已经成功向 Micro SD 卡写入镜像文件。最后把 Micro SD 卡插入树莓派的相应接口中,大功告成!

图 3-19　Win32 Disk Imager 工具窗口

图 3-20　指定镜像文件后的 Win32 Disk Imager 工具窗口

实例 15　用镜像文件安装 Ubuntu

在树莓派上安装 Ubuntu 的方法与实例 14 介绍的安装 Raspbian 系统的方法类似,即通过下载专用于树莓派的 Ubuntu 的镜像文件来安装。

打开 Ubuntu 中文官方网站(https://cn.ubuntu.com/)的下载页面,如图 3-21 所示。该网页中包含了 3 个版本的 Ubuntu 镜像文件供用户下载,分别是桌面版、服务器版和 core (核心)版。本例介绍安装 Ubuntu 桌面版。

单击“下载 64 位镜像”按钮,下载 Ubuntu 桌面 24.10 的镜像文件 ubuntu-24.10-preinstalled-desktop-arm64+raspi.img.xz,如图 3-22 所示下载完毕后,后续的解压并写入 Micro SD 卡的具体方法和步骤与实例 14 中图 3-17～图 3-20 所述基本相同,这里不再赘述。

图 3-21　Ubuntu 的下载页面

图 3-22　下载 Ubuntu 桌面版镜像文件

## 第 4 章

树莓派的网络应用

实例 16 树莓派系统的基本配置

让我们一起出发，共同探索树莓派的奥秘吧！

在 Micro SD 卡上安装好树莓派的 Raspbian 操作系统并且将 Micro SD 卡插入树莓派之后，就可以接通电源启动树莓派。第一次启动树莓派时，屏幕上会出现如图 4-1 所示的欢迎窗口。

图 4-1 树莓派的欢迎窗口

图 4-1 是树莓派桌面版的欢迎窗口。这个欢迎窗口中的信息提醒用户在开始使用树莓派之前还需要进行一些基本的设置(例如，设置有线网络和无线网络的参数，使树莓派能够在网上冲浪)。此时，单击 Next 按钮开始进行配置，屏幕会接着出现如图 4-2 所示的对话框。

图 4-2 所示的窗口提示需要正确地设置树莓派的地理位置参数，包括国家、语言和时区，从 Country 下拉列表中选择 China(中国)；在 Language 下拉列表中选择 Chinese(注：中国的语言会默认为汉语)；在 Timezone 下拉列表中选择 Shanghai(中国的时区默认为上海)，

图 4-2　设置国家、语言和时区的窗口

正确地设置了这 3 个参数后结果如图 4-3 所示。

　　注意：这一步操作要谨慎，必须正确地将国家设置为 China，否则以后树莓派的工作界面就不会显示中文了。

图 4-3　设置国家、语言和时区参数

　　选择地理位置参数这一步完成以后，单击 Next 按钮进入下一步，屏幕上会出现如图 4-4 所示的窗口。

图 4-4　正在保存国家、语言和时区等位置参数的窗口

图 4-4 所示的信息表明树莓派当前正在保存国家、语言和时区等地理位置参数,需稍等几分钟。然后屏幕上会出现如图 4-5 所示的窗口。

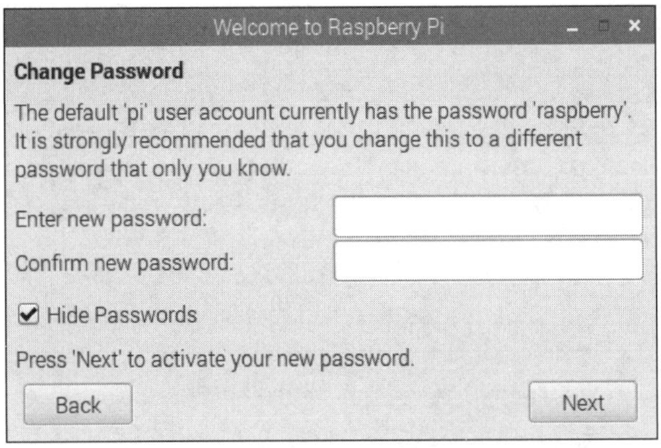

图 4-5 设置树莓派系统密码的窗口

图 4-5 所示的是修改树莓派系统密码的窗口,当前默认的用户名设置为 pi,相应的密码为 raspberry。为了提高树莓派的安全性能,防止黑客入侵,在这一步中,强烈建议修改密码,要将密码修改为只有自己知道的密码。建议将密码的长度至少设置为 12 个字符,并且密码同时包含字母和数字。在 Enter new password 右边的填空栏中输入新密码,并且在 Confirm new password 右边的填空栏中再次输入完全相同的密码。如果不选择 Hide Passwords(隐藏密码),此时,在窗口中的两个填空栏中都会显示刚才填入的密码。

树莓派系统的密码设置完成后,单击 Next 按钮进入下一步,接着,屏幕会出现如图 4-6 所示的窗口。

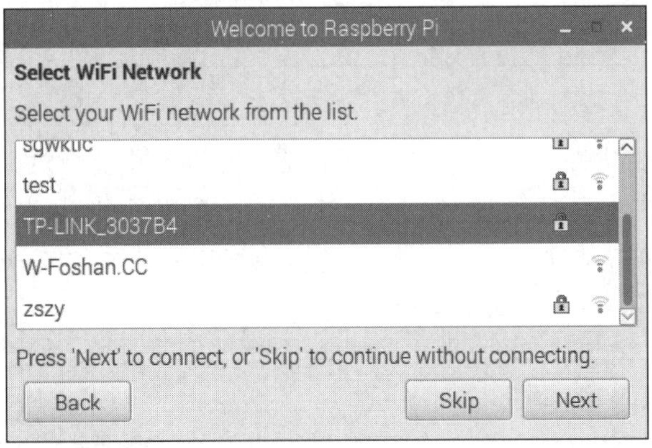

图 4-6 选择无线路由器

图 4-6 中所示的窗口提示要选择合适的家庭无线路由器,以便让树莓派能够接入互联网。在本例中,本书作者选中的是名字为 TP-LINK_3037B4 的无线路由器,在读者设置无线网络时,需单击选择自己家庭路由器的名字,然后再单击 Next 按钮进入下一步,屏幕上会出现如图 4-7 所示的窗口。

在上一步,已经选择了名字为 TP-LINK_3037B4 的家庭无线路由器,所以在这里需要填写相应的 WiFi 接入密码。

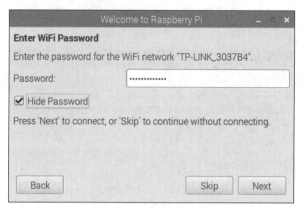

图 4-7　输入 WiFi 的密码

同样地,在这一步中,如果不选择 Hide password(隐藏密码),则填空栏中将会显示填入的 WiFi 密码。WiFi 密码设置完成后,单击 Next 按钮进入下一步,则屏幕上会出现如图 4-8 所示的窗口。

图 4-8　升级树莓派系统

图 4-8 中所示的窗口提示需升级树莓派系统。树莓派基金会对 Raspbian 系统会不断地改进,以提高系统的性能。换句话说,就是没有最好的树莓派,只有更好的树莓派。在这里,顺便赞美一下树莓派基金会。通常每隔几个月,树莓派基金会就会提供升级包让用户升级 Raspbian 系统。

此时,单击 Next 按钮进入树莓派 Raspbian 系统的升级环节;如果不打算升级,也可以直接单击 Skip 按钮跳过这一步。

请注意,整个树莓派 Raspbian 系统的升级时间很长,也许需要花费几小时甚至更长的时间,需耐心等待。树莓派系统的升级过程完成后,屏幕上会出现如图 4-9 所示的对话框。

图 4-9 所示的窗口表明树莓派系统的基本参数已经设置完成。但是,以上各个配置好的参数需要在重新启动系统之后才能生效,因此,到了这一步,需单击 Reboot 按钮,即可重新启动系统,开始探索树莓派的奇妙之旅!

图 4-9 树莓派系统升级完成的窗口

实例 17 树莓派的菜单栏和关机步骤

重新启动树莓派后,屏幕上会出现如图 4-10 所示的主工作界面。

图 4-10 树莓派的主工作界面

在主工作界面中,第一行是菜单栏,在菜单栏的左侧有 4 个按钮,分别用于启动树莓派的常用软件,与 Windows 系统的操作方法相似,只要单击某个按钮,就可以启动相应的软件;在菜单栏的右侧有 6 个状态指示按钮,分别用于指示树莓派当前的输入法、蓝牙、网络连接状态,音量大小,话筒和时间等状态信息。

(1)单击菜单栏左侧的第 1 个按钮 ,将显示如图 4-11 所示的主菜单。主菜单中包括"编程""教育""办公""互联网""影音""图像""游戏""其他""系统工具""附件"Help(帮助)"首选项""运行""注销"选项。

(2)单击菜单栏左侧的第 2 个按钮 ,可以启动树莓派自带的网页浏览器 Google

图 4-11　树莓派系统的主菜单

Chromium，只要在地址栏填入正确的网址，就可以访问相应的网站。

（3）单击菜单栏左侧的第 3 个按钮 ，会打开树莓派的文件夹窗口，可以直观地浏览各个文件夹的文件。

（4）单击菜单栏左侧的第 4 个按钮 ，会启动 LX 终端窗口，这个窗口与 Windows 操作系统的 MS-DOS 命令行窗口很相似，可以直接输入 Linux 命令并且执行相应的操作。

在本例的最后，介绍一下树莓派关机和重新启动的正确步骤。

注意：关机时不能粗暴地直接断开树莓派的电源，这样有可能导致树莓派系统瘫痪。为了防止出现这种故障，必须掌握正确的关机步骤。

图 4-12　树莓派的关机对话窗口

当需要关机时，执行主菜单的"注销"命令，弹出如图 4-12 所示的关机对话窗口。这个窗口中包括 Shutdown（关机）、Reboot（重新启动）、Logout（退出当前账号）3 个按钮。单击 Shutdown 按钮，稍等片刻，绿色的电源指示灯会熄灭，这表明可以安全地关闭树莓派，必须等到这一步才能按下电源开关，切断树莓派的电源。

如果需要重新启动树莓派，只要单击图 4-12 中的 Reboot 按钮即可。

除了以上介绍的关机方法，还可以在命令行界面中输入下列任意一个命令来关机。

```
sudo shutdown – h now
sudo halt
sudo poweroff
sudo init 0
```

另外，在命令行中重新启动树莓派的方法可以通过输入下列任意一个命令来实现。

```
sudo reboot
sudo shutdown – r now
```

实例 18　在树莓派上安装及使用中文输入法

参照以上的典型实例安装和配置树莓派后,已经可以开始用树莓派上网,甚至可以用树莓派探索编程的奥秘。然而,使用树莓派时不能缺少中文的输入和输出的环境。因此,在本实例中,将介绍如何在树莓派中安装和使用中文输入法。

在这里,建议在树莓派上安装 Fcitx 中文输入法。这是 Linux 系统中最流行的中文输入法,支持拼音和五笔字型输入。

Fcitx (Free chinese input toy for X)输入法的标志如图 4-13 所示,其中文名称为小企鹅输入法,它是一个以 GPL 方式发布的输入法平台,可以通过安装引擎支持多种输入法,支持简体字输入繁体字输出,它的优点是与 Linux 系统的兼容性比较好。

图 4-13　小企鹅输入法的标志

安装小企鹅输入法的方法需要经过以下 4 个步骤:

(1) 单击菜单栏左侧的第 4 个按钮 ▓ ,打开 LX 终端窗口,此时可以向树莓派下达执行 Linux 命令。

(2) 在 LX 终端窗口中输入命令 sudo apt install fcitx 并按 Enter 键让树莓派执行这个命令。在该命令的执行过程中屏幕上会出现一长串英文提示信息,并且会停下来提问是否继续执行安装操作,此时,输入小写字母 y,并且按 Enter 键即可开始安装小企鹅输入法。

(3) 在 LX 终端窗口中继续输入命令 sudo apt install fcitx-pinyin 并按 Enter 键,让树莓派执行这个命令。该命令的作用是安装小企鹅支持的拼音输入法。在该命令的执行过程中屏幕上也会出现一长串英文提示信息。

(4) 在 LX 终端窗口中继续输入命令 sudo apt install fcitx-table-wubi 并按 Enter 键,让树莓派执行这个命令。该命令的作用是安装小企鹅支持的五笔字型输入法。在该命令的执行过程中屏幕上同样会出现一长串英文提示信息,并且会停下来提问是否继续执行安装操作,此时,输入小写字母 y 并且按 Enter 键,即可继续安装小企鹅支持的五笔字型输入法。

图 4-14　小企鹅输入法的状态图标

当小企鹅输入法安装完成后,需要重新启动树莓派。重启后,屏幕右上方的状态栏中会增加了一个如图 4-14 中用黑框围起来的键盘图标,恭喜你! 这表明小企鹅输入法已经安装成功了。

小企鹅输入法可供选择的中文输入法有拼音输入法、双拼输入法和五笔字型输入法。右击小键盘图标时会弹出如图 4-15 所示的输入法下拉菜单,此时可以单击选择所需的中文输入法。

此后,只要按下快捷键 Ctrl＋Space,就可以使树莓派从原来的英文输入状态切换到中文输入状态;按下快捷键 Ctrl＋Shift 可以在拼音输入法、双拼输入法和五笔字型输入法之间轮换;当再次按下快捷键 Ctrl＋Space,就可以从中文输入状态回到英文字符输入状态。

图 4-15　选择中文输入法

实例 19　用树莓派浏览网页

接入互联网后，就可以用树莓派浏览网页了。最新版的树莓派 Raspbian 系统自带了 Google 公司开发的 Chormium 浏览器和 Mozilla 公司开发的 Firefox 浏览器，可以执行主菜单"首选项"→Raspberry Pi Configuration→System 命令，选择默认的网页浏览器。

亲爱的读者，您喜欢听歌吗？喜欢欣赏网上视频节目吗？让我们一起出发吧，上网第一站，不妨首先访问中央电视台网站的音乐频道。

首先单击菜单栏的浏览器按钮 ◉，打开浏览器窗口，在地址栏中输入中央电视台网站（以下简称央视网）的地址 www.cctv.com 并按 Enter 键，然后稍等片刻，屏幕上就会显示央视网的主页，结果如图 4-16 所示。

图 4-16　浏览央视网主页

央视网的信息量很大，如果要欣赏其音乐频道的网上直播节目，请单击图 4-16 中所示的"CCTV.直播"按钮，接着就会打开如图 4-17 所示的窗口。

图 4-17　央视网的直播页面

目前，央视网的多个电视频道都已经实现了网上直播。在图 4-17 所示的画面中单击左侧的"直播"按钮，接着选择"CCTV-15 音乐"，屏幕上就会显示央视网音乐频道的网上直播页面，如图 4-18 所示。

图 4-18　央视网音乐频道的网上直播页面

当我们用树莓派访问一些网站时，仍然会有一些网站上的视频节目打不开，其原因是树莓派自带的 Chormium 和 Firefox 浏览器与微软公司的 Internet Explorer 浏览器之间存在不完全兼容的问题。

亲爱的读者,欢迎您访问本书作者(余智豪)的个人网站,网站的主要对象是广大学生,名字叫"智豪校园网"(www.zhihao.com),如图 4-19 所示。

图 4-19 "智豪校园网"网站

"智豪校园网"网站的主页展示了本书作者近年来编著的大学本科计算机专业的教材,包括《网络互联技术教程》《Python 超好玩》《树莓派趣学实战 100 例》《物联网安全技术》《接入网技术(第 3 版)微课视频版》《物联网系统安全》等专业图书。

"智豪校园网"还包含了一个网络版的《成语词典》,可以便捷地帮助您搜索成语,单击"原创:《成语词典》",即可进入其工作界面,如图 4-20 所示。

《成语词典》简单易用,例如,在文本框中输入"一",然后单击"立即搜索"按钮,稍等几秒钟,屏幕就会显示出所有包含"一"字的成语及解释,如图 4-21 所示,嘿嘿,亲爱的读者,您是不是觉得这个网络版的成语词典很实用? 呵呵,请您向亲友们宣传一下吧,非常感谢!

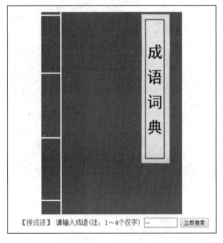

图 4-20 "智豪校园网"的《成语词典》网页

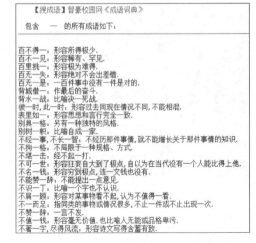

图 4-21 《成语词典》的搜索结果

除了浏览网页，用户还可以通过树莓派使用网络邮箱。下面以常用的 QQ 邮箱为例来说明如何注册电子邮箱，以及如何发送和接收电子邮件。

首先，在树莓派上启动浏览器并登录 QQ 邮箱网站，如图 4-22 所示。

图 4-22　QQ 邮箱网站

如果没有 QQ 邮箱账号，单击"注册账号"按钮，并按提示填写昵称、手机号码、密码等个人信息进行注册，注册成功后，就可以进入 QQ 邮箱了；如果已经有 QQ 邮箱账号，可单击"密码登录"，然后输入您的 QQ 号和密码，就可以进入如图 4-23 所示的工作窗口。

图 4-23　QQ 邮箱的工作窗口

单击图 4-23 中的"写信"按钮,就可以写电子邮件了。写信时,首先在"收件人"文本框中输入收件人的电子邮箱地址,如 12345678@qq.com;然后,请在"主题"和"正文"文本框中输入邮件的主题和正文;检查无误后,单击"发送"按钮,就可以把电子邮件发送给收件人了,如图 4-24 所示。

图 4-24　写信并发送

如果需要查看已接收的电子邮件,只要单击左侧的"收件箱",即可看到收件箱中的电子邮件目录,图 4-25 所示。

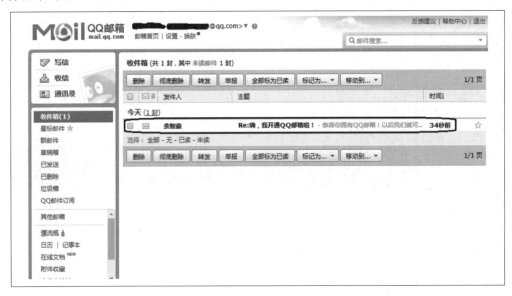

图 4-25　接收电子邮件

单击图 4-25 中的这封邮件,就能看到信件的具体内容,这是收件人给你的回信,如图 4-26 所示。

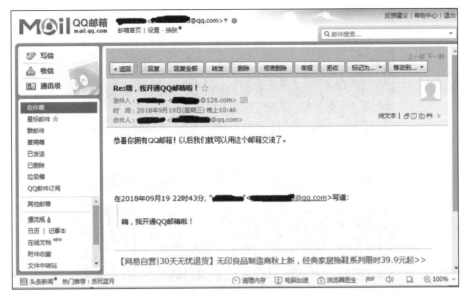

图 4-26　查看电子邮件的内容

实例 20　用树莓派接收电视信号

可以通过在树莓派上安装和配置 Kodi 播放器来观看直播的电视节目。Kodi 是一个开源的跨平台的流媒体播放器，可以在 Linux、macOS、Windows、Android 等系统上运行。Kodi 最初是由 Xbox 开发的，称为 XBMC(Xbox media center)，即机顶盒媒体中心。Kodi 允许用户播放和查看大多数流媒体，如来自 Internet 的音乐和视频，以及来自本地和网络存储媒体的所有常见数字媒体文件。

为了播放来自 Internet 的音乐和视频，我们还需要事先在网上搜索并下载 M3U8 格式的电视直播源文件。

M3U8 文件是流媒体播放中常用的一种格式，其英文全称是 Media Playlist UTF-8(即 UTF-8 格式的流媒体列表)。它的主要作用是记录了一组流媒体文件(包括音频和视频)的 URL 地址，通过这些 URL 地址可以在线播放这些流媒体内容。M3U8 文件通常以文本文件的格式保存，每一行代表一个流媒体文件，包括 URL 地址、文件名、时长、码率等信息。

相比于其他流媒体格式，如 MP4、FLV 等，M3U8 文件更加轻量级，因为它只是记录了 URL 地址信息，而并没有保存整个音视频文件的内容。因此，在网络传输过程中，M3U8 文件的大小通常比完整的音视频文件小得多，可以提高网络传输的效率和速度。

在这里，以直播源文件"国内直播源 202403131.m3u8"为例，来说明在树莓派上安装和配置 Kodi 播放器的具体步骤。

1. 安装 Kodi 播放器

执行 sudo apt-get install kodi 命令，安装 Kodi 播放器，如图 4-27 所示。

2. 安装 PVR 插件

PVR 插件是支持电视直播的插件，如果不安装 PVR 插件，那么将无法用 Kodi 播放器观看电视直播。因此执行 sudo apt install kodi-pvr-iptvsimple 命令安装 PVR 插件，如图 4-28 所示。

图 4-27　安装 Kodi 播放器

图 4-28　安装 PVR 插件

3．设置 Kodi 播放器为中文界面

PVR 插件安装完成后，执行 kodi 命令启动 Kodi 播放器，如图 4-29 所示。

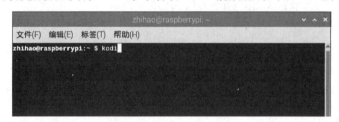

图 4-29　启动 Kodi 播放器

Kodi 播放器默认的工作界面为英文，可以执行"设置/界面"→"皮肤"→"字体"命令，把字体设置为"基于 Arial 字体"，如图 4-30 所示。

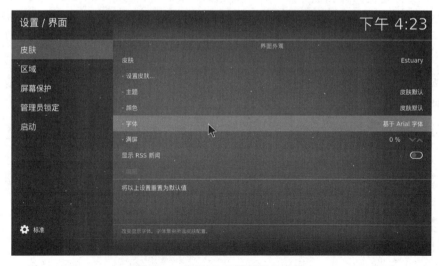

图 4-30　设置 Kodi 播放器的字体

接着执行"设置/界面"→"区域"→"语言"命令,语言选择 Chinese(Simple),就可以把工作界面设置为简体中文了,如图 4-31 所示。

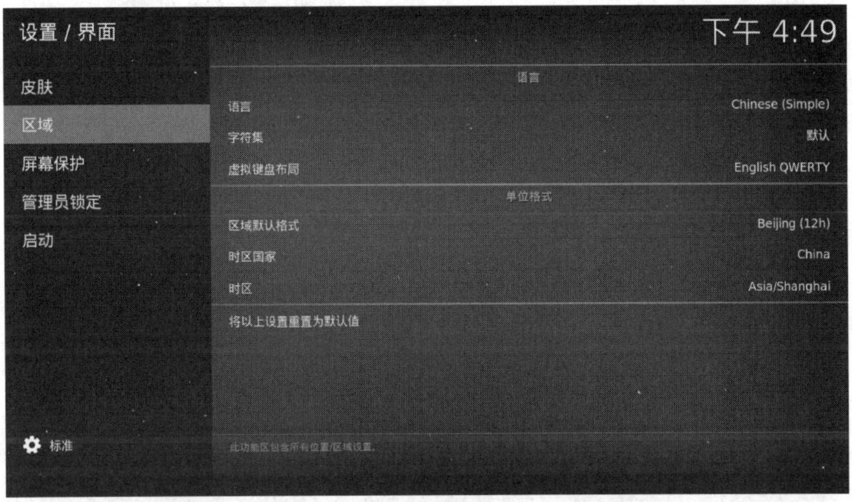

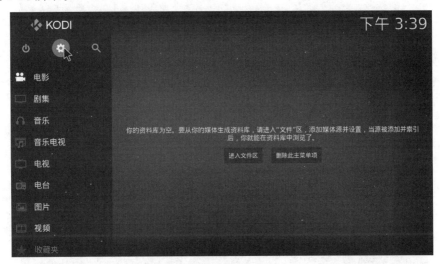

图 4-31 选择 Kodi 播放器的语言为简体中文

4. 设置 PVR 插件

Kodi 播放器是通过 Kodi 插件库中的 PVR IPTV Simple Client 插件来播放电视直播节目,因此需要配置 PVR 插件。

首先用鼠标单击 Kodi 工作界面左上角的设置按钮,如图 4-32 所示。打开系统设置界面,如图 4-33 所示。

图 4-32 Kodi 的设置按钮

单击"插件",打开"插件/插件浏览器"界面,如图 4-34 所示。选择"我的插件",打开"插件/我的插件"界面,如图 4-35 所示。

选择"PVR 客户端",打开"插件/PVR 客户端"界面,如图 4-36 所示。单击 IPTV Simple Client,打开 IPTV Simple Client 的设置界面,如图 4-37 所示。

单击左下角的"设置"按钮,弹出"附加配置和设置"界面,如图 4-38 所示。

图 4-33　Kodi 的系统配置界面

图 4-34　"插件/插件浏览器"界面

图 4-35　"插件/我的插件"界面

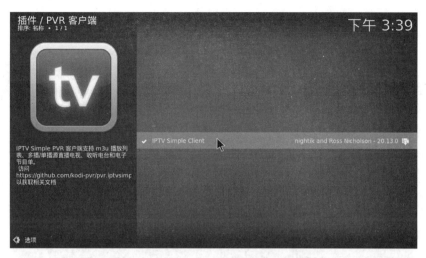

图 4-36 "插件/PVR 客户端"界面

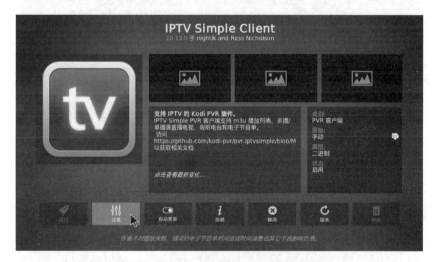

图 4-37 IPTV Simple Client 的设置界面

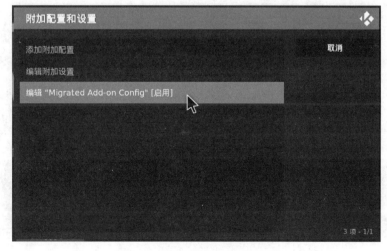

图 4-38 "附加配置和设置"界面

单击"编辑 Migrated Add-on Config［启用］"，出现"设置 IPTV Simple Client"界面，如图 4-39 所示。

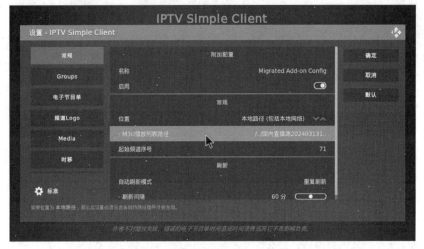

图 4-39　设置 IPTV Simple Client 的界面

选择"位置"为"本地路径"；单击"M3U 播放列表路径"，出现的选择 M3U8 直播源文件的"浏览文件"界面，在本例中，请选择"国内直播源 202403131. m3u8"文件，如图 4-40 所示。

图 4-40　指定直播源文件

关闭配置界面，返回 Kodi 的主菜单，如图 4-41，单击左侧的"电视"按钮，然后从频道列表中选择某个电视台，即可观看电视节目，这里以北京新闻台的电视直播为例，如图 4-42 所示。

图 4-41　选择电视台

图 4-42　北京新闻台的电视直播画面

第 5 章

树莓派的文件管理

实例 21　树莓派的文件系统

文件系统是一种存储和组织计算机数据的方法,它使得计算机用户对数据的访问和查找变得方便快捷。

不同的计算机操作系统的文件系统格式并不一样。常用的文件系统格式如表 5-1 所示。

表 5-1　常用的文件系统格式

名　　称	说　　明
ext2	早期的 Linux 系统中的文件系统格式
ext3	ext2 文件系统格式的升级版,带有日志功能
MS-DOS	MS-DOS 系统的文件系统格式
FAT	Windows XP 系统的文件系统格式
NTFS	Windows NT 系统的文件系统格式
ISO9660	光盘所使用的文件系统格式
RAMFS	内存系统的文件系统格式
NFS	由 SUN 公司发明的文件系统格式,用于远程文件共享

树莓派的文件系统由多个文件夹组成,如图 5-1 所示。

在文件夹中,既可以存放文件,也可以存放子文件夹。文件夹也称为目录,就像我们看书时首先查看目录一样。为了方便以后查找文件,建议将同类的文件存放在同一个文件夹中。

Linux 文件系统与大家熟悉的 Windows 文件系统有较大的差别。Windows 的文件结构是多个并列的树状结构,最顶部的是不同的磁盘(分区),如 C、D、E、F 等。而 Linux 的文件结构是单一的倒挂的树状结构,位于最上方的是根目录,用符号"/"表示,其他文件夹都位于根目录下,用"/文件夹的名称"来表示,例如/home。

在 Linux 操作系统中,已经存放了一些特定类型的文件夹,这些特定文件夹中的文件很

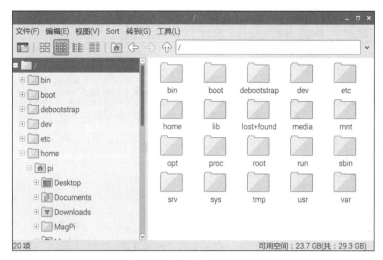

图 5-1　树莓派的文件系统

重要，用户不能随意删除。表 5-2 列出了树莓派特定文件夹的名称及用途。

表 5-2　树莓派特定文件夹的名称及用途

名　　称	用　　途
/	根目录，位于树莓派倒挂的树型文件结构的最顶端，包含其他文件夹
/boot	启动文件夹，存放树莓派启动时所需要的内核文件
/bin	存放树莓派自带的（包括运行图形界面所需的）二进制可执行文件
/dev	用于存放硬件驱动程序，如声卡驱动程序、磁盘驱动程序等
/etc	用于存放树莓派系统的配置文件
/home	用于存放树莓派用户数据的文件夹，其中包含一个名为 pi 的文件夹
/lib	用于存放内核模块和库文件，类似 Windows 系统的 DLL 文件
/lost＋found	该文件夹一般情况下是空的，当系统非法关机后，这里会存放一些临时文件
/media	用于存放可移动存储驱动器，如 U 盘和 CD 光盘
/mnt	用于临时挂载外部硬件或存储设备
/opt	该文件夹通常为空，是用于测试大型软件的文件夹
/proc	用于存放进程（正在运行的程序）信息和内核（CPU 和内存）信息
/root	root 用户的文件夹，访问这个文件夹需要 root 权限
/run	用于存放系统运行时的信息
/sbin	用于存放系统维护和管理命令的文件
/sys	用于存放系统文件，这是一个可以用于硬件操作的文件夹
/tmp	用于存放临时文件
/usr	用于存放用户使用的程序
/var	用于存放系统缓存文件的文件夹，包括日志、邮件等

例如，单击树莓派菜单栏上的"文件管理器"按钮，会显示如图 5-2 所示的界面。

在图 5-2 中，文件管理器窗口左侧所示的是树莓派的文件夹结构，右侧是左侧的当前文件夹所包含的文件清单。例如，单击左侧的 bin 字样，右侧就会显示/bin 文件夹中所包含的所有文件的清单，其结果如图 5-3 所示。

图 5-2　树莓派的文件管理器

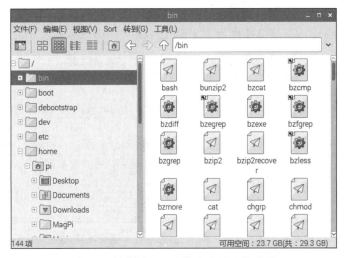

图 5-3　树莓派/bin 文件夹中的文件清单

实例 22　在树莓派上建立和删除文件夹

在树莓派系统中，/home/pi 是分配给用户使用的默认的文件夹。除了/home/pi 文件夹以外，其余的文件夹及包含的文件因为有特定的用途，所以都是受树莓派 Raspbian 系统保护的，换句话说，就是这些文件夹及包含的文件不能被用户随意删除。

1. 在树莓派上建立文件夹

在树莓派上建立文件夹的方法与在 Windows 系统相似。例如，需要在如图 5-4 所示的文件管理器窗口中的/home/pi 文件夹中，建立一个名称为"我的照片"文件夹，具体的操作步骤如下。

首先，单击树莓派菜单栏上的"文件管理器"按钮，打开如图 5-4 所示的文件管理器窗口，并显示默认文件夹/home/pi 中包含的文件夹和文件。

接着，将鼠标指针移动到文件管理器右侧的空白位置处并右击，然后单击弹出的快捷菜

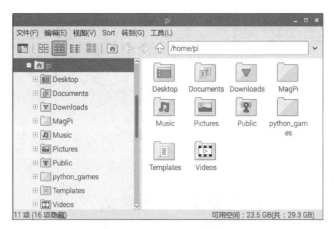

图 5-4 树莓派的文件管理器

单第一行的"新建",再单击"文件夹",屏幕上会出现"创建新文件夹"窗口,在其中的填空栏填入文件夹的名称。在本例中,填入"我的照片",填好之后继续单击"确定"按钮,即可建立名称为"我的照片"文件夹,结果如图 5-5 所示。

图 5-5 建立"我的照片"文件夹

2. 在树莓派上删除文件夹

在树莓派的图形界面中删除文件夹的方法同样很简单。例如,需要删除刚才在/home/pi 文件夹中所建立的名为"我的照片"的文件夹,具体的操作步骤如下。

在图 5-5 所示的画面中,首先单击选中准备删除的文件夹"我的照片"的图标,然后按树莓派键盘中的 Delete 键(删除键),屏幕上会出现如图 5-6 所示的删除确认对话框,问:"您想将文件'我的照片'移到回收站吗?"此时,如果继续单击"是"按钮会执行删除操作;如果单击"否"按钮则会取消删除操作。

单击"是"按钮删除文件夹后,这个文件夹并不是真正地被删除,而是被移到了回收站。如果后悔了,还可以从回收站中将被删除的文件夹还原。

在这里,假定需要还原刚才删除的文件夹"我的照片",具体的操作步骤如下:

(1) 双击回收站图标,如图 5-7 所示。

图 5-6　删除确认对话框

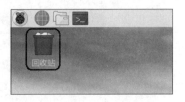

图 5-7　回收站图标

屏幕上显示回收站窗口,回收站中存放着之前被删除的文件夹或文件,如图 5-8 所示。

(2) 右击"我的照片"文件夹图标处,弹出如图 5-9 所示的快捷菜单。执行菜单中的"还原"命令即可还原文件夹。

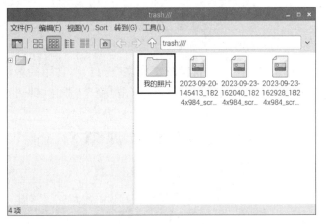

图 5-8　回收站窗口

图 5-9　还原文件夹

反之,如果在如图 5-9 所示的快捷菜单中执行"删除"命令,则会将"我的照片"文件夹彻底删除,不能再被还原。

实例 23　在树莓派上使用 U 盘和复制文件

U 盘,全称是 USB 闪存盘(USB flash disk),是一种体积小、容量大的移动存储设备,可以通过 USB 接口与计算机连接,并实现即插即用。

U 盘是通过 USB 接口与计算机进行连接。U 盘连接到计算机的 USB 接口后,U 盘中的文件可以复制到计算机中,反过来,计算机中的文件也可以复制到 U 盘中。与 Windows 系统中 U 盘即插即用的功能相似,树莓派 Raspbian 系统也能够自动识别 U 盘,即插即用,使用起来非常方便。

例如,在树莓派 Raspbian 系统中,插入一个容量为 1GB 的 U 盘,稍等片刻,屏幕就会出现如图 5-10 所示的"插入了可移动媒质"(即 U 盘)的对话框。

单击"确定"按钮,会显示 U 盘中保存的文件夹和文件,如图 5-11 所示。

图 5-10　"插入了可移动媒质"窗口

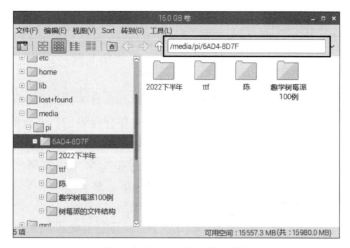

图 5-11 U 盘中的文件夹清单

在图 5-11 所示的文件管理器窗口中,最上方的标题栏显示了这个 U 盘的容量,即"16.0GB 卷";窗口的左侧显示了 U 盘的文件结构;窗口的白色向上箭头⬆的右边给出了 U 盘的文件夹名称,即/media/pi/6AD4-8D7F;在窗口的右侧,列出了 U 盘中所包含的文件清单(包括文件夹和文件)。

在本例中,U 盘中包含有"2022 下半年""ttf""陈"和"趣学树莓派 100 例"等文件夹。其中,/media/pi/6AD4-8D7F 是树莓派自动为 U 盘指定的路径和文件夹名称,即 U 盘存放的路径位于文件夹/media/pi/中,树莓派自动为 U 盘命名的文件夹名称是 6AD4-8D7F。

如果双击"陈"文件夹,则会打开 U 盘的文件夹/media/pi/6AD4-8D7F 中的名称为"陈"的子文件夹,并显示其中所包含的所有文件,结果如图 5-12 所示。

图 5-12 U 盘中的"陈"子文件夹

在图 5-12 中,表明当前的"陈"文件夹中包含有 27 个 MP3 音乐文件。

又如,需要将上述这个 U 盘的"陈"文件夹中包含的所有文件,都复制到树莓派的默认文件夹/home/pi 中,复制的方法很简单,具体的操作步骤如下:

(1) 在如图 5-12 所示的文件管理器窗口中,单击左侧的/media/pi/6AD4-8D7F 文件夹

打开(O)

MATE 之眼图像查看器

Firefox

打开方式(W)...

压缩(M)...

剪切(T)

复制(C)

移到回收站(T)

复制路径(T)

重命名(R)...

文件属性(E)

图 5-13　指定需要复制的
文件夹

名称,会回到上一层文件夹,屏幕上会列出如图 5-11 所示的 U 盘文件夹清单。

（2）右击"陈"文件夹,弹出如图 5-13 所示的快捷菜单,执行"复制"命令。

（3）在文件管理器窗口中打开/home/zhihao/音乐文件夹,并且将鼠标指针移动到文件管理器窗口右边的空白位置。

（4）在空白处右击,在弹出的快捷菜单中执行"粘贴"命令,树莓派会将"陈"文件夹包括所有文件复制到/home/zhihao/音乐文件夹中,如图 5-14 所示。整个过程需要花费几分钟时间。

在整个复制过程完成后,在/home/zhihao/音乐文件夹中会多一个名为"陈"的文件夹,其中包含了原来放在 U 盘相应的文件夹中的所有 MP3 文件。（注：原来存放在 U 盘中的"陈"文件夹依旧保留）

图 5-14　"粘贴"文件夹

实例 24　树莓派的桌面偏好设置

1. 设置树莓派的桌面图片

在 2023 年以后发行的树莓派 Raspbian 系统中,默认的桌面图片是一张桂林漓江的照片,如图 5-15 所示。

可以根据喜好来设置自己的桌面图片。例如,在本例中,假定要把桌面图片设置为荷花,其具体的操作步骤如下。

首先,如图 5-16 所示,在网页浏览器中打开百度网站的图片搜索网页,网址是 http://image.baidu.com,搜索"荷花"图片。

接着,单击网页中找到的"荷花"图片,打开该图片,然后将鼠标指针移动到图片处右击,并从弹出的快捷菜单中选择"图片另存为",屏幕上会出现"保存文件"窗口,如图 5-17 所示。

在对话框的左侧的树状结构中指定文件保存的文件夹名称,并在"名称"二字右边的填

图 5-15 树莓派 Raspbian 系统默认的桌面图片

图 5-16 搜索"荷花"图片

空栏中填入文件名"荷花",然后单击对话框右下角的 Save(即保存)按钮。

最后,关闭所有窗口,将鼠标指针移到桌面中央并右击,屏幕就会出现如图 5-18 所示的桌面偏好设置窗口。

单击右侧的"选择文件"按钮 ▣,会弹出如图 5-19 所示的选择桌面图片文件对话框,将桌面图片指定为刚才从百度网站搜索并下载的存放在名称为/home/pi/Pictures 的文件夹中的"荷花"图片文件,然后单击 Open 按钮继续。

到这一步,就完成了树莓派的桌面图片的设置,此后,桌面图片就会变成指定的"荷花"图片,其结果如图 5-20 所示。

图 5-17 "保存文件"窗口

图 5-18 桌面偏好设置窗口

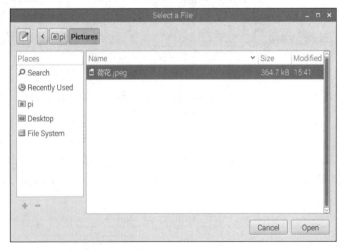

图 5-19 指定桌面图片

图 5-20 更改后的树莓派桌面图片

2. 设置树莓派菜单栏的位置

在大家熟悉的 Windows 操作系统中,菜单栏的位置通常位于屏幕的最下边。类似地,也可以将树莓派的菜单栏设置到屏幕的最下边。设置的方法很简单,在桌面偏好设置窗口中单击 Menu Bar 按钮,如图 5-21 所示。

接着,单击图 5-21 中的 Bottom(即底部)前面的小圆圈,会将树莓派的菜单栏设置到屏幕的最下边。

如果单击图 5-21 中的 Top(即顶部)前面的小圆圈,则会将树莓派的菜单栏设置到屏幕的最上边。

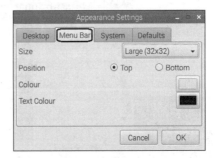

图 5-21 设置菜单栏的位置

3. 设置树莓派鼠标指针的大小

如图 5-22 所示,在桌面偏好设置窗口中单击 System 按钮,接着,单击 Mouse Cursor 右边的下拉菜单,即可选择鼠标指针的大小。

4. 设置屏幕的分辨率

如图 5-23 所示,在桌面偏好设置窗口中单击 Defaults 按钮,接着,单击右侧的 3 个 Set Defaults 按钮之一,就可以设置屏幕的分辨率为大屏幕、中屏幕或者小屏幕。

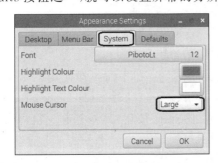

图 5-22 设置鼠标指针的大小

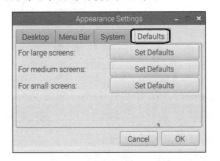

图 5-23 设置屏幕的分辨率

实例 25　备份树莓派的 Micro SD 卡

由于用户操作不当,有时可能会损坏树莓派 Micro SD 卡中的文件,甚至会导致树莓派的 Raspbian 系统不能正常工作。

为了防止发生这种情况,我们可以使用 Raspbian 系统自带的备份工具来把整个 Micro SD 卡中的所有文件备份到 U 盘中。

如图 5-24 所示,在树莓派的某个 USB 接口中插入一个格式化过的 U 盘,然后执行树莓派主菜单中的"附件"→SD Card Copier 命令,出现的 SD 卡复制程序对话框,如图 5-25 所示。

图 5-24　启动 SD 卡复制程序

图 5-25　SD 卡复制程序对话框

在本例中,指定将名为 SD16G(/dev/mmcblk0)的设备(即当前正在使用的 Micro SD 卡)中的所有文件复制到名为 Mass Storage Device(/dev/sda)的设备(即 U 盘)中,并选择 New Partition UUIDs(即建立新的分区表),然后单击 Start 按钮,开始复制。稍等大约 10 分钟,就会完成整个复制过程。

复制成功后,关闭树莓派,从树莓派中取下 Micro SD 卡,插入 U 盘,就可用 U 盘来替代 Micro SD 卡来启动 Raspbian 系统了。

备份树莓派 Micro SD 卡的另一种方法是生成 Micro SD 卡的镜像文件,具体步骤如下:

(1) 关闭树莓派,从树莓派中取下 Micro SD 卡;

(2) 把 Micro SD 卡插入计算机的 Micro SD 卡读写器的相应插槽中;

(3) 打开计算机的"Win32 磁盘镜像工具"窗口,如图 5-26 所示;

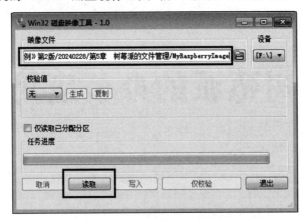

图 5-26　用 Win32 磁盘镜像工具制作镜像文件

(4) 指定镜像文件的保存路径为"《树莓派趣学实战 100 例》第 2 版/20240228/第 5 章 树莓派的文件管理/",文件命名为 MyRaspberryImage.img;

(5) 单击"读取"按钮,开始读取 Micro SD 卡并生成 Micro SD 卡的镜像文件;

(6) 耐心等待任务完成,大约需要 15 分钟,待任务进度条完成即生成了镜像文件;

(7) 如果 Raspbian 系统出现故障,则可以参照实例 14 把备份好的镜像文件重新写入 Micro SD 卡中,恢复 Raspbian 系统。

第 6 章

树莓派的办公应用

实例 26 编辑办公文档

树莓派虽然体积小,却是一台真正的计算机,它不仅可以用于上网,也可以用于办公、编程和应用项目开发。

在本章中,将介绍树莓派系统自带的办公软件 LibreOffice。

LibreOffice 是一款功能强大的办公软件,包含了 Writer、Calc、Impress、Draw、Base 以及 Math 等组件,可用于处理文本文档、制作电子表格、制作演示文稿、绘图以及编辑公式等。

LibreOffice Writer 是与微软公司的 Word 兼容的且免费的文字处理软件。

执行树莓派主菜单中的"办公"→LibreOffice Writer 命令,启动 LibreOffice Writer 文字处理软件,如图 6-1 所示。

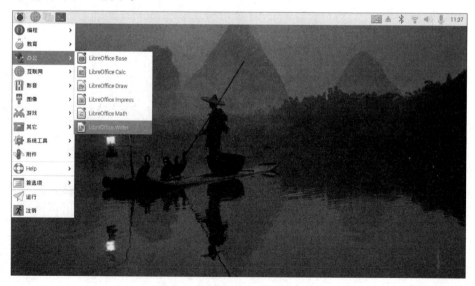

图 6-1 启动 LibreOffice Writer

启动 LibreOffice Writer 后,可以看到 LibreOffice Writer 的工作界面,如图 6-2 所示。

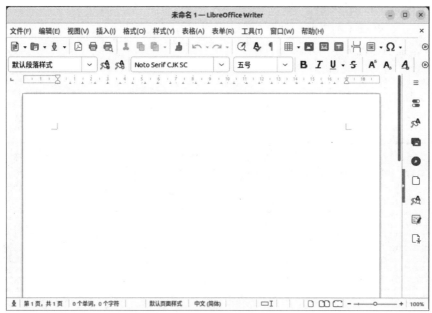

图 6-2　LibreOffice Writer 的工作界面

LibreOffice Writer 的工作界面与微软的办公软件 Word 相似,窗口的第 1 行是标题栏,用于显示当前编辑的文件名;第 2 行是菜单栏,用于选择各种菜单项目;第 3 行是工具按钮栏,包含常用的工具按钮;第 4 行为字体设置栏,用于设置当前编辑的文字的字体;第 5 行是标尺栏,用于指定当前编辑页面的边界;第 5 行以下的较大的空白区域是正文区,用于输入和编辑正文,如图 6-3 所示。

图 6-3　LibreOffice Writer 的主窗口介绍

LibreOffice Writer 的菜单栏包括"文件""编辑""视图""插入""格式""样式""表格""表单""工具""窗口""帮助"菜单。

LibreOffice Writer 的工具栏包括"新建文件""打开文件""保存文件""保存 PDF 文件"等按钮,具体说明如图 6-4 所示。

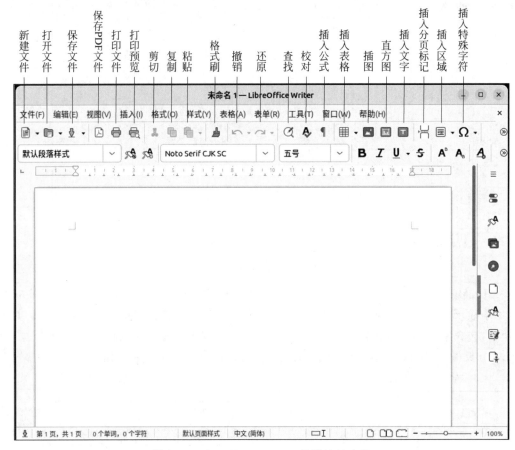

图 6-4　LibreOffice Writer 工具栏按钮功能

下面,以编辑一个课程表为例,简要介绍 LibreOffice Writer 的使用方法。

第 1 步,输入课程表的标题"×××学院 2022 级计算机专业 1 班课程表",如图 6-5 所示。

第 2 步,从标题的第 1 个字开始拖曳鼠标,直到标题的最后一个字,即用鼠标选定整个标题,然后单击字号下拉列表,将字体大小设置为 18,如图 6-6 所示。

第 3 步,执行菜单栏中的"表格"→"插入表格"命令,弹出"插入表格"对话框,如图 6-7 所示。

第 4 步,在"列数"文本框中填入 8,在"行数"文本框中填入 6,即要插入一个"6 行×8 列"的表格,用于填写课程表的具体内容。

第 5 步,此时,屏幕上会显示空白表格,如图 6-8 所示。填写具体内容后会得到图 6-9 所示的完整的表格。

第 6 步,保存文件。在这里,假定需要将编辑好的课程表保存到树莓派的/home/

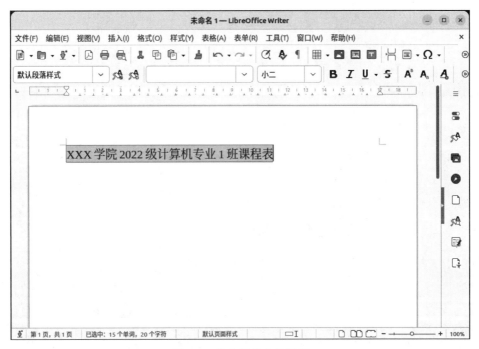

图 6-5 输入课程表的标题

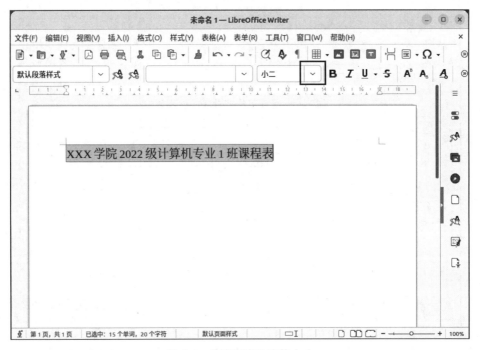

图 6-6 设置标题的字体大小

zhihao/Documents/文件夹中,则在工具栏中单击"保存文件"按钮,然后在"名称"文本框内填写文件名"课程表",在"主目录"列指定保存的文件夹,然后单击"保存"按钮即可保存课程表文件,如图 6-10 所示。

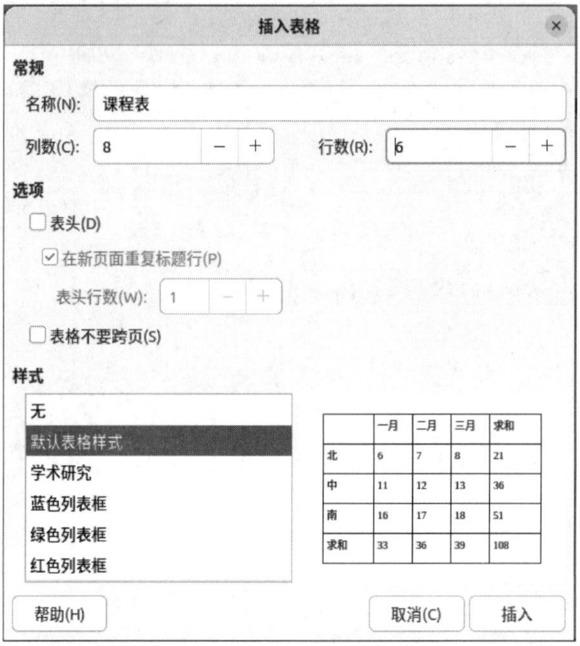

图 6-7 "插入表格"对话框

图 6-8 空白的课程表

此时,在/home/zhihao/Documents/文件夹中,就已经保存了名称为"课程表"的文件。

请注意,如果需要将文件保存为与微软公司的 Word 兼容的文件格式,单击图 6-10 右下角的文件格式下拉列表,选择 Microsoft Word 2010-365 文档(.docx)格式,然后再单击"保存"按钮来保存文件。

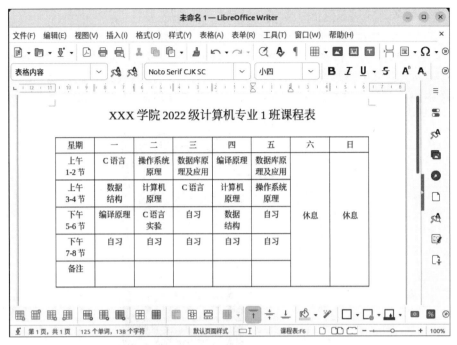

图 6-9　完整的课程表

图 6-10　保存"课程表"文件

实例 27　编辑电子表格

Calc 是树莓派 Raspbian 系统中自带的 LibreOffice 中的免费的电子表格软件，并且与微软公司的 Excel 电子表格软件兼容。可以在 LibreOffice Calc 中输入数据，然后根据这些数据进行计算，产生某些统计结果。

LibreOffice Calc 电子表格软件的特点如下。

（1）函数：可以提供公式及函数对数据进行复杂的运算。

（2）数据库函数：排列、储存、过滤数据。

（3）动态的图表：含有多种 2D 或者 3D 图表。

（4）宏：记录及完成重复的任务。

（5）可以打开、编辑及保存 Microsoft Excel 电子表格。

（6）以多种格式导入和导出电子表格文件，包括 HTML、CSV、PDF 和 PostScript 等。

执行树莓派主菜单中的"办公"→LibreOffice Calc 命令，启动 LibreOffice Calc 电子表格软件，如图 6-11 所示。LibreOffice Calc 的工作界面如图 6-12 所示。

图 6-11　启动 LibreOffice Calc 电子表格软件

图 6-12　LibreOffice Calc 的工作界面

下面，以编辑一个水果购物统计表为例，简要介绍 LibreOffice Calc 电子表格软件的使用方法。

首先，分别输入水果购物统计表中的"商品名称""单位""单价"和"数量"等原始数据，如图 6-13 所示。

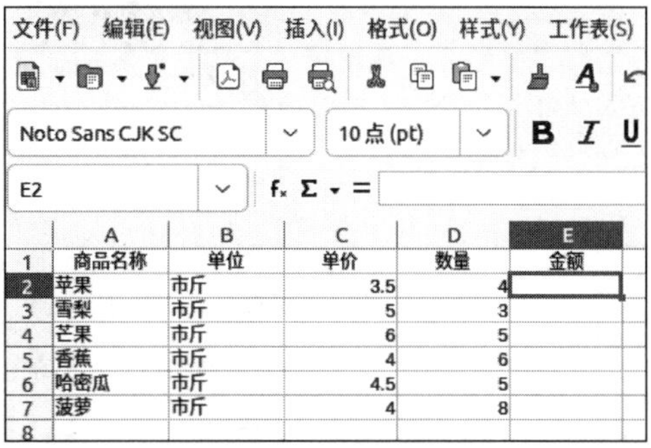

接着，单击表格中的 E2 单元格，并在等号"＝"右边的填空栏中填入"苹果"金额的计算公式"＝C2＊D2"，然后按 Enter 键。在这里，C2 是指第 2 行 C 列的单元格，D2 是指第 2 行 D 列的单元格，"＊"是数学四则运算中的乘号，即"苹果"金额等于单价乘数量，E2 单元格会自动按公式计算并显示结果，如图 6-14 所示。

图 6-13　输入水果购物统计表中的原始数据

同理，继续在 E3、E4、E5、E6 和 E7 等单元格中输入其余各种水果金额的计算公式，即 E3 单元格的计算公式为"＝C3＊D3"，E4 单元格的计算公式为"＝C4＊D4"，以此类推。

在这里，要输入与 E2 单元格同类的 E3～E7 金额的计算公式，还有一个更快捷的方法，就是把鼠标指针移动到单元格 E2 的右下角的黑色小正方形处，使鼠标指针符号变成黑色的小"＋"号，然后按住鼠标左键不放并向下拖至单元格 E7 处，则 E3～E7 各个金额的计算公式就填写好了。

最后，还需要在 E9 单元格定义一个计算总金额的公式，操作步骤是单击 E9 单元格，然后在等号"＝"右边的文本框中输入计算公式"＝SUM(E2:E7)"，并按 Enter 键，即可自动计算总金额，如图 6-15 所示。

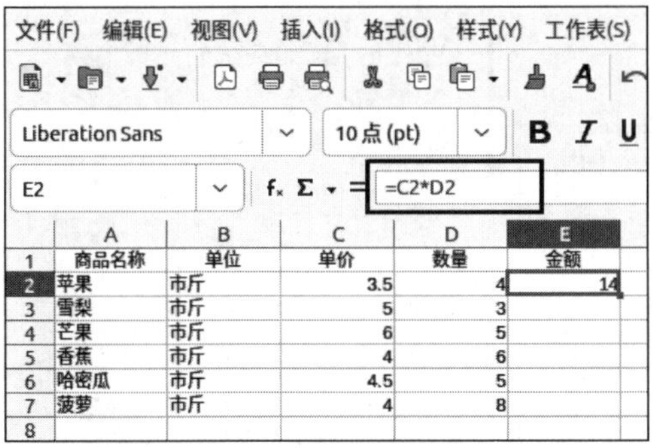

图 6-14　输入苹果金额的计算公式

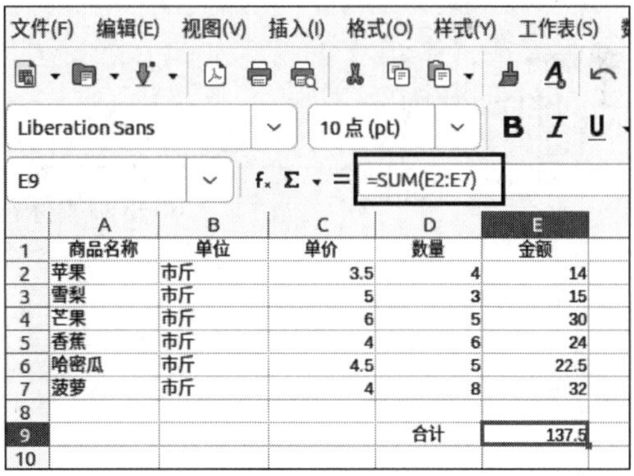

图 6-15　输入总金额的计算公式

当需要修改 LibreOffice Calc 电子表格中的部分数据时，只要直接修改这些数据即可，电子表格软件会根据计算公式自动重新计算各个相关的金额。

实例 28　编辑幻灯片

LibreOffice Impress 是与微软公司的 PowerPoint 兼容且免费的幻灯片设计软件。本例简要介绍使用 LibreOffice Impress 创建幻灯片（演示文稿）的操作步骤。

执行"办公"→LibreOffice Impress 命令，启动这个软件，如图 6-16 所示。

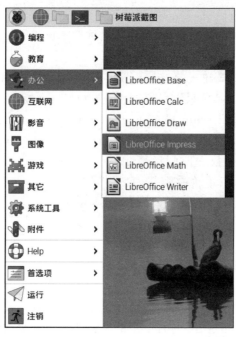

图 6-16　启动 LibreOffice Impress 幻灯片设计软件

屏幕上会出现 LibreOffice Impress 的工作界面，如图 6-17 所示。

图 6-17　LibreOffice Impress 的工作界面

按照提示在第 1 张幻灯片中的"点击添加标题"处添加标题"树莓派简介"，并在"点击添加文字"处添加正文，如图 6-18 所示。

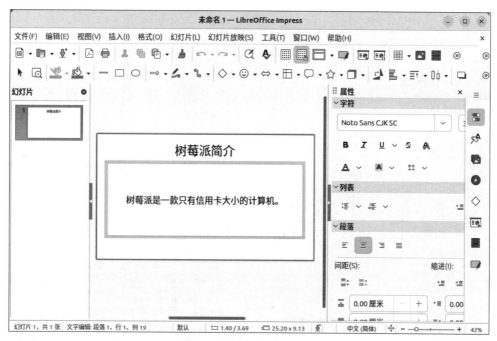

图 6-18 编辑第 1 张幻灯片

编辑好第 1 张幻灯片后，将鼠标指针移动到左侧"幻灯片"栏的第 1 张幻灯片处右击，从弹出的快捷菜单中执行"新建幻灯片"命令，可添加 1 张新幻灯片，如图 6-19 所示。

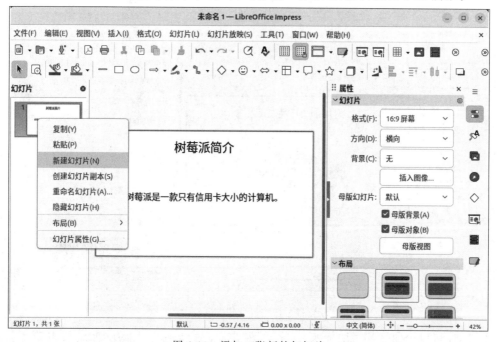

图 6-19 添加 1 张新的幻灯片

编辑幻灯片时，除了输入文字以外，还可以插入图片，例如，要在第 2 张幻灯片中添加一张树莓派电路板正面的照片，可以单击如图 6-20 中黑色小方框所示的"插入图像"图标，然后在文件管理器中选择相应的照片即可插入图片，结果如图 6-21 所示。

图 6-20　幻灯片中的"插入图像"图标

图 6-21　在幻灯片中插入图片

　　此外,还可以给幻灯片中的标题、文字或图片等设置动画效果。例如,要设置第 1 张幻灯片标题和正文的动画效果,具体步骤如图 6-22 所示。

　　第 1 步,单击图 6-22 最右边的"自定义动画"按钮 ,使工作界面的右边出现"动画"栏。

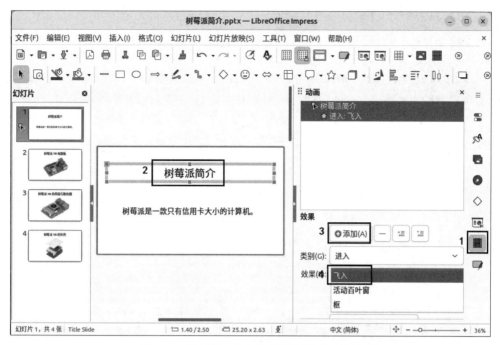

图 6-22　设置第 1 张幻灯片标题的动画效果

第 2 步，单击幻灯片的标题，"树莓派简介"，如图 6-22 所示。

第 3 步，单击幻灯片右边的"效果"栏中的"添加"按钮。

第 4 步，选择幻灯片右边的"效果"列表中的某一种效果，在本例中选择"飞入"。

设置正文的动画效果的具体步骤分为以下 4 步，如图 6-23 所示。

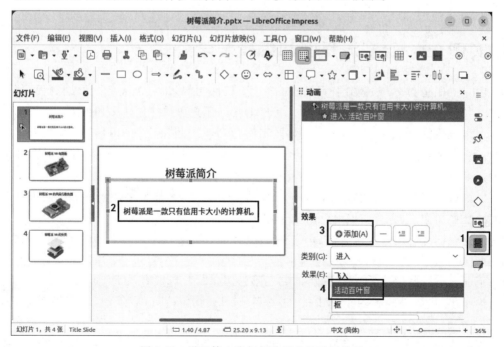

图 6-23　设置第 1 张幻灯片正文的动画效果

第1步，单击"自定义动画"按钮，使屏幕右边出现"动画"栏。

第2步，单击幻灯片的正文。

第3步，单击"效果"栏中的"添加"按钮，选择"效果"列表中"活动百叶窗"效果。

同理，也可以设置其他文字和图片的动画效果。当动画效果设置完成后，单击屏幕右上方的工具栏中的 "播放幻灯片"按钮，即可查看实际的幻灯片播放效果。

最后，单击工具栏中的"保存文件"按钮，打开保存文件对话框，如图6-24所示。

图6-24 保存幻灯片文件

如果要将幻灯片文件的格式保存为与微软公司的幻灯片软件PowerPoint兼容的格式，那么需将幻灯片的文件格式设置为Microsoft PowerPoint 2007-365（.pptx）。

在对话框中输入文件名，并且指定了文件保存的位置后，单击"保存"按钮即可保存文件。

实例29 绘制流程图和编辑数学公式

LibreOffice Draw与微软公司的Visio绘图软件相似，是一个矢量图形绘制程序，同时也可对一些栅格图像（点阵）进行操作。通过Draw，用户可快速创建多种图形。

与用点阵（屏幕上的点）表示的栅格图不同，在矢量图中，图像的内容以简单的几何元素（如直线、圆和多边形）进行存储和显示。矢量图像易于存储，在显示时也方便对图像进行拉伸。

Draw已经被完整地集成到LibreOffice办公套件中，这样就可在套件的不同组件之间方便地交换图像。例如，如果用户在Draw中创建了一幅图片，只需复制粘贴即可在Writer中重用这幅图片。用户也可通过Draw的子功能和工具在Writer或Impress中直接使用绘图功能。

下面，以绘制"解一元二次方程"的流程图为例介绍LibreOffice Draw的使用方法。

第1步，执行树莓派的菜单中的"办公"→LibreOffice Draw命令，启动绘图软件，如图6-25所示。

第2步，启动LibreOffice Draw之后进入新建空白图形的工作界面，如图6-26所示。

第3步，工作界面左侧的工具栏有许多工具图标，如"颜料桶"图标可用于填充图形。此

图 6-25　启动 LibreOffice Draw 绘图软件

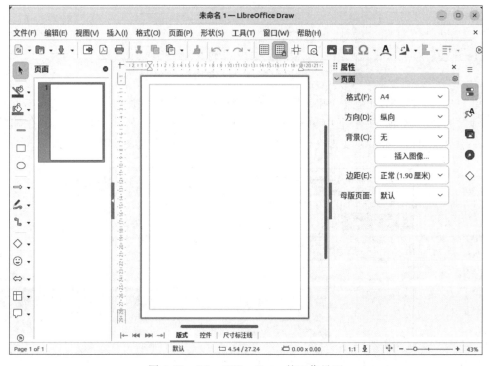

图 6-26　LibreOffice Draw 的工作界面

外,还有"直线""长方形""椭圆""箭头""铅笔""连接符号""菱形"和"笑脸"等各种作图工具图标,这些作图工具图标适用于绘制图形。

第4步,在工具栏中选择适当的作图工具,绘制流程图。

第5步,绘图时,在中间的绘图区域拖曳鼠标,即可新建图形。如果需要在图形中间输入文字信息,可以双击该图形然后输入文字。"解一元二次方程"的流程图如图6-27所示,其中,左侧是缩略图,中间是正在绘制的流程图。

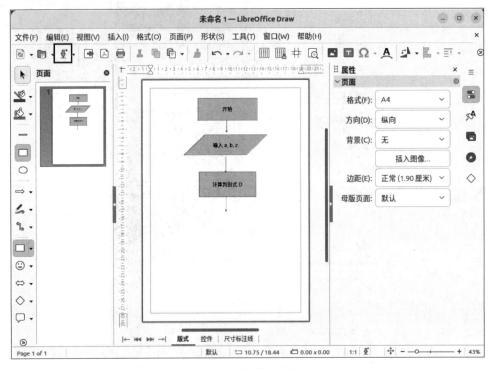

图6-27　绘制流程图

第6步,保存流程图文件。单击工具栏中"保存文件"按钮,弹出如图6-28所示的保存文件对话框,在"名称"文本框中填写文件名"解一元二次方程",并指定文件保存的位置/home/zhihao/Documents文件夹,单击"保存"按钮,即可保存绘图文件。

图6-28　保存绘图文件

在 Windows 操作系统中的文本处理软件 Word 中,常常使用公式编辑器来编辑数学公式。如果想在树莓派上编辑包含公式的文档,需要使用树莓派的公式编辑工具。这里介绍 LibreOffice Math 公式编辑器的使用方法,利用它可以完成各种公式编辑的工作。

在编辑公式时,LibreOffice Math 提供了大量运算符、函数和格式的符号,这些符号排列在屏幕左侧的选择窗口中,只要单击这些运算符号,就可以将它们插入在公式编辑区域中。

这里以编辑一个"含平方根、x^3 和 y^2 的分式"的数学公式为例,简要介绍 LibreOffice Math 公式编辑器的使用方法。

在树莓派的菜单中执行"办公"→LibreOffice Math 命令,启动 LibreOffice Math 公式编辑器,如图 6-29 所示。

图 6-29　启动 LibreOffice Math 公式编辑器

LibreOffice Math 公式编辑器启动后的工作界面如图 6-30 所示。

第 1 行,标题栏,用于显示当前正在编辑的数学公式的文件的名称。

第 2 行,菜单栏,包含了"文件""编辑""视图""格式""工具""窗口""帮助"子菜单。

第 3 行,工具按钮栏,包含了"新建""打开""保存""发送邮件""保存为 PDF 文件""打印"等常用工具按钮。

工作界面的右侧显示的是一元/二元运算符,单击这里的小图标,可以选择各种数学符号。例如,"＋"(加号)、"－"(减号)、"±"(加号或减号)、"×"(乘号)、"—"(分数线)、"÷"(除号)等数学符号。

工作界面左侧大片的空白区域是数学公式预览窗口。

公式预览窗口的下方是公式编辑区,可以在这里输入公式的标记语言(makeup language)代码,以单行代码来表示。在这里,闪动着的短竖线的光标,用来表示公式中相应的符号的位置。换句话说,只要使用方向键改变这里的短竖线的光标的位置,就可以修改上方的公式预览窗口中对应位置的数学符号。

在本例中,编辑好的数学公式如图 6-31 所示。单击图 6-31 所示的"保存"按钮,弹出如图 6-32 所示的对话框,在对话框中指定保存路径和文件名,并按"保存"按钮,即可保存数学公式文件。

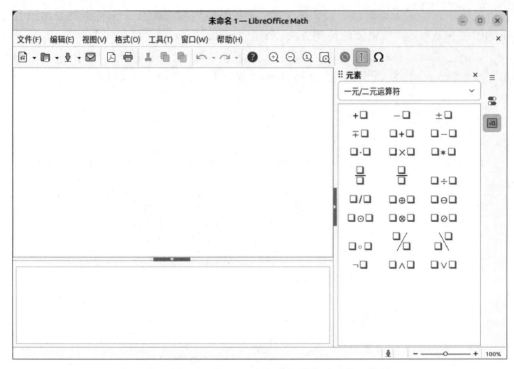

图 6-30　LibreOffice Math 公式编辑器启动后的工作界面

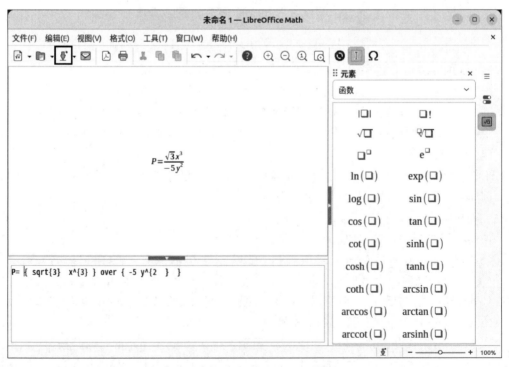

图 6-31　编辑好的数学公式

图 6-32　保存文件对话框

如果需要将编辑好的公式插入 LibreOffice Writer 文档中，可以用复制粘贴的方法来实现，具体的步骤如下：

（1）同时打开 LibreOffice Math 公式文件和 LibreOffice Writer 文字处理文件。

（2）在 LibreOffice Math 的工作窗口中，用鼠标左键拖曳选择 LibreOffice Math 编辑窗口编辑好的整个公式，并按快捷键 Ctrl＋C 把公式复制到剪贴板中。

（3）在 LibreOffice Writer 的工作窗口中，单击指定需要插入公式的位置，再按快捷键 Ctrl＋V，就可以把公式粘贴到 LibreOffice Writer 文档中。

实例 30　在树莓派上安装 WPS Office 2019

实例 26～29 介绍了树莓派自带的 LibreOffice 办公软件，可以用于编辑文本文档、电子表格、演示文稿、绘图和数学公式等。

但是在实践中发现，使用 LibreOffice 保存的文件与微软的办公软件 Word、Excel、PowerPoint 的文件格式的兼容性仍存在问题。例如，对于 LibreOffice Writer 保存的 .docx 格式的文件，再次用 Word 打开时，常常会出现格式不完全一致的现象。可以在树莓派中安装 WPS 2019 办公软件来解决这个兼容性问题。

WPS(Word Processing System，文字处理系统)是中国金山软件公司开发的一套办公软件，同样可以编辑文本文档、电子表格、演示文稿，并且与微软的办公软件 Word、Excel、PowerPoint 兼容，但只有编辑文本文档、电子表格、演示文稿三个功能。

如果需要安装 WPS，可在树莓派的浏览器中访问 WPS Office For Linux 的官方网站 (http://linux.wps.cn)，打开"WPS Office 2019 For Linux 个人版"的下载页面，如图 6-33 所示。

单击"立即下载"按钮，进入下载页面，再单击"64 位 Deb 格式"列中的 For ARM 按钮，开始下载 WPS Office 2019 的安装文件，如图 6-34 所示。安装程序的文件名为 wps-office_11.1.0.11719_arm64.deb，在本例中，安装程序保存到"/home/zhihao/下载/"文件夹中。为了便于安装，把这个安装程序的文件名改为 wps.deb。

图 6-33　WPS Office 2019 For Linux 的官网主页

图 6-34　选择安装文件

单击树莓派菜单栏按钮 ▦，进入 LX 终端界面，输入"cd/home/zhihao/下载"命令，进入安装程序所在的文件夹，然后输入命令"sudo dpkg -i wps. deb"，开始安装 WPS，安装过程大约需要 10 分钟。

安装完成后，在屏幕的左上方会出现 WPS Office 2019 启动图标，双击这个图标启动 WPS Office 2019，如图 6-35 所示。

初次使用 WPS Office 2019 时，屏幕上会弹出软件许可协议对话框，请阅读软件许可协议全文，并在最后一行的 Have read and agreed to Kingsoft Office Software License agreement and Privacy Policy（已阅读并同意金山办公软件的许可协议和隐私政策）文字前面打上小钩，

图 6-35　安装 WPS

表示同意许可协议，然后单击 I Confirm 按钮，就可以启动 WPS Office 2019 了，如图 6-36 所示，
WPS Office 2019 的工作界面与前面介绍的 LibreOffice 相似，这里就不再介绍了。

图 6-36　WPS 软件授权协议

第 7 章

用树莓派学习Linux系统的常用命令

实例 31　Linux 系统的基本命令

本书第 5 章已经介绍了在树莓派的桌面环境下进行文件管理的方法。除此以外,还有一种更直接的方式可以与树莓派互动,这种方式就是在"LX 终端"窗口中直接使用 Linux 命令。

单击树莓派主菜单中的  按钮,可以进入树莓派黑色背景的 LX 终端窗口,如图 7-1 所示。

图 7-1　树莓派的 LX 终端窗口

1. clear 命令

clear 命令的作用是清除屏幕,即清除屏幕上的所有字符,回到如图 7-1 所示的初始状态。

2. ls 命令

ls 命令是在 Linux 系统中使用率较高的命令,用来显示当前文件夹中的文件和文件夹清单。ls 命令的输出信息用彩色进行加亮显示,以区分不同类型的文件。

执行不带任何参数的 ls 命令,树莓派会按英文字母的顺序并以分列的方式显示当前文件夹中所有文件和文件夹,ls 命令的执行结果如图 7-2 所示。

执行 ls -l 命令,树莓派会以详细的方式显示当前文件夹中所有文件和文件夹,ls -l 命令的执行结果如图 7-3 所示。

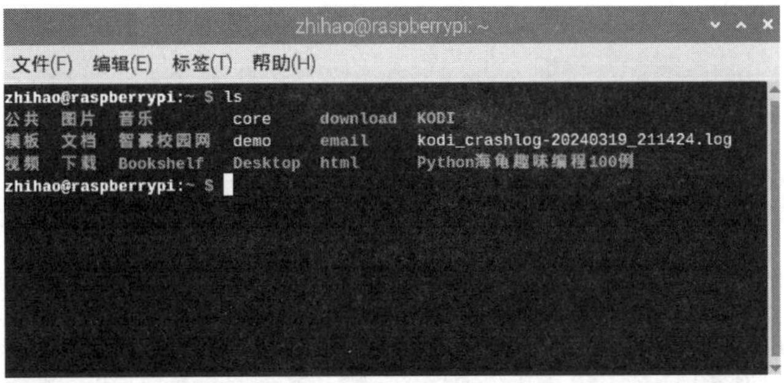

图 7-2　以简要的方式显示当前文件夹中所有文件和文件夹

图 7-3　以详细的方式显示当前文件夹中所有文件和文件夹

在图 7-3 中，输出结果分为 7 列。

第 1 列为文件或文件夹的属性。文件属性共有 10 个字符，第 1 个字符表示文件的类型，其余 9 个字符表示文件的访问权限。

第 1 列的第 1 个字符为"-"时，表示纯文本文件，第 1 个字符为 d 时，表示文件夹。

第 1 列的后 9 个字符分为 3 组，第 1 组的 3 个字符代表文件所有者的访问权限；第 2 组的 3 个字符代表文件所在组的访问权限；第 3 组的 3 个字符代表其他用户的访问权限。字符 r 代表读（read）权限，字符 w 代表写（write）权限，字符 x 代表执行（execute）权限，如果没有该权限，则用连接符"-"表示。

第 2 列为文件或文件夹的硬链接数。

第 3 列为文件或文件夹的所有者。在通常情况下，文件或者文件夹的创建者就是这个文件或文件夹的所有者。

第 4 列为文件或文件夹的所属组。在通常情况下，创建者所在的主组就是这个文件或者文件夹默认的所属组。

第 5 列为文件和文件夹的大小。在默认情况下，以字节（Byte）为单位显示。

第 6 列为文件的创建的时间，其格式为"月　日　时:分"。例如，"1 月 8 日 16:29"表示文件的创建时间为当年的 1 月 8 日 16 时 29 分。

第 7 列为文件名或文件夹名。

3. nano 命令

在树莓派 Raspbian 系统的桌面环境中,可以单击主菜单中的"附件"→Text Editor 来启动文本编辑器软件,用来编辑文本文件。

而在树莓派 LX 终端中,可以使用 nano 命令来编辑文本文件。在本例中,如果输入 nano demo.txt 命令,则屏幕上会出现如图 7-4 所示的工作界面。

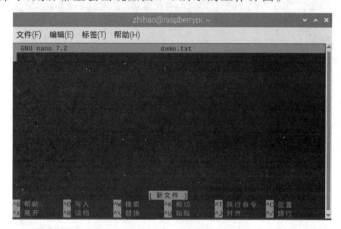

图 7-4　nano 命令的工作界面

在图 7-4 所示的界面中,第 1 行显示当前的文件夹名,在本例中为"zhihao @ raspberrypi:~";第 2 行是菜单栏,包括"文件""编辑""标签"和"帮助"子菜单;第 3 行的左侧是 nano 的版本信息,中间是当前编辑的文件名。

在图 7-4 中,中间的大范围黑色区域是正文编辑区域,用于输入和编辑正文的具体内容。

在图 7-4 的最后两行是 nano 快捷键的提示区域,给出了 nano 的快捷键及功能。例如,"^G"(快捷键 Ctrl＋G)为"帮助","^O"(快捷键 Ctrl＋O)为"写入"(写入磁盘即保存文件),"^X"(快捷键 Ctrl＋X)为"离开"等。

接着,在正文编辑区域输入和修改正文的内容。当编辑好正文后,按快捷键 Ctrl＋O 保存文件,此时,屏幕上会出现如图 7-5 所示的画面。

图 7-5　在 nano 的编辑窗口中保存文件

在图 7-5 中的倒数第 3 行会提示要写入的文件名。此时，如果不修改原来的文件名 demo. txt，可直接按 Enter 键来保存；如果需要修改文件名，则输入新的文件名，然后再按 Enter 键保存。

4. cat 命令

cat 命令是 Linux 下的一个文本输出命令，通常是用于查看文本文件的内容。例如，要查看刚才保存的文本文件 demo. txt 的内容，可以使用 cat demo. txt 命令。

当使用 cat 命令查看文本文件的内容时，为了区分不同的行，还可以加上选项-n，即使用 cat demo. txt -n 命令，此时，会在所显示的每行信息前面自动添加行号，执行结果如图 7-6 所示。

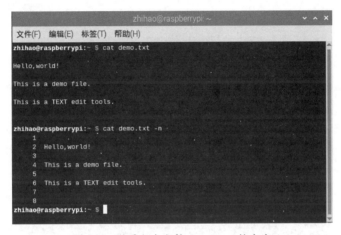

图 7-6　查看文本文件 demo. txt 的内容

5. help 命令

help 命令是 Linux 的帮助命令，简要说明 Linux 的各种命令格式，如图 7-7 所示。

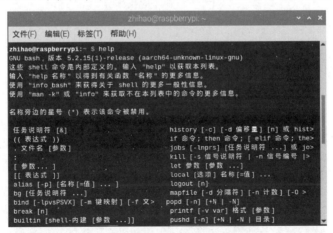

图 7-7　help 命令的执行结果

而"help 命令名"命令可以解释指定的 Linux 命令，例如 help pwd 用于解释 pwd 命令的作用，执行结果如图 7-8 所示。

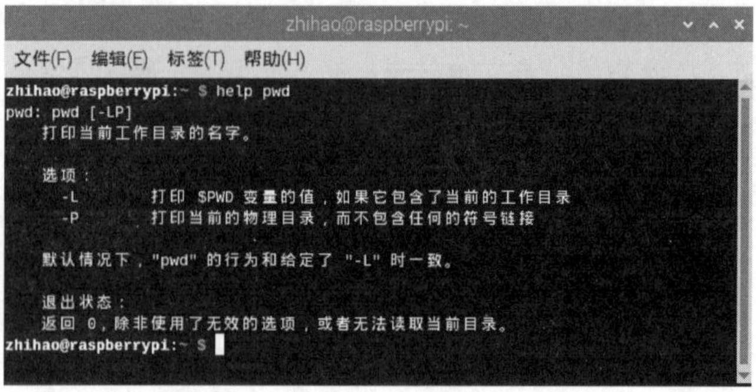

图 7-8 help pwd 命令的执行结果

实例 32   Linux 系统的文件管理命令

可以在树莓派的 LX 终端窗口使用 pwd、mkdir、cd、mv、cp、rm 等命令来管理文件。

1. pwd 命令

pwd(print working directory,显示整个路径名)命令的作用是显示当前所在工作文件夹的完整路径。该命令的示例如图 7-9 所示,在本例中,当前所在工作文件夹的完整路径为/home/zhihao。

图 7-9 pwd 命令的执行结果

2. mkdir 命令

mkdir(make directory,创建目录)命令的作用是在当前文件夹的路径上建立新的目录,该命令的示例如图 7-10 所示,在本例中,用 mkdir mydir 命令建立了一个名称为 mydir 的目录。

图 7-10 mkdir 命令和 mv 命令的执行结果

3. cd 命令

cd(change directory,切换目录)命令的作用是切换默认目录,例如 cd /home/zhihao/music 命令的执行结果是将默认的目录切换为/home/zhihao/music。

4. mv 命令

mv(move,移动)命令的作用是将源文件移动到目标文件夹处。该命令的示例如图 7-10 所示,在本例中,用 mv demo. txt mydir 命令将默认文件夹中的 demo. txt 文件移动到 mydir 文件夹中,文件移动后的结果如图 7-10 所示,当前文件夹中没有 demo. txt 文件了。

mv 命令还可用于修改文件名,如用 mv demo. txt new_demo. txt 命令将文件名 demo. txt 改为 new_demo. txt,如图 7-11 所示。

图 7-11 用 mv 命令修改文件名

5. cp 命令

cp(copy,复制)命令的作用是将源文件复制到目标文件处。例如,使用 cp mydir mydir1 命令将"源文件"mydir 复制到"目标文件"mydir1,执行结果如图 7-12 所示。

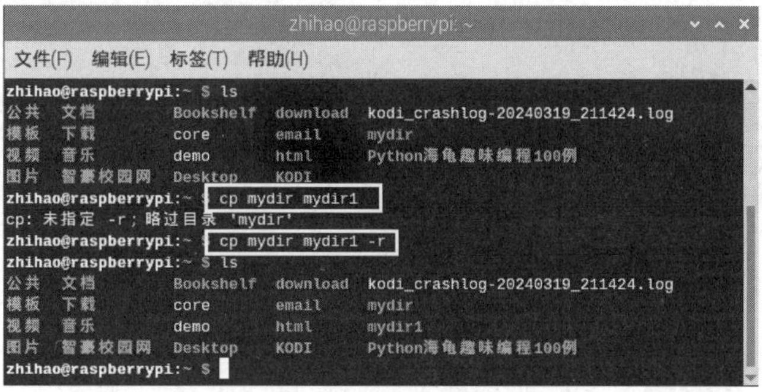

图 7-12 cp 命令的执行结果

但是在图 7-12 中可以发现执行 cp mydir mydir1 命令时出现了错误,原因是 cp 命令默认情况下只能复制单个文件,而这里的 mydir 并不是单个文件,而是一个文件夹。

这就需要在 cp 命令中加上-r 选项,就可以复制整个文件夹(包括指定文件夹中的所有文件)了。正确的文件夹(目录)复制命令是 cp mydir mydir1 -r,执行结果如图 7-12 所示。

6. rm 命令

rm(remove,删除)命令的作用是删除文件或文件夹(目录)。例如,用 cd mydir1 命令进入 mydir1 文件夹,并使用 rm *.txt 命令将 mydir1 文件夹中所有 TXT 文件删除,执行结果如图 7-13 所示。

在本例中,星号 * 是 Linux 命令的通配符,表示多个字符,所以 *.txt 表示所有扩展名

图 7-13　删除 mydir1 文件夹下所有 TXT 文件

为.txt 的图像文件。

注意："rm 文件"命令只能用于删除文件，并不能直接用于删除文件夹，否则执行时会出现错误。如果要删除文件夹，就要在 rm 命令后面加上-r 选项，这样才能删除文件夹。例如，删除 mydir1 文件夹的命令是 rm mydir1 -r，执行结果如图 7-14 所示。

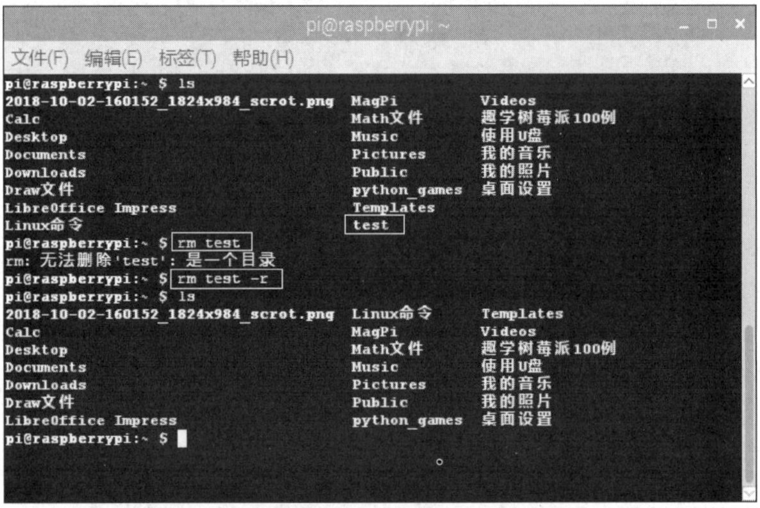

图 7-14　rm 命令的执行结果

实例 33　Linux 系统的权限设置命令

在树莓派的 Raspbian 系统中，默认的身份是普通用户 pi，但是 pi 的权限比较低，只能使用/home/pi 这个特定的文件夹。

如果要提高权限，可以用 sudo -i 命令将 pi 用户身份升级为超级用户 root。root 身份的权限可以任意删除某一个文件或文件夹；而要从超级用户 root 回到 pi 用户身份（即注销 root 身份），可以使用 exit 命令。

在 Linux 系统中，修改文件权限的命令有 chmod、chgrp 和 chown。

Linux 系统中的每个文件和文件夹都有访问许可权限，用访问许可权限来确定谁有权对文件和文件夹进行访问，以及对文件和文件夹可以采取的访问方式（读、写或删除）。

文件或文件夹的访问权限分为只读、只写和可执行三种。以文件为例，只读权限表示只允许读文件内容,而禁止对其进行更改操作。可执行权限表示允许将该文件作为一个程序执行。当文件被创建时,文件所有者自动拥有对该文件的读、写和可执行权限,以便于对文件的阅读和修改。用户也可根据需要把访问权限设置为需要的任何组合。

有三种不同类型的用户可对文件或文件夹进行访问,分别是文件所有者、同组用户和其他用户。所有者一般是文件的创建者。所有者可以允许同组用户有权访问文件,还可以将文件的访问权限赋予系统中的其他用户。在这种情况下,系统中的每位用户都能访问该用户拥有的文件或文件夹。

每个文件或文件夹的访问权限都分为三组,每组用三个字符表示,分别为文件创建者的读、写和执行权限;同组用户的读、写和执行权限;系统中其他用户的读、写和执行权限。当用 ls -l 命令显示文件或文件夹的详细信息时,最左边的一列为文件的访问权限。例如:

```
$ ls - l sample.txt
- rw- r-- r--  1 root root 483997 Jul 15 17:31 sample.txt
```

横线代表空许可,r 代表只读,w 代表写,x 代表可执行。

例如,左侧开始的 10 个字符"- rw- r-- r--"分别对应文件类型、文件权限、所有者权限和其他用户权限。

ls -l sample.txt 命令返回的信息的前面共有 10 个字符。第 1 个字符表示文件类型。在通常意义上,一个文件夹也是一个文件。如果第 1 个字符是横线"-",表示是一个普通文件;如果是 d,表示是一个文件夹。后面 9 个字符是文件 sample.txt 的访问权限。

在本例中,这 10 个字符依次表示 sample.txt 是一个普通文件;sample.txt 的创建者有读写权限,同组用户只有读权限,其他用户也只有读权限。

确定了一个文件的访问权限后,用户可以利用 Linux 系统提供的 chmod 命令来重新设定不同的访问权限,也可以用 chown 命令来更改某个文件或文件夹的所有者,或用 chgrp 命令来更改某个文件或文件夹的用户组。

下面简要介绍这 3 个命令。

1. chmod 命令

chmod 命令的作用是改变文件或文件夹的访问权限。超级用户可以用 chmod 命令来修改文件或文件夹的访问权限。

设置文件的访问权限的方法分为数字设定法和文字设定法两种。

1) 数字设定法

单击 ▣ 按钮打开 LX 终端,然后输入 sudo -i 命令,将用户的身份升级为超级用户。

在这里,假设文件 cc 存放在主文件夹中,路径为/home/pi,并假设要设置文件 cc 的权限为 777,则只要在终端中输入 chmod 777 /home/pi/cc 命令,这个文件的权限就变成了 777;如果要设置权限的不是文件,而是文件夹,则用 chmod -r 777 /home/pc/cc 命令。

细心的读者,你一定想弄清楚命令中 777 代表什么意思? 不用急,听我慢慢解释。

设置权限的数字是一个 3 位数,第 1 位用于设置文件创建者的访问权限,第 2 位用于设置同组用户的访问权限,第 3 位用于设置其他用户的访问权限。

每位数字代表不同的权限,具体的权限值含义如下。

r(读取,权限值为 4):对文件而言,具有读取文件内容的权限;对文件夹来说,具有浏览文件夹的权限。

w(写入,权限值为2):对文件而言,具有新增、修改文件内容的权限;对文件夹来说,具有删除、移动文件夹内文件的权限。

x(执行,权限值为1):对文件而言,具有执行文件的权限;而对文件夹来说,该用户具有进入文件夹的权限。

这里详细分析如何确定某位具体数值对应的访问权限。例如,第1位表示文件所有者权限数值,当这个数值为7时,则因为$4(r)+2(w)+1(x)=7$,所以这个7表示rwx,即同时具有读、写和执行权限;又如,如果这个数值为6,则因为$4(r)+2(w)+0(x)=6$,所以这个6表示rw-,即只有读和写权限,不具有执行权限;再如,需要设置其他用户的访问权限为只读权限,即r--,则由算式$4+0+0=4$可知权限对应的数值为4。

下面继续通过3位数来确定一个文件的访问权限,具体的数字如下:

通常是第1位数字表示文件所有者权限值,第2位数字表示同组用户权限,第3位数字表示其他用户权限。在这里,假设文件所有者具有读、写和执行权限;同组用户具有读权限;其他用户具有读权限,则字母表示为 rwx r-- r--,对应的3位数字为744。

下面再举一些例子。

```
权限              数值
rwx   rw-   r-   764
rw-   r-    r-   644
rw-   rw-   r-   664
```

2)文字设定法

文字设定法的命令格式如下:

chmod　操作对象　操作符　权限　文件名

操作对象可以是 u、g、o 和 a 这4个字母中的一个或是它们的组合。

u:"用户",表示文件或文件夹的所有者。

g:"同组用户",表示与文件属主有相同组 ID 的所有用户。

o:"其他用户",表示其他用户。

a:"所有用户",表示所有用户,它是系统默认值。

操作符:可以是"+"或"-"或"="这3个符号。

+:添加某个权限。

-:取消某个权限。

=:赋予给定权限并取消其他所有权限(如果有的话)。

权限可以是 r、w 和 x 这3个字母的任意组合。

r:可读。

w:可写。

x:可执行,仅当目标文件是文件夹或已有执行权限时才设置执行权限。

其他参数说明如下。

-c:若该文件权限确实已经更改,才显示其更改动作。

-f:若该文件权限无法被更改也不要显示错误信息。

-v:显示权限变更的详细资料。

-R：对目前文件夹下的所有文件与子文件夹进行相同的权限变更（即以递归的方式逐个变更）。

-help：显示辅助说明。

-version：显示版本信息。

文件名：以空格分开的要改变权限的文件列表，支持通配符。在一个命令行中可给出多个权限方式，其间用逗号隔开。如，命令"chmod g+r,o+r example"的作用是使同组和其他用户对文件 example 有读权限。

例如，命令"chmod ug+w,o-x text"的作用是设置文件 text 的访问权限为给文件所有者（u）增加写权限，与文件所有者同组的用户（g）也增加写权限，而其他用户（o）删除执行权限。

又如，以下这 3 个命令：

```
$ chmod a - x demo.txt
$ chmod  - x demo.txt
$ chmod ugo - x demo.txt
```

这 3 个命令都是删除文件 demo.txt 的执行权限，设定的对象为所有使用者。

2. chgrp 命令

chgrp 命令的功能是改变文件或文件夹所属的组。语法格式如下：

chgrp　选项　组名　文件名

选项说明如下。

-c 或-changes：效果类似-v 参数，但仅回报更改的部分。

-f 或-quiet 或-silent：不显示错误信息。

-h 或-no-dereference：只对符号连接的文件作修改，而不改变其他任何相关文件。

-R 或-recursive：递归处理，将指定目录下的所有文件及子文件夹一并处理。

-v 或-verbose：显示指令执行过程。

-help 在线帮助。

-reference=<参考文件或目录>：把指定文件或目录的所属群组全部设成和参考文件或文件夹的所属群组相同。

-version：显示版本信息。

组名（group）可以是用户组 ID，也可以是/etc/group 文件中用户组的组名。

文件名是以空格分开的要改变属组的文件列表，支持通配符。如果用户不是该文件的属主或超级用户，则不能改变该文件的组。

例如，命令 chgrp -R book /home/pi/book 的作用是将目录/home/pi/book/及其子目录下的所有文件所属的组设置为 book。

3. chown 命令

chown 命令的功能是更改某个文件或文件夹的属主和属组。例如 root 用户把自己的一个文件备份给用户 yusi，为了让用户 yusi 能够存取这个文件，root 用户应该把这个文件的属主设为 yusi，否则，用户 yusi 无法存取这个文件。

chown 命令的语法格式如下：

chown　选项　用户或组　文件

chown 命令的选项说明如下。

user：新的文件拥有者的使用者 ID。

group：新的文件拥有者的使用者群体(group)。

-c：若该文件拥有者确实已经更改，才显示其更改动作。

-f：若该文件拥有者无法被更改也不要显示错误信息。

-h：只对于链接进行变更，而非该链接真正指向的文件。

-v：显示拥有者变更的详细资料。

-R：对目前文件夹下的所有文件与子文件夹进行相同的拥有者变更（即以递归的方式逐个变更）。

-help：显示辅助说明。

-version：显示版本。

chown 命令的功能是将指定文件的拥有者改为指定的用户或组。用户可以是用户名或用户 ID。组可以是组名或组 ID。文件是以空格分开的要改变权限的文件列表，支持通配符。

例如，把文件 demo. txt 的所有者改为 friend，使用命令 chown friend demo. txt。

又如，要把目录/demo 及其下的所有文件和子文件夹的所有者改成 john，所属组改成 users，可以使用命令 chown -R john. users /demo。

再如，把 home 文件夹下的 qq 文件夹的所有者改为 qq 的命令是 chown qq /home/qq，而把 home 文件夹下的 qq 文件夹中的所有子文件的所有者改为 qq 的命令是 chown -R qq /home/qq。

实例 34　在树莓派上安装和卸载软件包

1. APT 软件包的基础知识

在树莓派上使用的软件包管理系统叫作 APT。APT 包含了 Raspbian 系统所有相关的软件包，大约有 40000 个软件包可供使用。APT 通过命令行来更新软件。

APT 通过 sources 文件清单来跟踪已经安装的软件包及相应的升级信息，如果是想安装新的软件包，那就首先应该执行下列两个命令（注：所有安装和卸载软件包的命令都必须用 sudo 开头，即需要 root 超级用户的权限）：

```
sudo apt - get update      下载软件包的最新版本信息
sudo apt - get upgrade     安装升级文件
```

2. 安装软件包

在树莓派上安装软件包的方法很简单，只要使用以下命令即可：

```
sudo apt - get install 软件包名称
```

例如，安装 Apache2 Web 服务器，可以运行以下命令：

```
sudo apt - get install apache2
```

3. 卸载软件包

任何通过 APT 安装的软件包都可以通过以下两个命令之一来卸载：

```
sudo apt - get remove 软件包名称
sudo apt - get purge 软件包名称
```

例如，卸载 Apache2 Web 服务器，可以执行如下命令：

```
sudo apt - get remove apache2
```

4. 卸载旧的依赖

当安装了一个软件包，可以注意到几个其他的软件包也被安装了，这就意味这个包需要其他的包来执行。这就叫依赖。但是，在移除软件包时，这些旧的依赖包仍然会留在系统。可以通过如下命令安全地删除这些旧的依赖包：

```
sudo apt - get autoremove
```

实例 35　在树莓派上查看系统资源的命令

1. top 命令

top 命令的作用是动态显示当前树莓派的各种系统资源的使用情况，包括 CPU 的使用情况、内存占用情况、系统进程等。top 命令的示例如图 7-15 所示。

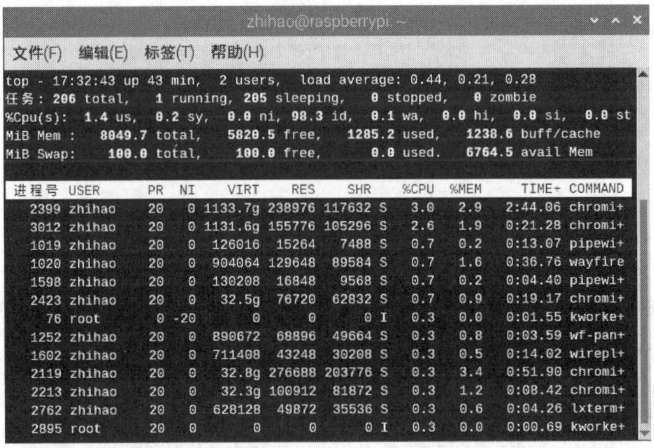

图 7-15　用 top 命令动态显示当前树莓派的各种系统资源

第 1 行的 17:32:43 表示当前系统时间；up 43 min 表示系统已经运行了 43 分钟（在这期间没有重新启动过）；2 users 表示当前有 2 个用户登录系统；load average：0.44，0.21，0.28 这三个数分别是 1 分钟、5 分钟、15 分钟内系统的平均负载情况。load average 数据是每隔 5 秒检查一次活跃的进程数，按特定算法计算出的数值。如果这个数超过 CPU 的核心数量，就表明系统在超负荷运转。

第 2 行的 Tasks 表示进程的总数，系统当前共有 206 个进程（注：包括图 7-15 中没有显示的进程）。其中，处于运行状态的有 1 个；处在休眠（sleeping）状态的有 205 个；处于停止（stopped）状态的有 0 个；处于僵尸（zombie）状态的有 0 个。

第 3 行表示 CPU 的工作状态。us 表示用户空间程序的 CPU 使用率，sy 表示系统内核的 CPU 使用率，id 表示 CPU 空闲的时间。在本例中，1.4 us 表示用户空间占用 CPU 的百分比；0.2 sy 表示内核空间占用 CPU 的百分比；0.0 ni 表示改变过优先级的进程占用

CPU 的百分比；98.3 id 表示空闲 CPU 百分比；0.1 wa 表示 IO 等待占用 CPU 的百分比；0.0 hi 表示硬中断占用 CPU 的百分比；0.0 si 表示软中断占用 CPU 的百分比；0.0 st 表示 CPU 的空闲时间。

第 4 行表示内存状态。其中，8049.7 total 表示物理内存总量；5820.5 free 表示空闲内存总量；1285.2 used 表示正在使用中的内存总量；1238.6 buff/cache 表示缓存的内存量。

第 5 行表示 swap 交换分区。其中，100.0 total 表示交换区总容量；100.0 free 表示空闲交换区总量；0.0 used 表示正在使用的交换区总量；6764.5 avail Mem 表示缓冲区平均占用容量。

第 7 行以下表示各进程(任务)的动态监控数据。

（1）进程号表示进程的编号。

（2）USER 表示进程所有者。

（3）PR 表示进程优先级，NI 表示 nice 值，负值表示较高优先级，正值表示较低优先级。

（4）VIRT 表示进程使用的虚拟内存总量，单位 KB。

（5）RES 表示进程使用的、未被换出的物理内存大小，单位 KB。

（6）SHR 表示共享内存大小，单位 KB；S 表示进程状态，其中 D＝不可中断的睡眠状态，I＝空闲，R＝运行，S＝睡眠，T＝跟踪/停止，Z＝僵尸进程。

（7）％CPU 表示上次更新到现在的 CPU 时间占用百分比。

（8）％MEM 表示进程使用的物理内存百分比。

（9）TIME＋表示进程使用的 CPU 时间总计，单位 1/100 秒。

（10）COMMAND 表示进程的名称(命令名/命令行)。

2. lscpu 命令

lscpu 命令的作用是查询 CPU 的信息，执行结果如图 7-16 所示。

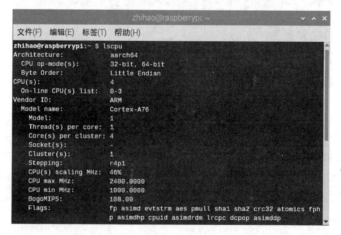

图 7-16 用 lscpu 命令查询 CPU 的信息

从图 7-16 中可以看出，CPU 的架构为 AArch64，当前 CPU 的工作模式为 32 位和 64 位，4 个内核型号为 ARM Cortex-A76，CPU 最大主频为 2400MHz，最小主频为 1000MHz。

3. free -h 命令

free -h 命令的作用是以字节为单位显示树莓派当前内存的工作状态，执行结果如图 7-17 所示。

图 7-17　用 free -h 命令查询当前内存的工作状态

从图 7-17 可知,内存总量为 7.9GB,已使用的内存容量为 1.3GB,自由的内存容量为 5.7GB,共享内存为 199MB,缓冲内存为 1.2GB。

4. sudo fdisk -l 命令

sudo fdisk -l 命令的作用是查看 Micro SD 卡的信息,执行结果如图 7-18 所示。

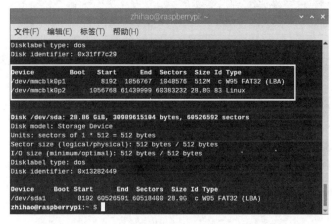

图 7-18　用 sudo fdisk -l 命令查看 Micro SD 卡的信息

从图 7-18 中可以看出,整个 Micro SD 卡包含两个分区,一个分区的容量为 512MB,这是专门用于树莓派开机启动的分区;另一个分区的容量为 28.8GB,用于储存程序和数据。

5. ifconfig 命令

ifconfig 命令的作用是配置和显示网络接口的信息,包括有线网卡和无线网卡的物理地址和本地 IP 地址等信息,执行结果如图 7-19 所示。

在图 7-19 中,eth0 表示有线网卡接口,lo 表示虚拟网络接口,wlan0 表示无线网卡(即 WiFi)接口。有线网卡的物理地址为 d8:3a:dd:d0:81:6b;无线网卡接口的物理地址为 d8:3a:dd:d0:81:6c,本地 IPv4 地址为 192.168.2.30,子网掩码为 255.255.255.0,广播地址为 192.168.2.255,本地 IPv6 地址为 fe80::3160:7888:47f6:cbb2。

6. vcgencmd 命令

vcgencmd 命令的作用是查询树莓派当前 CPU 的温度,命令格式为

```
vcgencmd measure_temp
```

执行结果如图 7-20 所示,即当前 CPU 的温度是 58.7℃。

图 7-19　用 ifconfig 命令查询网络接口的信息

图 7-20　用 vcgencmd 命令查询当前 CPU 的温度

## 第 8 章

远程控制树莓派

实例 36　认识 SSH 安全传输协议

在计算机网络中,可以使用 C/S(客户端/服务器)模式来实现远程控制。

如果希望通过局域网中的其他计算机来远程控制树莓派,可以使用 SSH 协议和 VNC 协议等方法来实现。只要把树莓派配置为服务器,然后从客户端(即其他计算机)运行相应的支持相同协议的客户端程序,即可远程访问树莓派。

SSH(secure shell,安全外壳)协议是 1995 年由芬兰学者 Tatu Ylonen 设计的网络通信协议。SSH 协议属于应用层协议,作用是为远程登录会话和其他网络服务提供安全通信的协议。

传统的网络通信协议(如 FTP、TELNET 等)是用不加密的明文传输数据,因此安全性比较低,容易受到黑客攻击。而 SSH 协议在传输过程中的数据是加密的,安全性更高。

SSH 协议较为可靠,利用 SSH 协议可以有效防止远程管理过程中的信息泄露问题。SSH 协议最初是 UNIX 系统上的一个程序,后来迅速扩展到其他操作平台。SSH 在正确使用时可弥补网络中的漏洞。SSH 协议客户端适用于多种平台,几乎所有 UNIX 平台——HP-UX、Linux、AIX、Solaris、Digital UNIX、Irix,以及其他平台,都可以运行 SSH 协议。

树莓派的 Raspbian 系统已经包含了 SSH 服务,不需要用户自己安装。在默认状态下 SSH 服务是关闭的,因此需要先启动 SSH 服务。

如果使用的是 2017 年以后发布的树莓派系统,则启动 SSH 服务的具体步骤如下:

(1) 在树莓派的主菜单中执行"首选项"→Raspberry Pi Configuration 命令,打开树莓派的配置窗口,如图 8-1 所示。

(2) 在树莓派的配置窗口中选择 Interfaces 选项卡,开启 SSH 的选项开关,然后单击 OK 按钮,保存配置参数,即可启动 SSH 服务,如图 8-2 所示。

如果安装的是 2017 年以前版本的 Raspbian 系统,则可以直接使用 Linux 命令来启动 SSH 服务,具体方法是在树莓派的 LX 终端中输入命令 sudo service ssh start 来启动 SSH

图 8-1　打开树莓派的配置窗口

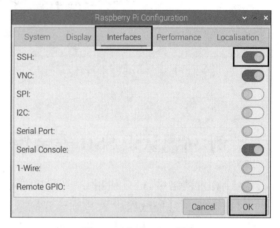

图 8-2　启动 SSH 服务

服务,然后输入命令 sudo service ssh status 查看树莓派当前 SSH 服务的工作状态,如图 8-3 所示。倒数第 2 行信息(started ssh.service)表明,在 4 月 8 日 10 时 57 分 16 秒时,树莓派的 SSH 服务已经启动。

图 8-3　启动 SSH 服务并查看其工作状态

　　有两个关闭 SSH 服务的方法,第一个方法是在图 8-2 中关闭 SSH 选项的开关,然后单击 OK 按钮保存配置;第二个方法是在 LX 终端中输入命令 sudo service ssh stop,也可以关闭 SSH 服务。

实例 37　用 PuTTY 远程登录树莓派

在远程登录树莓派之前,首先要知道当前树莓派的 IP 地址。当前多采用 WiFi 连接互联网,查看 WiFi 的 IP 地址方法有如下两种:

(1) 把鼠标指针移动到屏幕右上角的 WiFi 图标处并停留片刻,即会显示树莓派的 IP 地址,在本例中树莓派当前 WiFi 的 IP 地址为 192.168.2.30,如图 8-4 所示。

图 8-4　通过 WiFi 图标查看树莓派的 IP 地址

(2) 在 LX 终端中输入命令 ifconfig,结果中的 wlan0 选项的第 2 行参数表明树莓派的 IP 地址同样是 192.168.2.30,子网掩码为 255.255.255.0,如图 8-5 所示。

图 8-5　通过 ifconfig 命令查看树莓派的 IP 地址

在 Windows 系统中,连接树莓派最常用的 SSH 软件是 PuTTY,这个软件是开源的,可以从网上免费下载。启动 PuTTY 后的配置界面如图 8-6 所示。

首先在 Host Name(or IP address)处填写树莓派的主机名或 IP 地址,本例中输入 192.168.2.30。接着在 Port(端口)处输入端口号 22,并在 Connection type(连接类型)处选择 SSH 协议。单击 Save 按钮保存配置好的参数,在本例中,将有关参数保存为 RasPi5B 文件。最后单击 Open 按钮,即可连接树莓派。计算机的屏幕上将会出现 SSH 远程工作界面,本例中需要输入用户名 zhihao 和密码(默认的用户名是 pi,密码是 raspberry)。

这时就可以通过远程工作界面用 Linux 命令控制树莓派了,如同直接在树莓派的 LX 终端窗口用 Linux 命令控制树莓派一样,在本例中,使用 ls 命令显示树莓派上当前文件夹的文件清单,如图 8-7 所示。

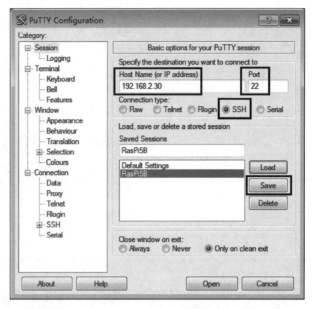

图 8-6　PuTTY 的配置界面

图 8-7　在 SSH 远程工作界面上执行 ls 命令

可以通过 exit 命令断开计算机与树莓派的连接。

实例 38　用远程桌面连接控制树莓派

在实例 37 中介绍了用 PuTTY 实现远程登录树莓派的方法。但是用命令行方式来操控树莓派没有直接用图形工作界面方便,能不能直接用图形化的工作环境来远程控制树莓派呢? 答案是肯定的。

本例介绍用 Windows 7 的"远程桌面连接"功能控制树莓派的方法。

首先在树莓派上安装 xrdp（远程桌面协议）软件包，请在 LX 终端中输入下列命令：

```
sudo apt - get update
sudo apt - get install xrdp
```

安装过程中屏幕上会提示 Yes/No，直接输入 y 并按 Enter 键继续。安装完成后，树莓派系统就会自动开启 xrdp 服务。

然后单击 Windows 7 桌面的"开始"按钮，执行"所有程序"→"附件"→"远程桌面连接"命令，启动远程桌面连接，如图 8-8 所示。这时，计算机屏幕上会出现"远程桌面连接"窗口，如图 8-9 所示。

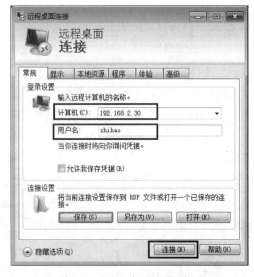

图 8-8　启动远程桌面连接　　　　　图 8-9　"远程桌面连接"窗口

在"常规"选项卡的"计算机"处输入树莓派的 IP 地址 192.168.2.30；并在"用户名"处输入树莓派的用户名 zhihao，然后单击"连接"按钮，弹出远程计算机身份无法认证的提示信息，如图 8-10 所示。单击"是"按钮继续，就会出现树莓派的远程登录对话框，如图 8-11 所示。

输入用户名和密码，然后单击 OK 按钮，如图 8-11 所示，即会出现树莓派图形化远程工作界面，如图 8-12 所示。哈哈，恭喜您，远程登录成功！

当用户使用树莓派的远程桌面时，会发现画面（尤其是视频）有一定的延迟。这是因为 xrdp 工作时需要在树莓派与远程登录的计算机之间传输大量的数据包。因此，相应的画面受到网络性能、树莓派硬件性能和计算机硬件性能等因素的影响，会产生一定的延迟。

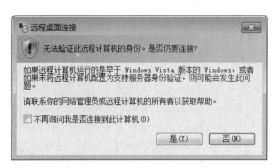

图 8-10　身份无法认证的提示信息

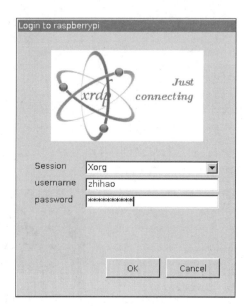

图 8-11　树莓派的远程登录对话框

图 8-12　树莓派的图形化远程工作界面

实例 39　用 VNC 协议远程控制树莓派

实例 38 介绍了用 Windows 7"远程桌面连接"功能控制树莓派的方法,但遗憾的是画面有延迟现象。

本例介绍用 VNC 协议远程控制树莓派的方法。

VNC(virtual network console,虚拟网络控制台)是一款优秀的远程控制工具软件,由

AT&T 公司的欧洲研究实验室开发。VNC 是基于 UNIX 和 Linux 的开源软件，远程控制能力强，高效实用，其性能可以和 Windows 和 macOS 系统中的任何远程控制软件相媲美。在大多数情况下，用户只需用 vncserver 和 vncviewer 命令即可实现远程控制。

在服务器端，新版本的树莓派系统已经包含了 VNC 服务器软件，请参考实例 36 所述，在如图 8-13 所示的对话框中启动 VNC 服务。

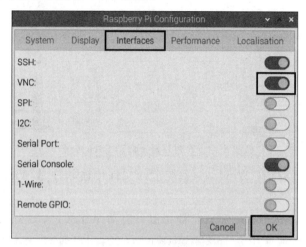

图 8-13　启动 VNC 服务

启动 VNC 服务器软件后，在树莓派上输入 vncserver-x11 命令，将会启动 VNC 服务。在 Windows 系统的计算机上，需要安装名为 VNC viewer 的 VNC 客户端软件。运行 VNC viewer 程序，加载树莓派的远程桌面，然后就可以通过键盘或鼠标对其进行远程控制。

由远程控制的实践结果可知，VNC 协议与 xrdp 相比，VNC 协议传输的画面比较流畅，延迟较小。另外，VNC 协议也支持 iPad 和手机等移动终端，有兴趣的读者不妨尝试使用。

实例 40　通过网络与树莓派进行文件传输

树莓派的用户经常需要在不同的计算机之间复制文件，实现方法有多种，其中一种在实例 23 中介绍的通过 U 盘来复制文件。还可以利用安全文件传输协议通过网络在计算机与树莓派之间进行文件传输。

安全文件传送协议（secure file transfer protocol，SFTP）可以为传输文件提供一种安全的网络加密方法。在 SSH 软件包中，已经包含了一个叫作 SFTP 的安全文件信息传输子系统，SFTP 本身没有单独的守护进程，它必须使用 sshd（SSH deamon）命令守护进程（默认的端口号是 22）来完成相应的连接和答复操作。因此，SFTP 不像一个服务器程序，而像一个客户端程序。

如果要使用 SFTP，需要在树莓派上启动 SSH 协议，如图 8-14 所示。

与 SSH 协议一样，SFTP 也使用加密的方法传输认证信息和数据，因此使用 SFTP 的安全性比较高。但因这种传输方式使用了加密/解密技术，所以传输效率比普通的 FTP 要

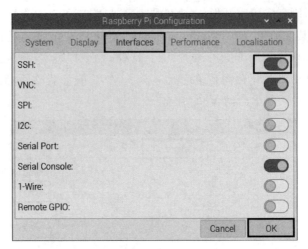

图 8-14　在树莓派上启动 SSH 协议

低一些。使用 SFTP 运行在 Windows 系统上的文件传输软件是 WinSCP，截至 2024 年 7 月的版本是 6.3。

　　WinSCP 的使用方法与 PuTTY 非常相似。启动 WinSCP 后会显示登录界面，在主机名处输入树莓派的 IP 地址 192.168.2.30，端口号 22，用户名 zhihao 和密码，如图 8-15 所示。然后单击"登录"按钮，即可进入 WinSCP 文件传输操作窗口，如图 8-16 所示。

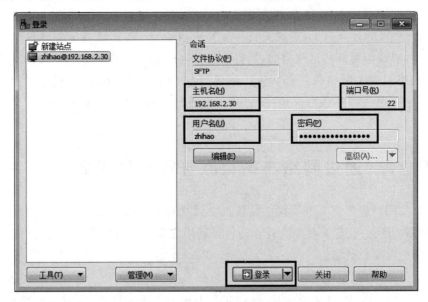

图 8-15　WinSCP 的登录界面

　　在文件传输操作窗口中，左边是计算机的本地文件夹，右边是树莓派的文件夹。在两者之间传输文件的方法很简单，从本地文件夹选择需要上传的文件后，单击"上传"按钮就可以将该文件从计算机传到树莓派；反之，从树莓派文件夹选择需要下载的文件后，单击"下载"按钮就可以将该文件从树莓派下载到计算机中。

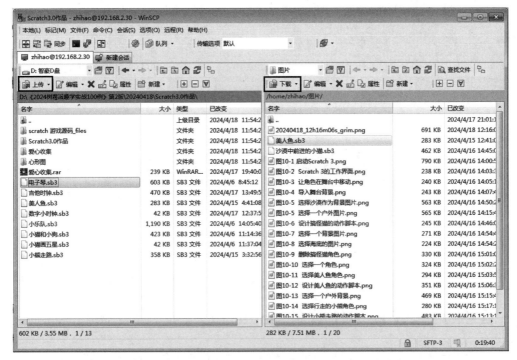

图 8-16　WinSCP 的文件传输操作窗口

第 9 章

用树莓派玩音乐

实例 41　音乐创作软件 Sonic Pi

树莓派不仅可以用来上网、办公和玩游戏,还可以用来创作和分享音乐。

本例介绍一款优秀的音乐创作软件 Sonic Pi。

Sonic Pi 由剑桥大学计算机实验室的 Sam Aaron 与树莓派基金会联合开发,是一个基于代码的音乐创作和表演工具,它可以让用户通过编程方式来创作古典、爵士、电子乐等风格的音乐,还可以用它来尝试写出各种不可思议的音乐作品,让树莓派爱好者也能当音乐制作人,创作属于自己的音乐。

Sonic Pi 的官网首页地址是 https://sonic-pi.net/,其中包括 Intro(简介)、Community(社区)、Examples(实例)、News(新闻)和 Tutorial(教程)等栏目,可以通过浏览这些栏目进一步了解关于 Sonic Pi 的详细资料,如图 9-1 所示。

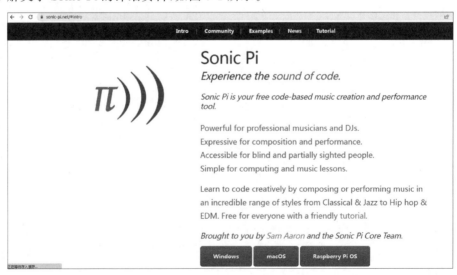

图 9-1　Sonic Pi 的官网首页

Sonic Pi 支持多平台,能够在 Windows、macOS 和 Raspberry Pi OS 等操作系统上安装使用。对于音乐知识零基础的用户来说,Sonic Pi 很容易上手。

由于某些版本的树莓派系统没有自带 Sonic Pi,因此需要自行安装 Sonic Pi。安装的方法是在 LX 终端窗口执行下列命令:

```
sudo apt – get update
sudo apt install sonic – pc
```

安装完成后需要重新启动树莓派,重启后在 LX 终端窗口执行 sonic-pc 命令启动 Sonic Pi;也可以单击主菜单中的"树莓派按钮"(位于左上角),执行"编程"→Sonic Pi 命令启动 Sonic Pi,如图 9-2 所示。

启动 Sonic Pi 后,即会出现 Sonic Pi 的初始界面,如图 9-3 所示。

初始界面左侧是"欢迎进入 Sonic Pi 的世界"的提示窗口,单击窗口右上角的关闭按钮关闭欢迎窗口。然后会看到 Sonic Pi 的工作界面,如图 9-4 所示。

在工作界面中,第 1 行是 Sonic Pi 的标题栏,显示软件名称 Sonic Pi。

图 9-2 启动 Sonic Pi

图 9-3 Sonic Pi 的初始界面

第 2 行是常用工具按钮,包括 Run(播放)、Stop(停止)、Rec(录音)、Save(保存文件)、Load(打开文件)、Size-(缩小字体)、Size+(放大字体)、Scope(查看波形)、Info(信息)、Help(帮助)、Prefs(试听)按钮。

第 3 行左侧空白区域是编程区,用于输入和编辑播放音乐的代码,例如 play 69;编程区的下方是出错信息区,用于显示音乐程序运行出错时的信息;出错信息区的下方是帮助区,这里显示详细的帮助信息。

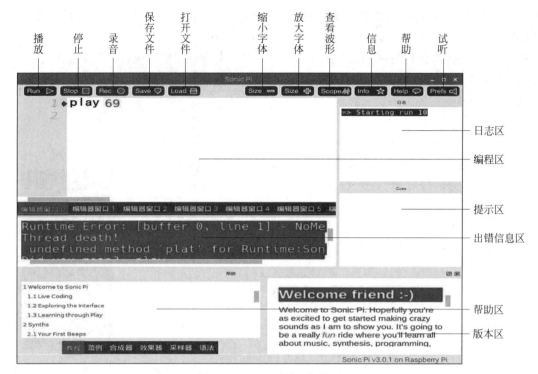

图 9-4　Sonic Pi 的工作界面

Sonic Pi 工作界面右上侧空白区域是日志区,用于显示音乐程序运行的信息;日志区的下面是提示区,用于显示音乐程序的相关提示信息。

提示区的下方是版本区,显示 Sonic Pi 版本号等信息。

实例 42　播放单音符①

让我们从创作最简单的音乐开始吧! 在这里,尝试用 Sonic Pi 播放单音符。首先在 Sonic Pi 的编程区输入 play 60 命令,然后单击顶部的 Run 按钮,将会听到树莓派播放数字 60 对应的音符。

将 play 60 修改为 play 62,再单击 Run 按钮,则会听到数字 62 对应的音符,这个音符的音调比"play 60"的音调稍高。同理,可以尝试把 play 60 命令中的数字分别修改为 63、64、65 等,执行命令后,会听到音调越来越高。反之,将数字分别修改为 59、57、55 等,执行命令后,会听到音调越来越低。

假如输入了一个错误的命令,例如输入的命令是 plat 69,那么单击 Run 按钮时就不会听到数字 69 对应的音符,同时在出错信息区将会显示相应的出错信息。

除了用数字以外,还可以用字母来表示音符,需要在字母前面加一个冒号,例如:"play :C""play :D""play :E"。

---

① 如果是树莓派 4B 或 5B,则显示设备带有 HDMI 接口的电视机,可以从电视机中直接听到 Sonic Pi 输出的音乐;如果是树莓派 3B 或更早,需要通过树莓派连接耳机或音箱来收听 Sonic Pi 播放的音乐。

在 Sonic Pi 中，MIDI 音阶对应的音符如表 9-1 所示。

表 9-1　MIDI 音阶对应的音符

音阶	音　符											
	C	C#	D	D#	E	F	F#	G	G#	A	A#	B
0	1	2	3	4	5	6	7	8	9	10	11	12
1	13	14	15	16	17	18	19	20	21	22	23	24
2	25	26	27	28	29	30	31	32	33	34	35	36
3	37	38	39	40	41	42	43	44	45	46	47	48
4	49	50	51	52	53	54	55	56	57	58	59	60
5	61	62	63	64	65	66	67	68	69	70	71	72
6	73	74	75	76	77	78	79	80	81	82	83	84
7	85	86	87	88	89	90	91	92	93	94	95	96
8	97	98	99	100	101	102	103	104	105	106	107	108
9	109	110	111	112	113	114	115	116	117	118	119	120
10	121	122	123	124	125	126	127					

实例 43　播放多音符

在实例 42 中介绍了播放单音符的方法。那么可以用树莓派的 Sonic Pi 软件连续播放多个不同的音符吗？读者可能会说："很简单，只要输入多条 play 命令就行"，例如输入下列命令：

```
play 72
play 74
play 76
```

但实际上这样做不行，因为树莓派几乎会在同一时间播放这 3 个音符，听起来像混音。如果要按先后次序清楚地播放这 3 个音符，就需要在音符之间插入等待时间，插入等待时间用 sleep 命令，如 sleep 0.5 就表示等待 0.5s。这样，执行下列修改后的命令就可以实现连续播放 3 个音符。

```
play 72
sleep 0.5
play 74
sleep 0.5
play 76
```

可以通过改变 sleep 命令中的数值调整等待的时长，如 sleep 1 表示等待 1s，sleep 0.25 表示等待 0.25s。

也可以用多个不同的字母来实现连续播放多个音符，命令如下：

```
play :C
sleep 0.5
play :D
sleep 0.5
play :E
sleep 0.5
play :F
sleep 0.5
```

```
play :G
sleep 0.5
play :A
sleep 0.5
play :B
```

要完成以上任务,还可以用更加简洁的命令来实现,命令格式如下:

```
play_pattern_timed [数字,数字,数字,数字,数字,],[延迟]
```

或

```
play_pattern_timed [:字母,:字母,:字母,:字母,:字母,],[延迟]
```

例如:

```
play_pattern_timed [60,62,64,65,67,69,71],[0.5]
```

表示连续播放 1(Do)~7(Ti)这 7 个音符,音符之间等待 0.5s。

又如:

```
play_pattern_timed [:C,:D,:E,:F,:G,:A,:B],[1]
```

同样表示连续播放 1(Do)~7(Ti)这 7 个音符,音符之间等待 1s。

掌握了 Sonic Pi 的命令格式后,就可以将熟悉的乐曲改编成 Sonic Pi 可识别的编码,并且用树莓派来演奏。甚至还允许用户创作乐曲,希望听到您的杰作。

实例 44　模拟各种乐器

可以让 Sonic Pi 模拟各种乐器来演奏音乐,其命令格式如下:

use_synth :乐器代号

use_synth 与"乐器代号"之间是空格符和冒号,"乐器代号"必须符合 Sonic Pi 规定的格式,用小写字母指定某种乐器。例如:

```
use_synth :piano
play_pattern_timed [:C,:D,:E,:F,:G,:A,:B],[1]
```

执行以上命令,树莓派会模拟钢琴来演奏 1(Do)~7(Ti),音符间相隔 1s,听到的钢琴声很清晰。

又如:

```
use_synth :tb303
play_pattern_timed [:C,:D,:E,:F,:G,:A,:B],[1]
```

执行以上命令,树莓派会模拟 tb303(电子合成器)来演奏 1(Do)~7(Ti),音符间相隔 1s,能听到电子合成器的低音独特而浓厚。

除了模拟钢琴和电子合成器这两种典型乐器以外,Sonic Pi 还可以模拟其他多种乐器,常见的乐器代号有 fm、saw、beep、growl、hollow。甚至还可以用树莓派来模拟噪声,只要用"use_synth :noise"命令即可。

如果读者要了解更多 Sonic Pi 能够支持的乐器知识,单击 Sonic Pi 的工作界面左下方的"合成器"按钮,即可查看各种乐器知识和模拟这些乐器演奏的命令格式,如图 9-5 所示。

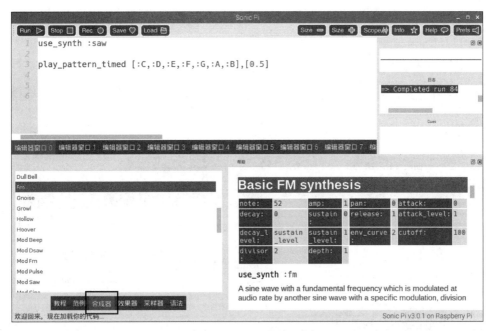

图 9-5 Sonic Pi 的合成器

实例 45 演奏复杂的乐曲

事实上，许多乐曲都会重复地演奏某些段落。当使用 Sonic Pi 来编辑乐谱时，也可以用专门的命令来重复演奏部分段落。命令格式如下：

```
n. times do
    ⋮
end
```

正整数 n 表示重复演奏的次数，例如：

```
use_synth :piano
2.times do
    play_pattern_timed [:C,:D,:E,:F,:G,:A,:B],[1]
end
use_synth :tb303
3.times do
    play_pattern_timed [:C,:D,:E,:F,:G,:A,:B],[1]
end
```

以上命令的作用是先模拟钢琴演奏两次 1(Do)～7(Ti)，然后再模拟 tb303 电子合成器演奏 3 次 1(Do)～7(Ti)。

Sonic Pi 还提供了许多精彩的音乐曲目，可直接用复制粘贴方法来试听这些乐曲，如图 9-6 所示。

单击 Sonic Pi 工作界面"范例"按钮，上方的目录区就会列出范例的曲目。选中某个范例，则右边的帮助区就会显示对应的命令代码，按快捷键 Ctrl+C 复制所有的代码，删除编程区中原来的代码，再按快捷键 Ctrl+V 将代码粘贴到编程区，然后单击 Run 按钮即可试听。

图 9-6　试听 Sonic Pi 的乐曲范例

在 Sonic Pi 的代码中，以♯开头的语句是注释语句，不会被树莓派执行。

在本例中，读者可以听到由 Sonic Pi 的软件设计师 Sam Aaron 先生亲自设计的音乐作品，这段代码会令树莓派随机地播放清脆的铃声或悠扬的钟声。

用户还可以单击图 9-6 中的"教程"按钮，阅读官方教程，学到很多 Sonic Pi 的知识。此外，通过浏览 Sonic Pi 官网也可以学到更多的 Sonic Pi 知识。网址是 https://sonic-pi.net/tutorial.html，如图 9-7 所示。

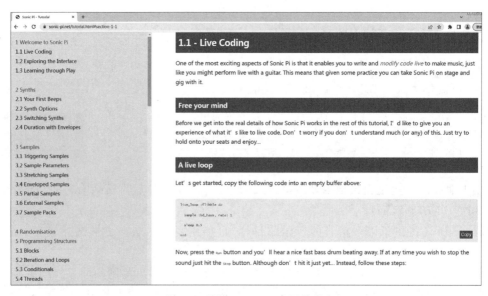

图 9-7　浏览 Sonic Pi 官网教程

## 第10章

Scratch趣味编程

实例 46　Scratch 简介

Scratch 是一款由美国麻省理工学院(MIT)设计开发的图形化编程工具。其特点是编程方法简单直观,构成程序的命令和参数通过积木形状的功能模块来实现,用鼠标将模块拖至程序代码区就可以进行程序设计。

在树莓派的 Raspbian 系统中已经预先安装了 Scratch 和 Scratch 3,Scratch 3 的功能更强,下面简要介绍。

执行树莓派主菜单中的"树莓派按钮"  →"编程"→ Scratch 3 命令,启动 Scratch 3,如图 10-1 所示。

启动后,进入 Scratch 3 的工作界面,如图 10-2 所示。

在 Scratch 3 的工作界面中,第 1 行为标题栏,第 2 行为菜单栏,界面最左侧是积木类别区,旁边是功能模块(积木)区,中间是程序代码区,右上方是预览区,右下方是角色参数区(用于设置角色的位置坐标和大小)。

Scratch 3 的积木分为"运动""外观""声音""事件""控制""侦测""运算""变量""自制积木"9 类。单击类别区中的类别按钮,即可选择不同类别的积木。

图 10-1　启动 Scratch 3

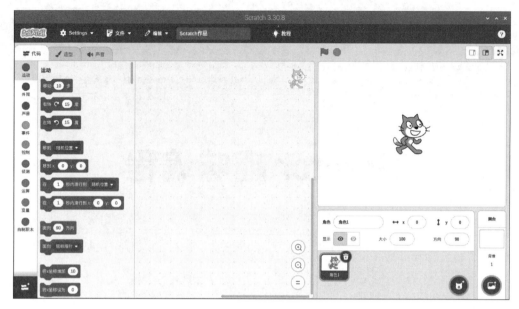

图 10-2　Scratch 3 的工作界面

实例 47　让角色在舞台中移动

Scratch 3 的编程方法比较简单,只要用鼠标将某个积木从积木区拖至程序代码区,即可定义一条命令。

例如,要使 Scratch 3 的默认角色"小猫"向前移动 100 步,可以单击"运动"按钮,在积木区选择"移动 10 步"积木并拖至程序代码区,然后将步数从原来的 10 修改为 100,如图 10-3 所示。

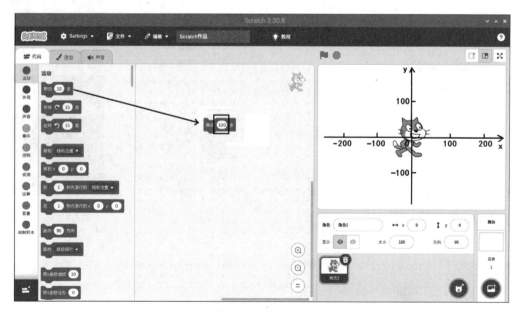

图 10-3　设置角色"小猫"向前移动 100 步

此后,只要单击程序代码区中的"移动100步"积木,右上方预览区中的小猫就会向前移动100步。

下面简要说明如何确定角色在预览区中的位置。在 Scratch 3 中,采用平面直角坐标系的横、纵坐标即(x,y)共同来确定角色的位置,预览区中央为原点,坐标为$(0,0)$,水平向右为横坐标的正方向,反之为负方向;竖直向上为纵坐标的正方向,反之为负方向。原点右侧的横坐标取正值,原点左侧的横坐标取负值;而原点上方的纵坐标取正值,原点下方的纵坐标取负值。例如,小猫从原点出发向右移动100步之后,它的坐标就会变为$(100,0)$。

假如移动的步数为负数,则角色将向左后退移动。例如,将"移动100步"中的步数100修改为"−50",则表示小猫向左后退50步。

类似地,可以用"旋转45度"积木让角色顺时针旋转45°,请读者自行练习。

总之,只要理解了 Scratch 3 的平面直角坐标系,就可以通过"运动"类功能模块中的积木,灵活地指挥角色在舞台中向左、向右移动或者旋转某个角度。

实例48 让角色显示文字和发声

本例将设计一个稍微复杂的程序,实现小猫在沙漠中玩躲猫猫游戏,并显示文字 miao 和发出猫叫声。

先后单击"背景" 按钮和"放大镜" 按钮,如图 10-4 所示。弹出"选择一个背景"窗口,如图 10-5 所示。

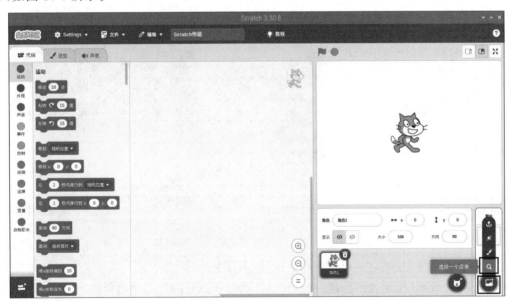

图 10-4 打开背景窗口

在"选择一个背景"窗口中,候选的背景类别包括"所有""奇幻""音乐""运动""户外""室内""太空""水下""图案"。选择"所有"类别中的 Desert(沙漠)作为背景,然后设置小猫的原始大小为50,起始坐标为$(-150,-100)$。

图 10-5　选择 Desert 作为背景

按下列步骤编程实现小猫的每个动作,如图 10-6 所示。

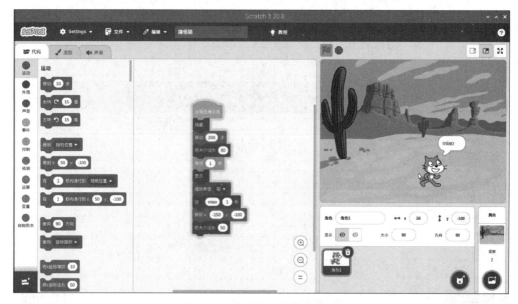

图 10-6　编程实现小猫喵喵叫

① 单击"事件"按钮,将"当角色被点击"积木拖至代码区。

② 单击"外观"按钮,将"隐藏"积木拖至代码区,并粘连到"当角色被点击"积木的下方。

③ 单击"运动"按钮,将"移动 10 步"积木拖至代码区,将步数 10 修改为 200,并粘连在"隐藏"积木的下方。

④ 单击"外观"按钮,将"将大小设为 100"积木拖至代码区,并将 100 改为 80,然后粘连在"移动 200 步"积木的下方。

⑤ 单击"控制"按钮,将"等待 1 秒"积木拖至代码区,并粘连到"将大小设为 80"积木的下方。

⑥ 单击"外观"按钮,将"显示"积木拖至代码区,并粘连到"等待 1 秒"积木的下方。

⑦ 单击"声音"按钮,将"播放声音喵"积木拖至代码区,并粘连到"显示"积木的下方。

⑧ 单击"外观"按钮,将"说你好 2 秒"积木拖至代码区,将"你好"二字修改为 miao,将秒数 2 修改为 1,并粘连在"播放声音喵"积木的下方。

⑨ 单击"动作"按钮,将"移到 x：y："积木拖至代码区,输入 x 值为－150,y 值为－100,即让小猫回到起点,并粘连到"说 miao 1 秒"积木的下方。

⑩ 单击"外观"按钮,将"将大小设为 100"积木拖至代码区,并将 100 改为 50,即把小猫的大小设置为 50,然后粘连到"移到 x：－150 y：－100"积木的下方。

结束编程后测试程序的运行效果,单击小猫,小猫会消失 1s,当它重新出现时自身已变大,并向右移动了 200 步,显示文字 miao,发出"喵"的声音,最后回到起点并且恢复原来的大小。

实例 49　编程实现小熊在荒野中行走

先后单击"背景"和"放大镜"按钮,打开"选择一个背景"窗口,如图 10-7 所示。

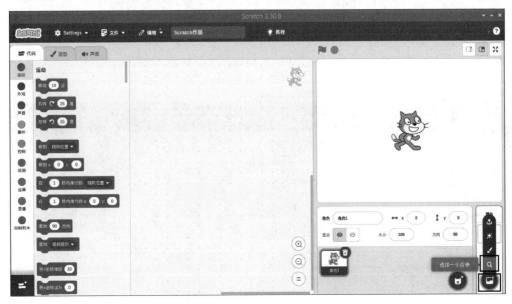

图 10-7　打开"选择一个背景"窗口

选择"户外"类别中的 Savanna(荒野)作为背景,如图 10-8 所示。

单击删除按钮⬛,删除原有的小猫角色,如图 10-9 所示。

依次单击"猫头"⬛和"放大镜"按钮,打开"选择一个角色"窗口,如图 10-10 所示。

在"选择一个角色"窗口中选择"动物"类别中的 Bear-walking(小熊行走)角色,如图 10-11 所示。

图 10-8　选择 Savanna 作为背景

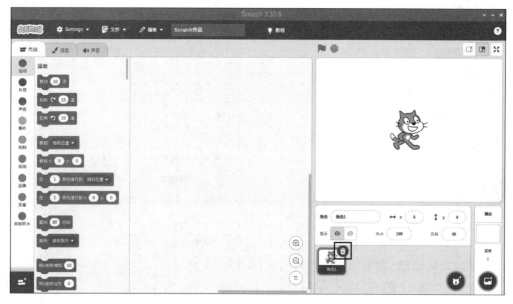

图 10-9　删除小猫角色

图 10-10 打开"选择一个角色"窗口

图 10-11 选择 Bear-walking 角色

选择"造型"选项卡,可以看到 Bear-walking 角色的所有造型,如图 10-12 所示。

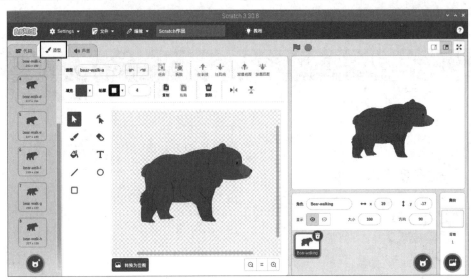

图 10-12　Bear-walking 角色的造型

在本例中,Bear-walking 角色的造型共有 8 个,即 8 个分解的动作,这些造型供用户直接使用。当然啦,用户可以发挥自己的绘画才能,用 Scratch 3 的绘图工具设计新造型,或者对原有的造型进行修改。

在角色参数区把角色的 x 坐标设置为 -150,y 坐标设置为 -42,即让角色位于左侧,并且把角色的大小设置为 60。

选择"代码"选项卡,按下列步骤编程实现小熊行走如图 10-13 所示。

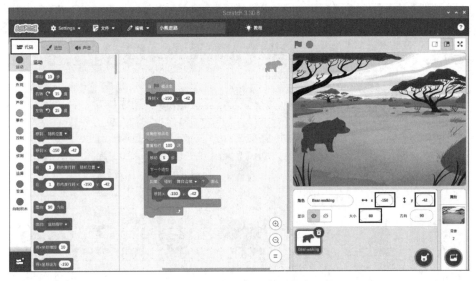

图 10-13　编程实现小熊行走

① 单击"事件"按钮,将"当▐被点击"积木拖至代码区。

② 单击"运动"按钮,将"移到 x: y:"积木拖至代码区,把横坐标修改为 -150,纵坐标修改为 -42,并粘连在"当▐被点击"积木的下方。

③ 单击"事件"按钮，将"当角色被点击"积木拖至代码区。

④ 单击"控制"按钮，将"重复执行 10 次"积木拖至代码区，把 10 改为 100，并粘连在"当角色被点击"积木的下方。

⑤ 单击"运动"按钮，将"移动 10 步"积木拖至代码区，把 10 改为 5，并粘连在"重复执行 100 次"积木的下方。

⑥ 单击"外观"按钮，将"下一个造型"积木拖至代码区，并粘连在"移动 5 步"积木的下方。

⑦ 单击"控制"按钮，将"如果　那么"积木拖至代码区，并粘连在"下一个造型"积木的下方。

⑧ 单击"侦测"按钮，将"碰到舞台边缘?"积木拖至代码区"如果　那么"积木的中间。

⑨ 单击"运动"按钮，将"移到 x：y："积木拖至代码区，输入 x 值为 -150，y 值为 -42，并粘连在"如果碰到舞台边缘？那么"积木的下方。

结束编程后测试程序的运行效果，单击小熊角色，小熊会向右移动，当小熊走到右边边缘时，会重新出现在左侧；当单击 时，小熊会回到起点。

实例 50　编程实现青蛙捕鱼小游戏

本例学习用 Scratch 设计一个青蛙捕鱼的小游戏。游戏要求实现用 Space 键捕鱼，共有 4 种不同的鱼随机出现在海底的不同位置，用户可以用鼠标拖动青蛙来改变青蛙的位置，如果青蛙碰到了鱼并且同时按下 Space 键，就会捉到鱼，可以得 1 分；否则会倒扣 1 分（0 分时不会继续扣至负分）。

下面介绍青蛙捕鱼小游戏的详细设计步骤。

选用海底作为背景，有青蛙和鱼这两个角色，其中鱼有 4 种造型。单击删除按钮，删除原有的小猫角色，如图 10-14 所示。

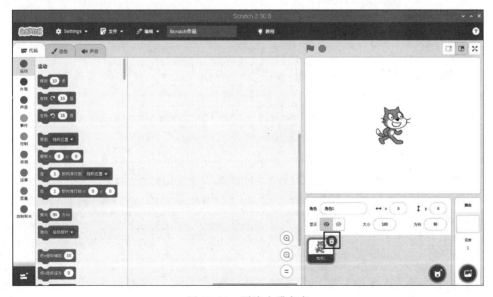

图 10-14　删除小猫角色

单击"背景"按钮,出现如图 10-16 所示的窗口,如图 10-15 所示。

图 10-15　打开"选择一个背景"窗口

选择"水下"类别中的 Underwater 1(海底)作为背景。

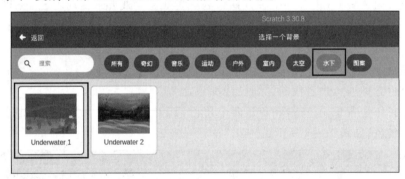

图 10-16　选择 Underwater 1 作为背景

依次单击"猫头"和"放大镜"按钮,如图 10-17 所示,打开"选择一个角色"窗口。

选择"动物"类别中的 Frog(青蛙)作为游戏的角色,如图 10-18 所示。接着选择"动物"(Animals)类别中的 Fish(鱼)作为游戏的角色,如图 10-19 所示。

把鱼的大小设置为 50,按下列步骤编程实现捕鱼小游戏,如图 10-20 所示。

① 单击"事件"按钮,将"当▇被点击"积木拖至代码区。

② 单击"变量"按钮,将"我的变量"的名称修改为"游戏得分",选择"显示游戏得分"。

③ 单击"变量"按钮,将"将游戏得分设为 0"积木拖至代码区,并粘连在"当▇被点击"积木的下方。

④ 单击"控制"按钮,将"重复执行"积木拖至代码区,并粘连至"将游戏得分设为 0"积木的下方。

⑤ 单击"外观"按钮,将"下一个造型"积木拖至代码区,并粘连到"重复执行"积木的下方。

图 10-17 打开"选择一个角色"窗口

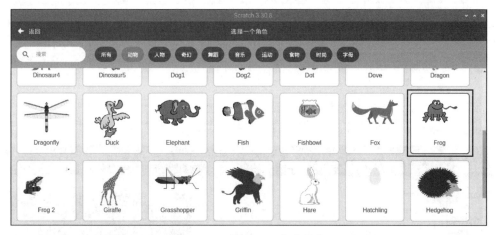

图 10-18 选择 Frog 作为角色

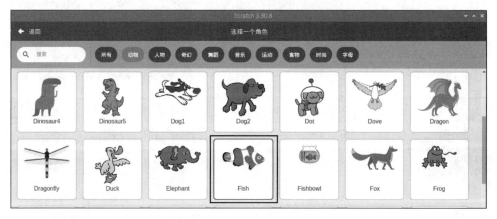

图 10-19 选择 Fish 作为角色

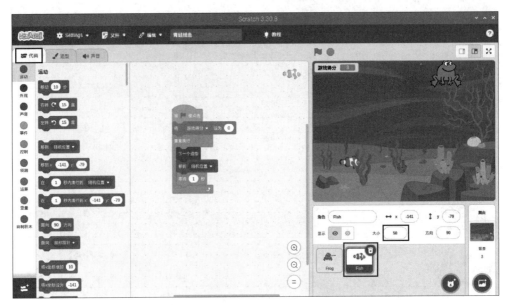

图 10-20　编程实现捕鱼小游戏

⑥ 单击"运动"按钮,将"移到随机位置"积木拖至代码区,并粘连到"下一个造型"积木的下方。

⑦ 单击"控制"按钮,将"等待 1 秒"积木拖至代码区,并粘连至"移到随机位置"积木的下方。

将青蛙的大小设置为 120,然后请按照图 10-21 中 1、2、3、4 的顺序,依次单击"青蛙"角色、"声音"选项卡、"喇叭"按钮、"放大镜"按钮,打开"选择一个声音"窗口。

图 10-21　打开"选择一个声音"窗口

在"选择一个声音"窗口中,当鼠标移到某个正方形右上角的播放图标 处时,可以试听声音效果,本例中选择捕鱼成功时的音效为 Alien Creak1,如图 10-22 所示;选择捕鱼失败时的音效为 Pop,如图 10-23 所示。

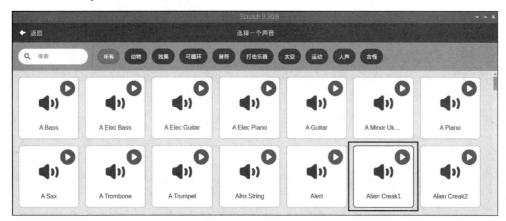

图 10-22　选择捕鱼成功时的音效

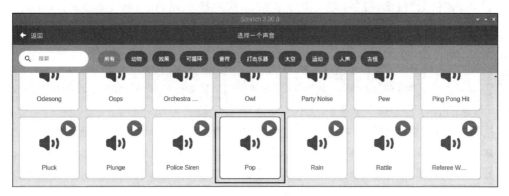

图 10-23　选择捕鱼失败时的音效

按下列步骤编程实现青蛙的功能,如图 10-24 所示。

图 10-24　编程实现捕鱼小游戏

① 单击"事件"按钮,将"当按下空格键"积木拖至代码区。

② 单击"侦测"按钮,将"将拖动模式设为可拖动"积木拖至代码区,并粘连至"当按下空格键"积木的下方。

③ 单击"控制"按钮,将"如果　那么　否则　"积木拖至代码区,把判断的条件设置为"碰到 Fish",并粘连至"将拖动模式设为可拖动"积木的下方。

④ 单击"变量"按钮,将"将游戏得分增加 1"积木拖至代码区,并粘连至"将拖动模式设为可拖动"积木的下方。

⑤ 单击"变量"按钮,将"显示变量游戏得分"积木拖至代码区,并粘连到"将游戏得分增加 1"积木的下方。

⑥ 单击"声音"按钮,将"播放声音 Alien Creak1"积木拖至代码区,并粘连到"显示变量游戏得分"积木的下方。

⑦ 单击"声音"按钮,将"播放声音 pop"积木拖至代码区,并粘连至"否则"积木的下方。

⑧ 单击"变量"按钮,将"将游戏得分增加 1"积木拖至代码区,将 1 改为−1,并粘连至"播放声音 pop"积木的下方。

⑨ 单击"控制"按钮,将"如果　那么"积木拖至代码区,接着单击"运算"按钮,把判断条件设置为"游戏得分<0",并粘连至"如果　那么　否则　"积木的下方。

⑩ 单击"变量"按钮,将"将游戏得分设置为 0"积木拖至代码区,并粘连至"如果游戏得分<0 那么"积木的下方,即如果得分小于 0,就把得分设置为 0。

这样,捕鱼小游戏的程序就编写完成了,请单击 ▣ 开始游戏,看能捉到几条小鱼?

如果这个游戏程序未能正常运行,也请您不要着急!这正是检验纠错能力,提高编程本领的好机会。请根据以上所述的详细步骤,仔细检查每个步骤,直到发现并改正错误后再尝试。

当然还可以进一步优化这个程序,例如,当抓到 10 条鱼时播放过关的音乐,把鱼的大小设置为 30,把鱼的停留时间设置为 0.8s,从而增加游戏的难度。

第**11**章

树莓派Python编程入门

实例 51　Python 的编程界面

在树莓派上可以通过 Python 语言来编写程序。Python 语言是开源的,并且已经预装在 Raspbian 系统上。Python 语言是当前最受欢迎的程序设计语言,由于 Python 语言的简洁性、易读性和可扩展性,在国外用 Python 进行科学计算的研究机构日益增多,一些知名大学已经采用 Python 语言来教授程序设计课程。例如,卡耐基梅隆大学的"编程基础"、麻省理工学院的"计算机科学及编程导论"就使用 Python 语言讲授。众多开源的科学计算软件包也提供了 Python 的调用接口,如著名的计算机视觉库 OpenCV、三维可视化库 VTK、

医学图像处理库 ITK 等。Python 语言专用的科学计算扩展库就更多了,如 NumPy、SciPy 和 Matplotlib,它们分别为 Python 语言提供了快速数据分析、数值运算以及绘图功能。因此 Python 语言及其众多的扩展库所构成的开发环境十分适合工程技术人员、科研人员处理实验数据、制作图表,甚至开发科学计算应用程序。

图 11-1　启动 Python

Python 语言分为 Python 2 和 Python 3 两个版本,但是这两个版本并不完全兼容,本书仅仅介绍 Python 3(以下简称 Python)。

在使用 Python 前,需要在 LX 终端窗口使用命令 sudo apt install idle 安装 Python 3 的编程环境 IDLE。安装过程中,选择同意安装与 IDLE 相关的软件,安装完成后还要重启树莓派。

在树莓派上启动 Python 的方法如图 11-1

所示,执行树莓派主菜单中的"编程"→IDLE 命令,屏幕上会出现如图 11-2 所示的 Python 编程界面。

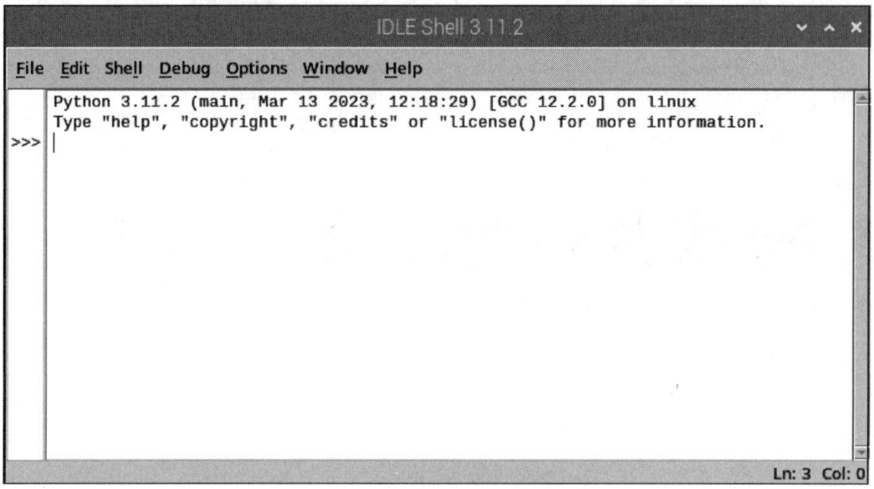

图 11-2   Python 的编程界面

实例 52   用 Python 实现数学运算

要学习 Python 语言,不妨从最简单的数学运算开始。

在 Python 编程界面的提示符">>>"后输入 1+2 并按 Enter 键,树莓派就会在下一行返回加法运算的结果 3,如图 11-3 所示。

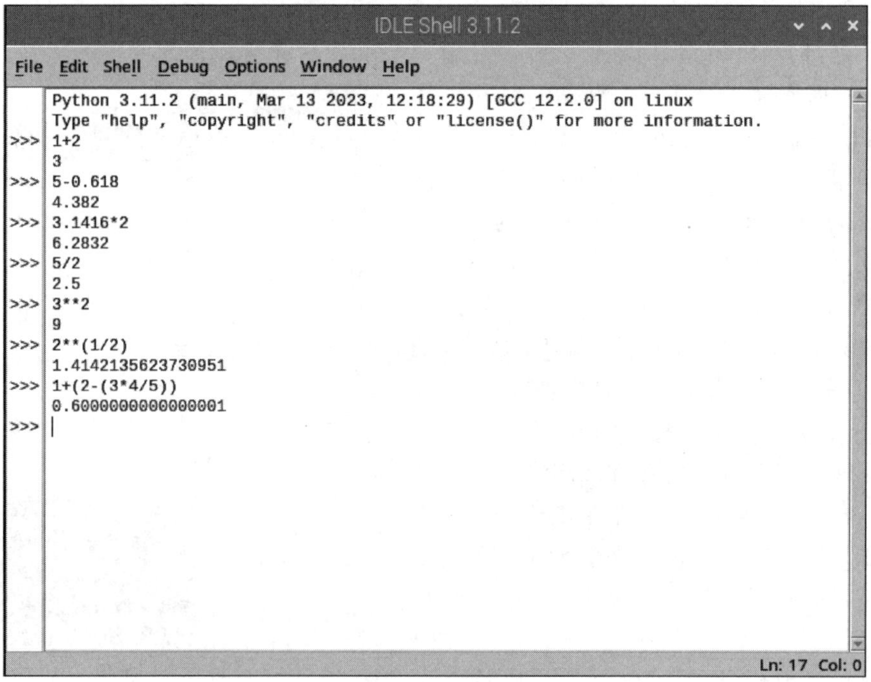

图 11-3   用 Python 实现数学运算

接着,在 Python 的提示符后输入 5-0.618 并按 Enter 键,输出结果为 4.382。

也可以用 Python 进行乘法和除法运算。但是请注意,在 Python 语言中乘号是用星号 "*"表示的,而除号则用"/"表示。

例如,在 Python 的提示符后输入 3.1416*2 并按 Enter 键,输出结果为 6.2832;输入 5/2 并按 Enter 键,输出结果为 2.5。

还可以用 Python 进行幂运算,请注意,在 Python 语言中乘方运算的符号用两个星号 "**"表示。

例如,输入 3**2 并按 Enter 键,输出 3 的平方 9;输入 2**(1/2)并按 Enter 键,输出 2 的算术平方根 1.4142135623730951。

在 Python 语言中,对于包含括号的算式,执行数学运算的先后次序遵循数学运算规则,即首先计算括号中包含的算式,然后再进行先乘除、后加减运算。(注:括号可以嵌套)

在图 11-3 中,最后输入的是 1+(2-(3*4/5)),首先计算内层括号包含的 3*4/5,即先计算 3 乘 4,并将得到的结果 12 除以 5,得到结果 2.4,然后计算外层的括号,即 2-2.4,得到结果-0.4,最后才计算 1+(-0.4),并得到最终结果 0.6000000000000001。在本例中,最终的计算结果并不是准确的答案 0.6,原因是进行浮点运算时,树莓派产生了微小误差。

如果在 Python 工作界面中输入了错误的算式,树莓派会返回出错的提示信息。例如输入了 1/0,因为在除法中除数不能为零,所以树莓派会返回 division by zero(除以零)的出错信息,如图 11-4 所示。

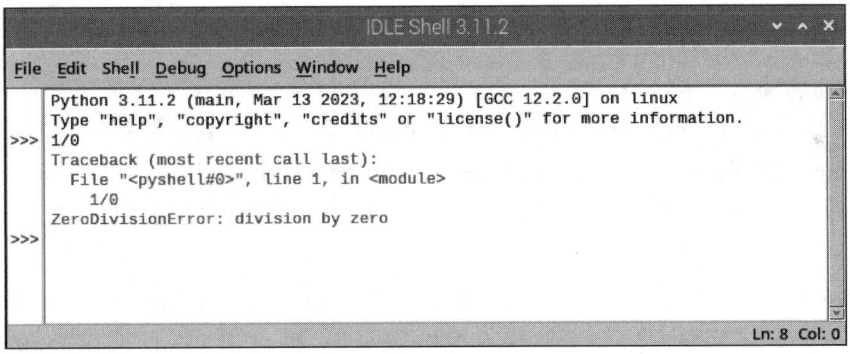

图 11-4　树莓派返回错误提示信息

实例 53　Python 字符串处理

在各种计算机语言的教材中,运行的第一个程序通常是让计算机输出"hello,world!"。在 Python 的提示符后输入下列命令:

```
a = "hello,"
b = "world!"
c = a + b
c
```

按 Enter 键后,树莓派就会在下一行输出"hello,world!",如图 11-5 所示。

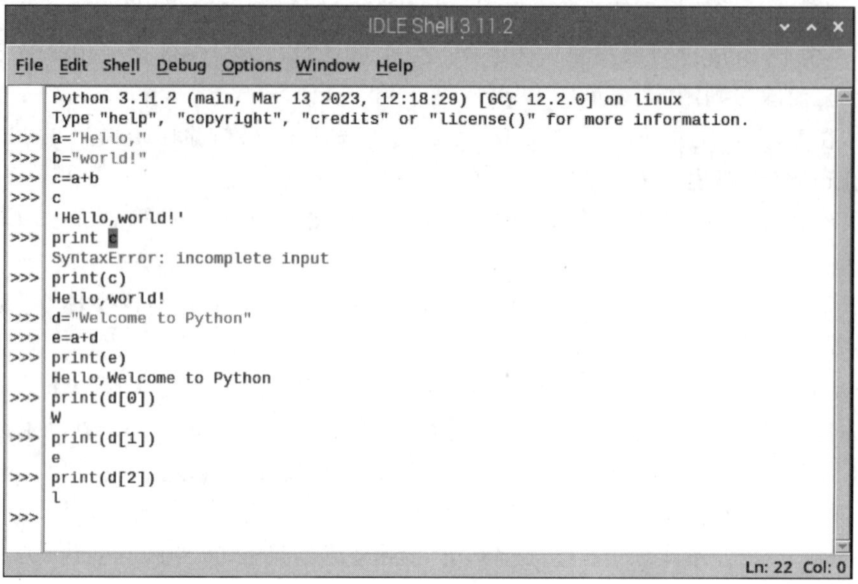

图 11-5　Python 输出字符串

在本例中使用了多个字符串变量。字符串变量由若干字符组成，一般来说，字符串变量中的元素可以是字母、数字，甚至也可以是空格符或其他特殊字符。

在本例中，第 1 条命令 a＝"hello,"是一条赋值语句，它的作用是将字符串"hello,"赋值给变量 a；同理，第 2 条命令的作用是将字符串"world!"赋值给变量 b；第 3 条命令的作用是将字符串变量 a 和 b 的值连接起来，并将连接的结果赋值给变量 c；第 4 条命令则是输出变量 c 的值，即输出 'hello,world!'。

在图 11-5 中，继续执行命令 print c，屏幕上出现 SyntaxError：Missing parentheses in call to'print'的错误提示信息，表明这条 print 命令语法错误，原因是在 Python 中，print 不是一条命令，而是一个函数，因此，应将这条命令修改为 print(c)，就可以正确输出字符串 'hello,world!'了。

接着，使用 d＝"Welcome to Python"命令定义字符串变量 d，然后用 e＝a＋d 命令将字符串 a 和字符串 d 的值连接起来并保存到变量 e 中，最后用 print(e)函数输出字符串 "hello,Welcome to Python"。

在 Python 中，可以使用索引值来访问字符串中的某个字符，索引值要用中括号括起来，索引值是从 0 开始编号的自然数，即第 1 个字符的索引值是 0，第 2 个字符的索引值是 1，第 3 个字符的索引值为 2，以此类推。

在图 11-5 中，由于已经将字符串变量 d 赋值为"Welcome to Python"，因此调用 print(d[0])函数就会输出 d 的第 1 个字符 W；同理，调用 print(d[1])函数就会输出 d 的第 2 个字符 e；调用 print(d[2])就会输出 d 的第 3 个字符 l。

此外，还可以用 find()方法在字符串变量中搜索某个单词，如果单词位于字符串变量中，find()方法就会返回这个单词的第 1 个字符在字符串变量中的索引值；如果没有找到这个单词，则返回−1。

执行 d. find('to')命令，则会返回 to 在字符串变量 d 中的索引值 8，即单词 to 的第 1 个字母 t 位于 d 第 9 个字符处；又如，执行 d.find('Python')命令，则会返回 Python 在字符串变量 d 中的索引值 11，即单词 to 的第 1 个字母 t 位于 d 的第 12 个字符处；而执行 d.find('hello')命令，则会返回−1，表明在 d 中没有找到单词 hello，如图 11-6 所示。

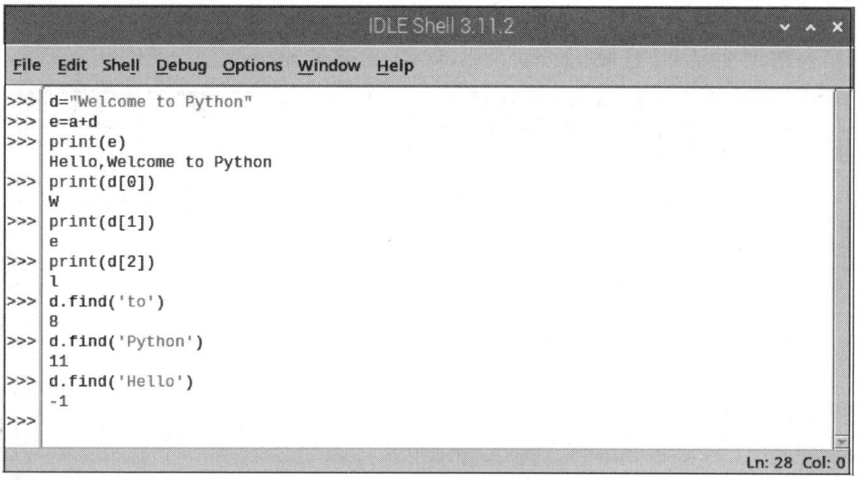

图 11-6　在字符串中搜索单词

实例 54　Python 变量的类型及转换

在实例 53 中介绍了字符串变量。在 Python 中可以使用变量来存储数值、字符串或其他类型的数据，并可以对变量进行赋值和取值操作。

创建变量首先需要对变量进行命名。变量名必须用字母开头，变量名的第一个字符必须为字母，其他字符可以是字母，也可以是数字。通常用等号"＝"来对变量进行赋值，即将等号右边的具体的数值存储到等号左边的变量中。数值型变量分为整型变量（仅含整数）和浮点型变量（含整数和小数）。例如，创建整型变量 a、b，并分别赋值 123 和 456；创建浮点型变量 c、d，并分别赋值 123.456 和 12345.6789，如图 11-7 所示。

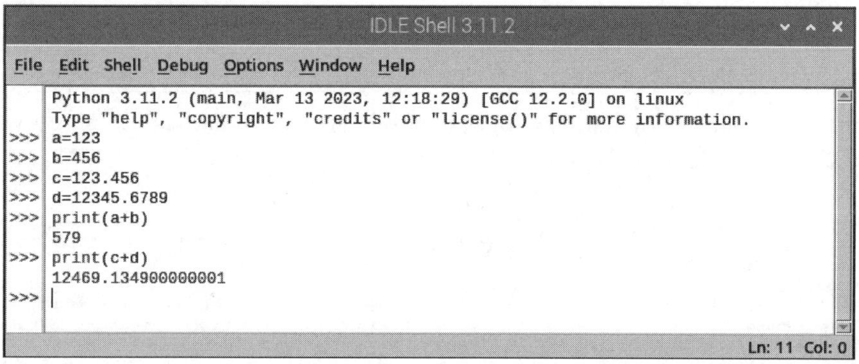

图 11-7　创建变量并赋值

如果有需要，可以用 float()函数将整型变量转换为浮点型变量，也可用 int()函数将浮点型变量转换为整型变量。当使用 int()函数时，会截去浮点型变量的小数部分，只保留整数部分。

例如，用 e=float(a)将新创建的整型变量 a 转换为浮点型变量，并且赋值给变量 e；用 f=float(b)将新创建的整型变量 b 转换为浮点型变量，并且赋值给变量 f；用 g=int(c)将新创建的浮点型变量 c 转换为整型变量，并且赋值给变量 g；用 h=int(d)将新创建的浮点型变量 d 转换为整型变量，并且赋值给变量 h，如图 11-8 所示。

```
IDLE Shell 3.11.2
File  Edit  Shell  Debug  Options  Window  Help
    Python 3.11.2 (main, Mar 13 2023, 12:18:29) [GCC 12.2.0] on linux
    Type "help", "copyright", "credits" or "license()" for more information.
>>> a=123
>>> b=456
>>> c=123.456
>>> d=12345.6789
>>> print(a+b)
    579
>>> print(c+d)
    12469.134900000001
>>> e=float(a)
>>> print(e)
    123.0
>>> f=float(b)
>>> print(f)
    456.0
>>> g=int(c)
>>> print(g)
    123
>>> h=int(d)
>>> print(h)
    12345
>>>
                                                        Ln: 23  Col: 0
```

图 11-8　整型变量与浮点型变量的转换

同样，可以用 float()和 int()函数分别将字符串型变量转换为浮点型和整型变量。当用 int()函数转换时，字符串变量不能包含小数。

例如，将字符串变量 string 赋值为 12345.6789，然后计划用 s1=int(string)将 string 转换为整型变量，并且赋值给变量 s1，结果树莓派返回出错信息，原因是字符串变量 string 所对应的数字不是整数，如图 11-9 所示。

```
IDLE Shell 3.11.2
File  Edit  Shell  Debug  Options  Window  Help
    Python 3.11.2 (main, Mar 13 2023, 12:18:29) [GCC 12.2.0] on linux
    Type "help", "copyright", "credits" or "license()" for more information.
>>> string="12345.6789"
>>> s1=int(string)
    Traceback (most recent call last):
      File "<pyshell#1>", line 1, in <module>
        s1=int(string)
    ValueError: invalid literal for int() with base 10: '12345.6789'
>>> s1=float(string)
>>> print(s1)
    12345.6789
>>> s2=654.321
>>> s3=str(s2)
>>> print(s3)
    654.321
>>>
                                                        Ln: 16  Col: 0
```

图 11-9　字符串型变量的转换

改用 s1＝float(string)将字符串变量 string 转换为浮点型变量,并且赋值给变量 s1,则可以正常转换。

反过来,也可以使用 str()函数将整型变量或浮点型变量转换为字符串型变量。如用 s2＝654.321 创建一个浮点型变量 s2,然后用 s3＝str(s2)即可将浮点型变量 s2 转换为字符串,并赋值给变量 s3,如图 11-9 所示。

实例 55　Python 的输入函数

在 Python 中,输入函数 input()是一个内建函数,作用是从键盘接收一个字符串,并自动忽略换行符。也就是说将所有形式的输入都看作字符串处理,如果想得到其他类型的数据,则需要进行强制类型转换。

在默认情况下,如果 input()函数的括号中没有提示字符串,则执行时不会给出提示信息;反之,则会在等待键盘输入前显示提示信息。

例如,当执行 a＝input()命令时,将等待用户从键盘输入字符串,但是屏幕上不会出现任何提示信息,如果用户输入了 hello,则树莓派会把字符串 hello 保存到变量 a 中。

当执行 b＝input("please input your name")命令时,屏幕上会出现提示信息 please input your name 并等待用户从键盘输入字符串,如果用户输入了 boy,则树莓派将会把字符串 boy 保存到变量 b 中。

当执行 c＝input("please input your age")命令时,屏幕上会出现提示信息 please input your age 并等待用户从键盘输入字符串,如果用户输入了 18,则树莓派会把字符串 18 保存到变量 c 中。再执行 type(c)命令,则屏幕上返回信息<class "str">,表明变量 c 为字符串型变量,如图 11-10 所示。

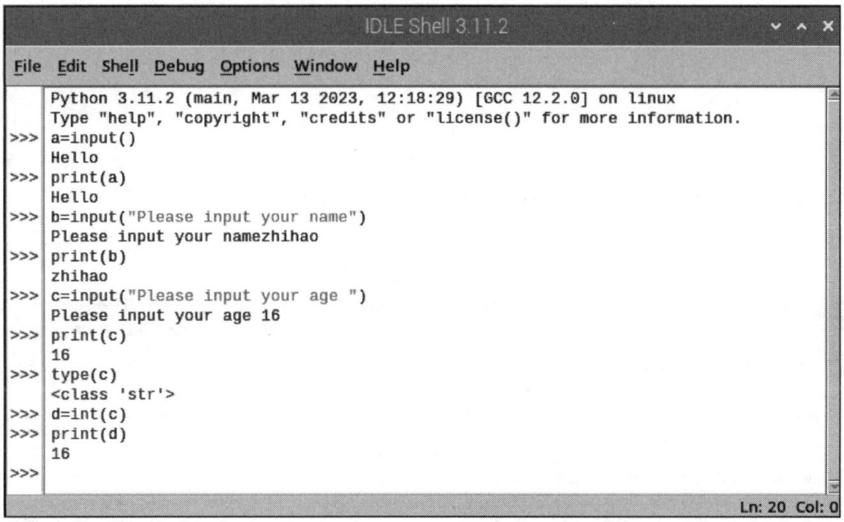

图 11-10　用 input()函数输入字符串

因为希望得到的是整型变量,所以需要执行 d＝int(c)命令将字符串变量 c 转换成整型变量 d。

请注意,在 Python 2 和 Python 3 中,input()函数的用法是不一样的。

在 Python 2 中有 input()和 raw_input()两个函数,其中 raw_input()将所有输入作为字符串看待,返回字符串类型;而 input()函数则同时支持表达式、浮点型数据、字符串型数据,当用户输入的信息为表达式时,只返回执行结果。

在 Python 3 中取消了 raw_input()函数,仅保留了 input()函数,并且改变了 input()函数的用法,将所有用户输入的信息都看作字符串进行处理,并返回一个字符串。

实例 56　编写简单的 Python 程序

实例 52～55 介绍的 Python 基础知识,都是在提示符后输入一行命令并按 Enter 键来执行。例如给变量赋值,或者输出变量的值等。

在 Python 的编程环境 IDLE 3 中,可以连续编写多行 Python 命令,并且保存到一个文件中,然后让 Python 按顺序执行这个文件中的命令。这种包含多行 Python 命令的文件就是 Python 程序。

下面举例说明 Python 编程的具体步骤。

执行 File→New File 命令,打开新建文件界面,如图 11-11 所示输入 a＝input("Please input your name")和 b＝print("Hi,"＋a)两行代码,然后执行 File→Save As 命令,指定文件保存的路径,在本例中,将文件保存的路径设置为/home/zhihao/python 程序/,将文件命名为 name01.py,单击 Save 按钮保存文件。

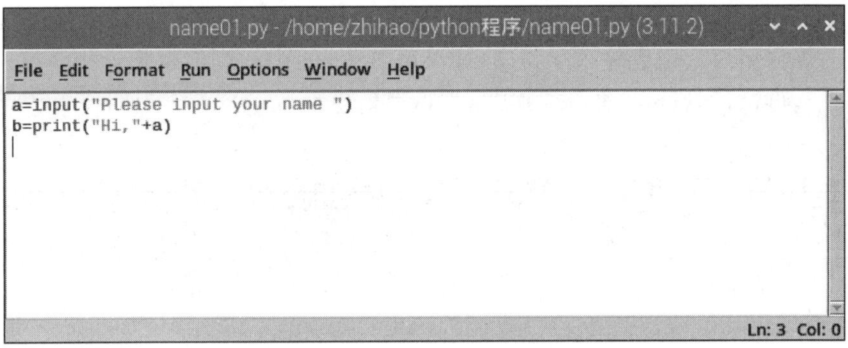

图 11-11　新建文件界面

文件保存后,执行 Run→Run Module 命令运行程序,程序的运行结果如图 11-12 所示。

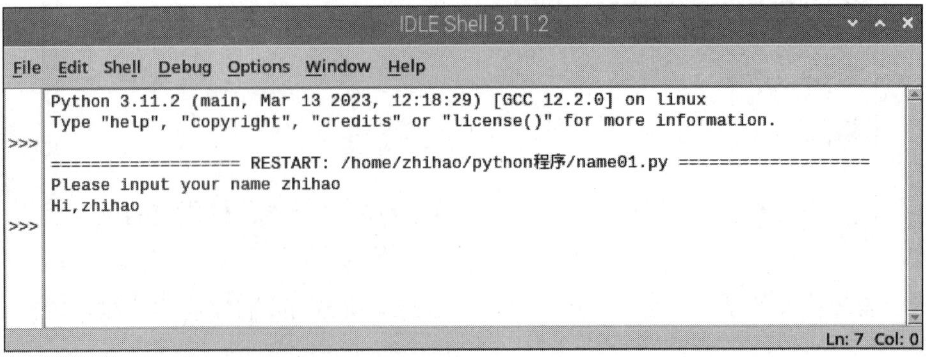

图 11-12　程序 name01.py 的运行结果

如果程序中的代码有错误,则当程序运行到错误代码的那一行时会停止运行,并且在屏幕上显示相关的错误提示信息。例如代码 print()函数中的字母 n 被错误地输入成 m,如图 11-13 所示,当树莓派运行到程序第 2 行的时候,就会停止运行,并且会显示错误提示信息,如图 11-14 所示。

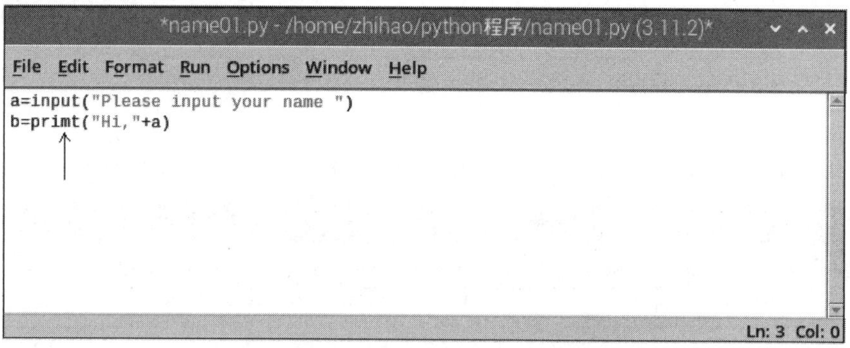

```
*name01.py - /home/zhihao/python程序/name01.py (3.11.2)*        ∨ ∧ ✕

File  Edit  Format  Run  Options  Window  Help

a=input("Please input your name ")
b=primt("Hi,"+a)
      ↑



                                                              Ln: 3  Col: 0
```

图 11-13   存在错误代码的 Python 程序

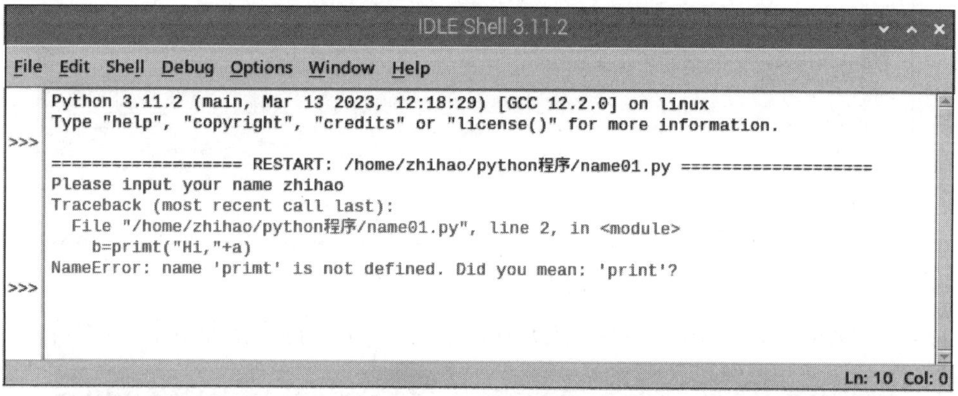

```
IDLE Shell 3.11.2                              ∨ ∧ ✕

File  Edit  Shell  Debug  Options  Window  Help

>>>   Python 3.11.2 (main, Mar 13 2023, 12:18:29) [GCC 12.2.0] on linux
      Type "help", "copyright", "credits" or "license()" for more information.

      ================== RESTART: /home/zhihao/python程序/name01.py ==================
      Please input your name zhihao
      Traceback (most recent call last):
        File "/home/zhihao/python程序/name01.py", line 2, in <module>
          b=primt("Hi,"+a)
      NameError: name 'primt' is not defined. Did you mean: 'print'?
>>>

                                                              Ln: 10  Col: 0
```

图 11-14   运行错误的提示信息

错误提示表明,文件/home/zhihao/python 程序/name01.py 中的第 2 行代码存在错误,即语句 b＝primt("Hi,"＋a)存在错误,未定义名字为 primt 的对象,正确的代码应为 b＝print("Hi,"＋a)。

实例 57   Python 的循环命令

计算机执行程序的优点是它能重复执行某个任务。计算机重复执行某些代码的操作称为循环。

在 Python 中,可以使用 for 命令或者 while 命令来实现循环。for 循环结构称为"计数控制"循环,这是由于循环的任务被设定为执行固定的次数。

例如,用"for n in range(0,10):"语句定义循环。通过范围语句 range()来指定循环执行的条件,如图 11-15 所示。请注意,range(0,n)的值 n 并不包括在范围内,所以 range(0,10)代表 0~9,而不是 0~10。

请注意,在图 11-15 所示的代码中,第 1 行的代码必须用冒号结尾,第 2 行代码必须右移 4 个空格。否则代码运行时会出错。

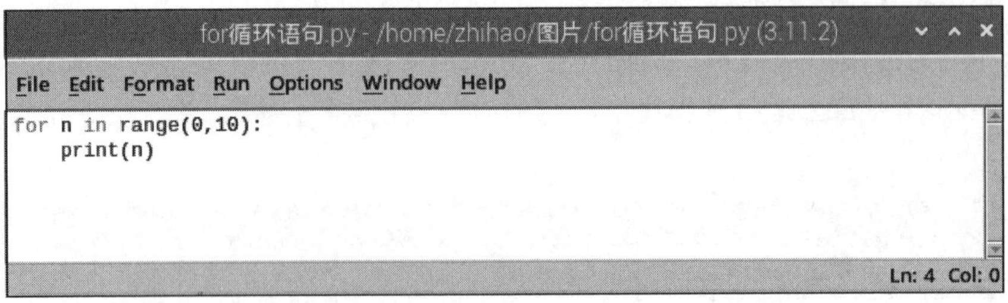

图 11-15   for 循环语句

本例 for 循环语句的运行结果是依次输出 0～9 这 10 个自然数,如图 11-16 所示。

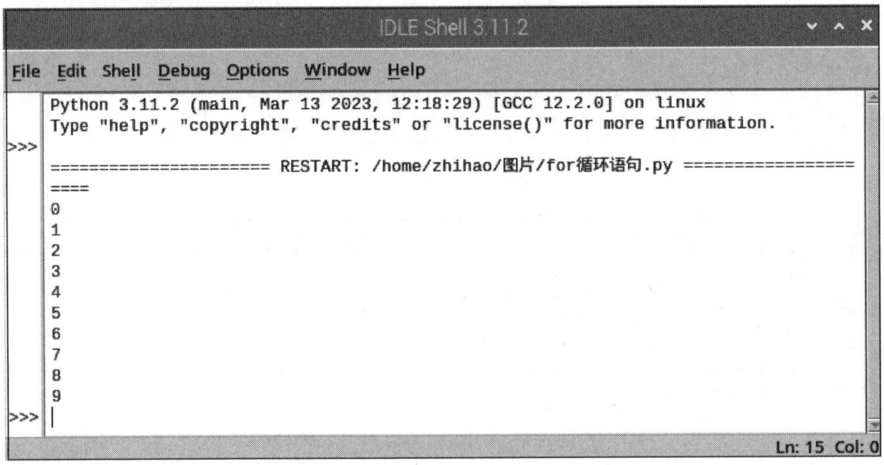

图 11-16   for 循环语句的运行结果

Python 也可以使用 while 命令来实现循环。while 命令的实例如图 11-17 所示。

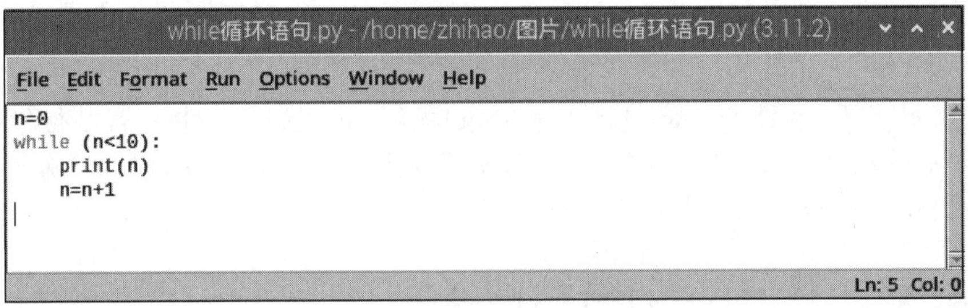

图 11-17   while 循环语句

变量 n 的初值为 0。将循环执行的条件为 n<10,即当 n 小于 10 时重复执行循环。在本例中,循环体包含两条语句,一是 print(n),作用是输出变量 n 的值,二是 n=n+1,作用是将 n 的当前值加 1 并保存回变量 n 中。

请注意,在图 11-17 所示的代码中,第 2 行的代码必须用冒号结尾,并且循环体本例的代码也必须右移 4 个空格。否则,代码运行时会出错。

while 循环语句的运行结果同样是依次输出从 0～9 这 10 个自然数,如图 11-18 所示。

下面用循环命令编程求 1 + 2 + 3 + … + 99 + 100 的和,程序代码如图 11-19 所示。

程序中使用了两个变量,变量 i 用于控制循环执行的条件,变量 s 用于保存求和的结果。循环执行的条件为 i<100,即当 i 小于 100 时重复执行循环。每执行一次循环,将变量

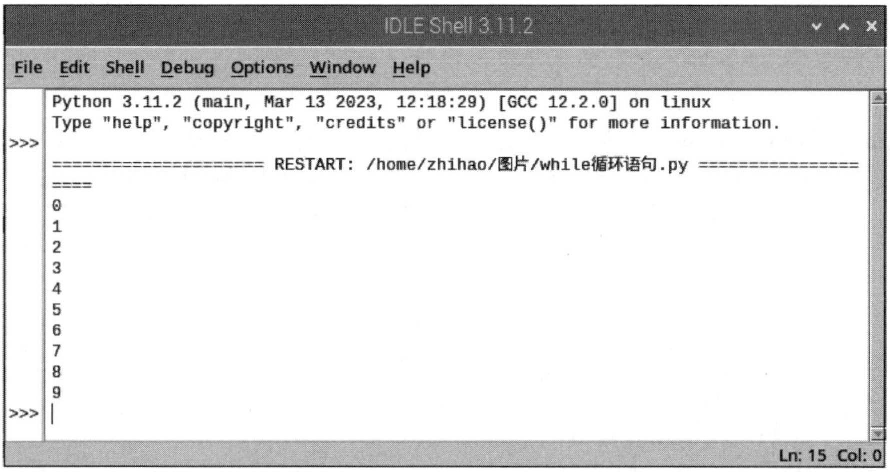

图 11-18　while 循环语句的运行结果

图 11-19　求和程序

i 的当前值加 1,将 1～100 加和的结果保存到变量 s 中并输出 n 和 s 的当前值。求和程序的运行结果如图 11-20 所示。

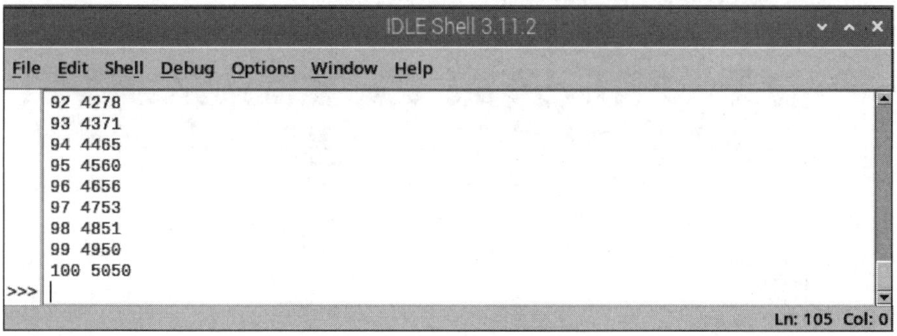

图 11-20　求和程序的运行结果

实例 58　Python 的条件语句

在 Python 语言中用 if 语句来进行条件判断,可以根据是否符合给定条件来执行不同的语句,判断条件放在 if 后面,并紧接一个冒号。换行后,Python 会自动地对下一行代码进行缩进,缩进的代码都隶属于本次条件语句中,只有当条件符合时才会执行。

当编写完条件判断的相关代码后,新起一行并使用 Backspace 键删除缩进,之后输入的代码就不再隶属于 if 语句了,它会在条件判断完成后继续被执行。另外,还可以用 else 语句来指定不符合条件时所执行的代码。

下面用 if 语句来编写一个解一元二次方程的程序。程序代码如图 11-21 所示。

```
解一元二次方程.py ×
1   a1=input("please enter a:")
2   a=float(a1)
3   b1=input("please enter b:")
4   b=float(b1)
5   c1=input("please enter c:")
6   c=float(c1)
7   d=b*b-4*a*c
8   print("Delta=",d)
9   if d>=0:
10      e=d**(1/2)
11      x1=(-b+e)/(2*a)
12      x2=(-b-e)/(2*a)
13      print("x1=",x1)
14      print("x2=",x2)
15  else:
16      print("no answer")
17
```

图 11-21 求解一元二次方程的程序

首先用 input() 语句输入字符串型变量 a1、b1、c1,并用 float() 函数将它们转换为一元二次方程 $ax^2 + bx + c = 0$ 中的浮点型变量 a、b、c,然后计算判别式 d 的值。在 Python 语言中,乘号要用 * 表示,因此要将计算公式 $d = b^2 - 4ac$ 改写成 $d = b * b - 4 * a * c$ 的形式,以符合 Python 的语法。

接着,使用条件语句"if d>=0:"来求解方程。如果判别式 d 的值大于或等于零,则方程有两个实数根,程序会计算并显示方程的两个实数根 x1 和 x2;否则,执行"else:"后面的语句,显示 no answer,即此方程无实数解。

这个求解一元二次方程的 Python 程序的运行结果如图 11-22 所示。

```
IDLE Shell 3.11.2                        ∨ ∧ ✕
File  Edit  Shell  Debug  Options  Window  Help
Python 3.11.2 (main, Mar 13 2023, 12:18:29) [GCC 12.2.0] on linux
Type "help", "copyright", "credits" or "license()" for more information.
>>>
==================== RESTART: /home/zhihao/图片/解一元二次方程.py ====================
======
please enter a:3
please enter b:2
please enter c:1
Delta= -8.0
no answer
>>>
==================== RESTART: /home/zhihao/图片/解一元二次方程.py ====================
======
please enter a:1
please enter b:4
please enter c:4
Delta= 0.0
x1= -2.0
x2= -2.0
>>>
                                                    Ln: 18  Col: 0
```

图 11-22 求解一元二次方程的运行结果

再举一个编程求任意给定成绩等级的例子,满分为 100 分,当成绩≥90 分判为优秀(excellent),当成绩为 80~89 分判为良好(good),当成绩为 70~79 分判为中等(medium),当成绩为 60~69 分判为合格(pass),当成绩<60 分则判为不合格(fail)。这个程序要求将一个成绩的分数与多个范围的条件进行比较。解决办法之一是将多个 if 语句串联在一起,程序代码如图 11-23 所示。

```python
while True:
    s=input("Please enter score(请输入成绩)=")
    x=int(s)
    if (x>=90 and x<=100):
        print("excellent(优秀)")
    if (x>=80 and x<=89):
        print("good(良好)")
    if (x>=70 and x<=79):
        print("medium(中等)")
    if (x>=60 and x<=69):
        print("pass(合格)")
    if (x<60):
        print("fail(不合格)")
```

图 11-23 判断成绩等级程序

程序中用 while True 语句创建了一个无限循环。无限循环是一个不会结束的循环,这样就可以多次输入不同的分数,并判断其属于哪个等级。用"s=input("Please enter score=")"语句输入分数并保存到字符串变量 s 中,再用"x=int(s)"语句将 s 转换成整型变量;最后用多条 if 条件语句和相应的 print 语句来对分数进行成绩档次判断。

判断成绩等级程序的运行结果如图 11-24 所示。

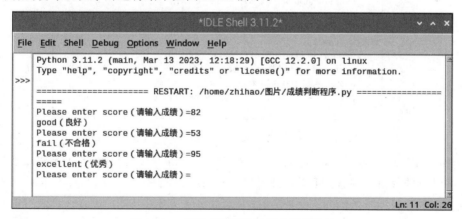

图 11-24 判断成绩等级程序的运行结果

实例 59 Python 创建和使用函数

在 Python 语言中,函数是可重复使用的代码段,用来实现单一或相关联的功能。函数能提高应用的模块性和代码的重复利用率。Python 提供了许多内建函数,如

input()和 print()等,用户也可以自己创建函数,这被称为用户自定义函数。

1. 创建一个函数

在 Python 中,可以根据需要创建一个函数,规则如下:

函数代码块以 def 关键词开头,后接函数标识符名称和小括号()。

```
def functionname(parameters):
    function_suite
  return [expression]
```

functionname 是函数的名称,请注意,函数的名称不能与内建函数的名称相同。parameters 是调用函数时传入的参数。任何传入参数和自变量必须放在小括号中间。小括号之间可以定义参数。

函数的具体内容以冒号开始,并且缩进。

最后用 return [expression] 结束函数,表达式 expression 返回一个值给调用方。不带表达式的 return 相当于返回 None,即不含返回值。默认情况下,参数值和参数名称是按函数声明中定义的顺序匹配起来的。

2. 调用一个函数

调用一个函数的方法是使用函数名,后面紧接小括号,并且在小括号中包含相应的参数。当调用这个函数时,函数会根据参数的值进行运算,并返回运算的结果。最后,可以用赋值语句将运算结果赋值给某个变量保存。

下面举例说明函数的定义和调用方法。

定义一个名称为 cuberoot 的求立方根函数,代码如图 11-25 所示。

```
计算立方根的程序.py  ×
1  def cuberoot(number):
2      answer=number**(1/3)
3      return(answer)
4
5  while True:
6      number_string=input("请输入一个数=")
7      number_float=float(number_string)
8      answer=cuberoot(number_float)
9      print("这个数的立方根="+str(answer))
10
```

图 11-25 定义求立方根函数

用"def cuberoot(n):"语句自定义了一个名称为 cuberoot 的函数,这个函数用参数 n 来输入需要计算的数值。注意 def 语句必须用冒号结尾。

函数的内容只用一条语句 $a = n ** (1/3)$ 来计算立方根。并用 return(a)语句返回运算结果。

函数定义完成以后,就可以通过函数的名称来调用函数了。在本例中,共调用了函数 cuberoot()两次。第 1 次用 m=cuberoot(8)调用,计算 8 的立方根,并且用 print(m)输出结果;第 2 次用 k=cuberoot(27)调用,计算 27 的立方根,并且用 print(k)输出结果。

立方根函数程序的运行结果如图 11-26 所示。

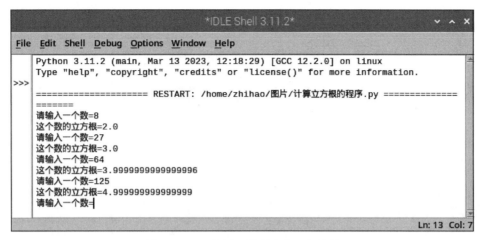

图 11-26　立方根函数程序的运行结果

实例 60　Python 海龟趣味绘图

1. 海龟趣味绘图简介

Python 3 自带了简单易学的海龟库(turtle)，可以让初学者用海龟作图工具方便地绘制各种有趣的图形。

Python 3 的海龟作图工具起源于 LOGO 语言。LOGO 是一种过程性语言，由美国麻省理工学院(MIT)的一个研究小组在 LISP 语言基础上，专为儿童研制开发的编程语言。LOGO 语言虽然结构简单，但表达方式丰富，体现了现代计算机科学许多前沿概念。

LOGO 语言具有如下特点：

(1) LOGO 语言具有丰富的画图功能。为了激发初学者尤其是孩子们的兴趣，设计了一只可活动的"海龟"(turtle)，各种有趣的图形恰是它爬行的轨迹。LOGO 语言中有着许多海龟动作的命令，如 forward(x)表示海龟向前走 x 步，right(y)表示海龟向右转 y 度。用海龟作图，可使孩子们从中学到许多形象直观的几何知识。

(2) LOGO 语言具有很强的人机对话功能。每执行一条 LOGO 命令，它都能及时响应和作出回答。不仅激发了初学者的兴趣，还树立了学习的信心。

(3) LOGO 语言编写的程序是模块结构的。程序员可以把一个程序分为若干称之为"过程"的模块。模块的独立性很强，既能独立编制、独立调试和修改，又允许在不同的过程中使用同名变量而不会混淆。

(4) LOGO 语言的过程可递归调用。利用这个特性，能够方便地编制出高水平的、复杂的结构化程序。

(5) LOGO 语言中的变量允许以任意类型的数据赋值。即使是同一个变量，也可以先后赋以不同类型的值，使用起来非常灵活方便。

2. 常用绘图指令

在使用海龟作图之前，需要在程序的第一行使用语句 import turtle 或 from turtle import * 导入海龟作图库。常用绘图指令如表 11-1 所示。

表 11-1　常用绘图指令

命　　令	说　　明	示　　例
import turtle	导入海龟作图库,海龟作图命令必须以"turtle."开头	
from turtle import *	导入海龟作图库,海龟作图命令不必用"turtle."开头	
speed(x)	指定海龟移动的速度,参数为0~10	0最快,1~10逐渐加快
forward(x)或 fd(x)	沿着当前方向前进 x 步	forward(100)
backward(x)或 back(x)	沿着当前方向后退 x 步	backward(50)
goto(x,y)	移动到绝对坐标(x,y)处	goto(−100,80)
setheading(angle)	设置当前朝向为 angle 度	setheading(45)
left(angle)	向左旋转 angle 度	left(90)
right(angle)	向右旋转 angle 度	right(90)
penup()或 up()	提起画笔,与 pendown()配对使用	
pendown()或 down()	放下画笔	
pensize(width)	设置画笔线条的粗细为指定大小	pensize(5)
color(linecolor,fillcolor)	指定线条和填充的颜色	color("black","red")
bgcolor(color)	指定背景颜色	bgcolor("blue")
dot(r,color)	绘制一个半径 r 和颜色 color 的圆点	dot(50,"black")
circle(r)	画一个半径为 r 的圆	circle(80)
setup(width,height,startx,starty)	设置绘图窗口的宽度、高度和海龟的起点坐标	setup(600,400,0,0)

3. 用海龟画五角星

用海龟绘制五角星的程序如图 11-27 所示。

```
star.py ×
1    # 画五角星
2
3    from turtle import *        # 导入海龟库
4
5    def star(x,y,s):            # 定义一个画五角星的函数
6        penup()                 # 提起画笔
7        goto(x,y)               # 移动到坐标(x,y)处
8        pendown()               # 放下画笔
9        color("black","red")    # 定义线条为黑色,填充颜色为红色
10       begin_fill()            # 开始填充
11       for i in range(5):      # 循环5次
12           forward(s)          # 前进s步
13           left(72)            # 左转72度
14           forward(s)          # 前进s步
15           right(144)          # 右转144度
16       end_fill()              # 结束填充
17
18   bgcolor("yellow")           # 定义背景颜色为黄色
19   star(-120,50,100)           # 调用绘制五角星函数
20
21   done()                      # 结束程序
22
```

图 11-27　用海龟绘制五角星的程序

为了让方便读者读懂程序,每行代码后补充了以♯开头的注释,♯后面的内容不可执行,只是对♯前代码功能的说明。

在程序中加注释是一种良好的编程习惯。注释可以帮助程序员或者用户读懂程序内容。当多人合作编写复杂代码程序时,程序员必须对自己所写的程序加上注释。

在绘制五角星的程序中需要导入海龟库,然后定义了一个画五角星的函数 star(x,y,s),函数包含 3 个参数,参数 x,y 是五角星在窗口中的位置坐标,参数 s 设定五角星的尺寸,为了简化程序,本程序执行 5 次循环,每次循环绘制五角星的一个角,在 star(x,y,s)之后用函数 bgcolor("yellow")定义背景色为黄色,然后用调用函数 star(-120,50,100)绘制五角星;最后用函数 done()结束程序。

用海龟绘制五角星程序的运行结果如图 11-28 所示。

4. 用海龟画"小蛮腰"

在广州市的珠江南岸,与珠江新城、花城广场、海心沙岛隔江相望,矗立着美丽的广州塔,昵称"小蛮腰",如图 11-29 所示。广州塔塔身主体高 454 米,天线桅杆高 146 米,总高度600 米,是中国第一高塔。

图 11-28　用海龟绘制出的五角星　　　　图 11-29　广州塔(小蛮腰)

下面用 Python 的海龟来画出可爱的小蛮腰。完整的程序代码分两部分,如图 11-30 和图 11-31 所示。

程序第一行导入海龟库,第 5 行定义画大楼的函数 body(x,y,s),参数 x,y 定义大楼的位置坐标,第 25 行定义画天线的函数 antenna(x,y,m),参数 x,y 定义天线的位置坐标。在主程序中,用 pensize(3)定义线条的宽度为 3,用 bgcolor("Lightblue")定义背景色为浅蓝色,然后调用函数 body()画大楼,调用函数 antenna()画天线,最后用函数 done()结束程序。

这个程序稍长,建议读者在编写和调试程序的过程中随时保存程序。定时保存程序也是一个良好的编程习惯,这样就可以避免由于没有及时保存程序而前功尽弃。

用海龟画小蛮腰程序的运行结果如图 11-32 所示。

```
cantontower.py  ×
1   # 画小蛮腰（广州塔）
2   from turtle import *          # 导入海龟库
3
4   # 画大楼
5  □def body(x,y,s):
6       penup()
7       goto(x,y)
8       pendown()
9       color("black","yellow")
10      begin_fill()
11      forward(0.35*s)
12      left(95)
13      forward(1.2*s)
14      right(10)
15      forward(s)
16      left(95)
17      forward(0.3*s)
18      left(95)
19      forward(s)
20      right(10)
21      forward(1.2*s)
22      end_fill()
23
```

图 11-30　用海龟画小蛮腰程序的第 1 部分

```
cantontower.py  ×
24   # 画天线
25  □def antenna(x,y,m):
26       penup()
27       goto(x,y)
28       pendown()
29       pensize(5)
30       setheading(90)
31       goto(x,y+m)
32
33   pensize(3)
34   bgcolor("lightblue")
35   body(0,-150,150)
36   antenna(27,180,35)
37
38   done()
39
```

图 11-31　用海龟画小蛮腰程序的第 2 部分

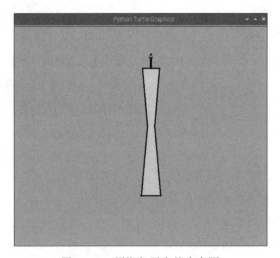

图 11-32　用海龟画出的小蛮腰

　　本例用海龟作图程序来抛砖引玉，是否觉得这两个程序简单易学，还非常有趣？建议您不妨尝试用可爱的海龟来绘制更多有趣的图形。

## 第12章

树莓派游戏编程入门

实例 61　用 Python 编写猜谜语程序

第 11 章介绍了 Python 编程的入门知识。在本例中，将继续介绍 Python 语言列表的知识，并且学习如何使用列表编写一个猜谜语程序。

列表用来保存成组的数据，可以通过数据的索引值来取出数据。列表中保存的数据可以是数字或字符串，也可以是更复杂的数据。创建一个列表时，首先要将所有数据元素放入一对中括号中，并用逗号隔开。列表是可变的数据结构，可以随时改变其中的内容。

在本例中，需要编写一个包含 3 个谜语的猜谜语程序。程序代码如图 12-1 所示。

```python
question=['有个老公公，天亮就出工，傍晚才收工，无论春夏秋冬。',\
          '有时挂在树梢，有时落在山腰，有时像面圆镜，有时像镰刀。',\
          '太阳公公本领强，天空水汽当纸张，画上一座大彩桥，高高挂在蓝天上。']
answer=['太阳','月亮','彩虹']
for i in range(0,3):
    print(question[i])
    key=input("请输入答案")
    if key==answer[i]:
        print("猜对了!你真棒!")
    else:
        print("很遗憾!猜错了!")
```

图 12-1　猜谜语程序的源代码

首先定义一个列表 question 来保存谜面，存入三个字符串。然后定义一个 answer 列表来保存相应的三个字符串类型的谜底。使用变量 i 来表示谜语的索引值，i 为从 0 开始的自然数，则列表变量 question[i] 表示该索引值对应的谜面，而列表变量 answer[i] 表示该索引值对应的谜底。

注意：如果某行的 Python 代码太长，一行写不完，则可以在该行结尾处加上一个反斜杠符号"\"，并在下一行继续填写其余的代码。如果两行仍然写不完，可以继续使用反斜杠符号来换行。

使用 for 循环语句来逐次显示谜面并猜谜，即每次在屏幕上显示一条谜面并等待用户输入答案。在这里，使用语句"if key＝＝answer[i]"来判断输入的答案是否正确，其中，比较两个字符串是否相等需要使用双等号"＝＝"。

猜谜语程序的运行结果如图 12-2 所示。

图 12-2　猜谜语程序的运行结果

图 12-1 所示的 Python 猜谜语程序过于简单，无论对错，每个谜语都仅有一次猜谜的机会。因此，需要对这个猜谜语程序加以改进，使每一个谜语最多可以猜 3 次。如果猜对了就转到下一个谜语；如果猜了 3 次仍然错误，则给出谜底并转到下一个谜语。

改进后的猜谜语程序代码如图 12-3 所示。

图 12-3　改进后的猜谜语程序代码

程序中使用变量 i 来表示谜语的索引值，用变量 n 表示某个谜语已经猜过的次数，i 和 n 这两个变量的初值都设置为 0。如果猜对了，将变量 i 的数值加 1，并将变量 n 的值重置为 0，然后跳到下一个谜语；如果猜错了，则将变量 n 的值加 1 并放回变量 n，并且让用户继续猜同一个谜语。如果 n 的数值大于或等于 3，则显示"对不起！你已经猜了 3 次，还是没有猜中。"直接给出谜底并跳到下一个谜语。

改进后的猜谜语程序的运行结果如图 12-4 所示。

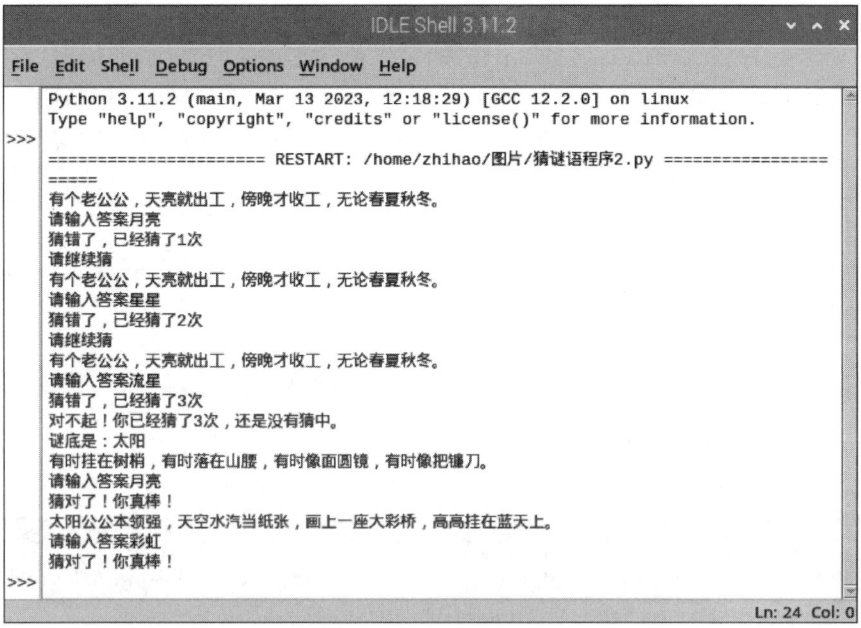

图 12-4 改进后的猜谜语程序的运行结果

实例 62 用 random 模块生成一个随机数

首先介绍模块的基本概念。在程序设计中,模块指一段预先编好的计算机程序,用户可以使用模块来对代码进行包装和重用。有了预先编写好的模块,用户就可以直接在自己编写的程序中直接调用了。

在 Python 语言中,需要通过 import 语句来加载模块。import 语句通常要放在 Python 程序的最前面。

在 Python 语言中,random 模块是专门产生一个随机数的模块。例如,在图 12-5 中,首

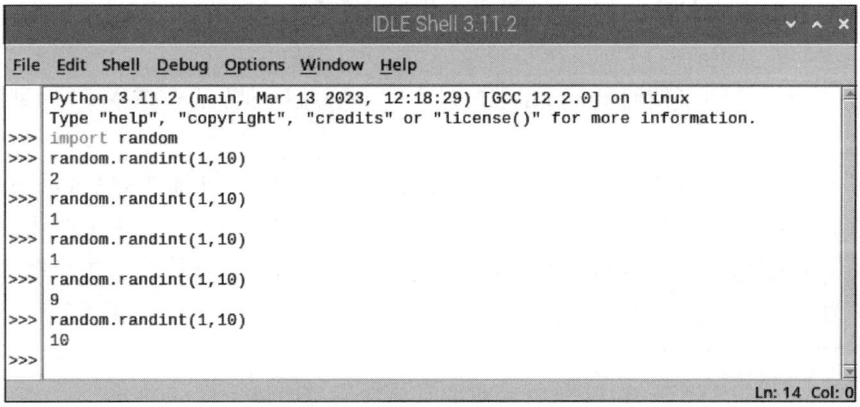

图 12-5 产生 1～10 的随机整数

先使用 import random 命令加载 random 模块，然后就可以用 random. randint(1,10)命令随机生成一个 10 以内的正整数。多次执行 random. randint(1,10)命令会发现，每次执行的结果并不相同，是 1～10 的随机整数。

如果要产生 10 个 1～100 的随机正整数，可以使用如图 12-6 所示的程序。在这里，使用 for 循环语句，并用变量 i 为循环计数。

```
产生10个随机数.py - /home/zhihao/图片/产生10个随机数.py (3.11.2)
File  Edit  Format  Run  Options  Window  Help

import random
for i in range(1,11):
    random_number = random.randint(1,100)
    print(random_number)

Ln: 5  Col: 0
```

图 12-6　产生 10 个随机正整数的程序代码

产生 10 个随机正整数的 Python 程序的运行结果如图 12-7 所示。

```
IDLE Shell 3.11.2
File  Edit  Shell  Debug  Options  Window  Help

Python 3.11.2 (main, Mar 13 2023, 12:18:29) [GCC 12.2.0] on linux
Type "help", "copyright", "credits" or "license()" for more information.
>>>
==================== RESTART: /home/zhihao/图片/产生10个随机数.py ================
=====
48
24
25
25
3
25
53
45
36
31
>>>
Ln: 15  Col: 0
```

图 12-7　产生 10 个随机正整数的 Python 程序的运行结果

实例 63　用 Python 编写猜数程序

在实例 62 中介绍了使用 random 模块产生一个随机数的方法。在本例中，继续介绍如何编写一个猜数程序。

在这个猜数程序中，首先由计算机随机产生一个 1～999 的正整数，接着让用户通过键盘输入所猜的数，如果用户所猜的数比答案大，则计算机会提示所猜的数比答案大；反之，如果用户所猜的数比答案小，则计算机会提示所猜的数比答案小，然后让用户继续猜，直到用户猜中为止。

完整的 Python 猜数程序代码如图 12-8 所示。

在这个 Python 猜数程序中，每行代码的具体功能说明如下：

第 1 行，导入 random 模块。

```
猜数游戏.py ×
1    import random
2    i=0
3    random_number = random.randint(1,999)
4    while True:
5        i=i+1
6        say = print("This is your "+ str(i) +" times guess.")
7        answer = int(input("Please enter answer"))
8        if answer > random_number:
9            print("Your answer is too large, please try again.")
10       if answer < random_number:
11           print("Your answer is too small, please try again.")
12       if answer == random_number:
13           print("Your answer is correct, very good!")
14           print("  ")
15           print("Please try guess another number")
16           print("  ")
17           i=0
18           random_number = random.randint(1,999)
19
```

图 12-8　猜数程序

第 2 行，定义了一个整型变量 i，初值设置为 0，用来记录用户猜数的次数。

第 3 行，随机地产生一个 1～999 的正整数，并且保存到变量 random_number 中。

第 4 行，定义了一个无限循环，用于用户重复地猜数。

第 5 行，将整型变量 i 的当前值加 1，即每执行 1 次循环，变量 i 的计数值加 1。

第 6 行，显示这是第几次猜数。

第 7 行，提示 Please enter answer 并等待用户通过键盘输入所猜的数，然后保存到变量 answer 中。

第 8、9 行，判断用户所输入的数（answer）是否大于答案（random_number），如果大于，则显示"Your answer is too large, please try again."（你的答案过大了，请再次尝试）。

第 10、11 行，判断用户所输入的数（answer）是否小于答案（random_number），如果小于，则显示"Your answer is too small, please try again."（你的答案过小了，请再次尝试）。

第 12、13 行，判断用户所输入的数（answer）是否等于答案（random_number），如果等于，则显示"Your answer is correct，very good!"（你的答案正确，很好!）。

第 14 行，显示一个空行。

第 15 行，显示"Please try guess another number."（请猜另一个数）。

第 16 行，显示一个空行。

第 17 行，将记录次数的变量 i 清 0。

第 18 行，生成一个 1～999 新的随机数，并且保存到变量 random_number 中。

当第 18 行语句执行完之后，跳回到第 4 行，重复执行循环。即通过循环让用户再次猜数，并且根据有关的提示信息猜出正确的答案。

这个猜数程序的运行示例如图 12-9 所示。

执行这个猜数程序时，为了尽快找到正确的答案，可以采用折半区间法，即根据程序的提示信息逐次地缩小所猜的数所在的区间范围，直到猜中答案为止。

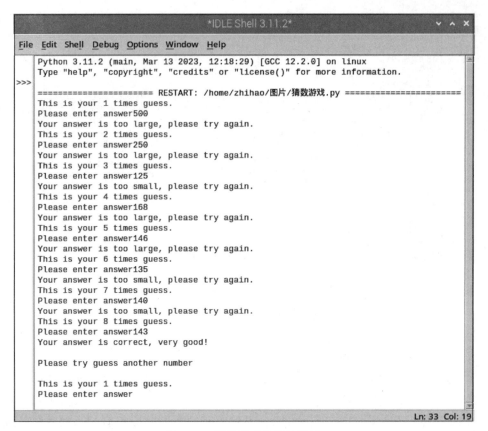

图 12-9　猜数程序的运行示例

在图 12-9 所示的示例中,第 1 次折半,输入 1～999 的中间数 500,结果显示过大了,即正确的答案应位于 1～500 之间;

第 2 次折半,输入 1～500 的中间数 250,结果仍然显示过大,即正确答案应位于 1～250 之间;

第 3 次折半,输入 1～250 的中间数 125,结果仍然显示过大,即正确答案应位于 1～125 之间;

第 4 次折半,输入 1～125 的中间数 62,结果仍然显示过大,即正确答案应位于 1～62 之间;

第 5 次折半,输入 1～62 的中间数 31,结果仍然显示过大,即正确答案应位于 1～31 之间;

……

以此类推,每猜 1 次,就用折半区间法将所猜的数所在的区间缩小一半,直到猜出正确的答案为止。

实例 64　认识 pygame 游戏开发平台

实例 62 和实例 63 介绍的猜谜语程序和猜数程序都是文字类程序,而更能吸引玩家目光的,往往是动画类的游戏。如果需要设计动画类游戏,则可以通过 pygame 模块来编程实现。pygame 的 logo 如图 12-10 所示。

图 12-10　pygame 的 logo

pygame 是一个游戏开发平台，它提供了多种实用的游戏开发工具，可以实现许多功能，例如，在屏幕上显示背景图片，显示游戏角色的动画以及监听鼠标或键盘的事件等。pygame 允许实时电子游戏研发且无须被低级语言束缚，开发者可以把精力放在游戏的架构设计上。

下面介绍 pygame 的主要模块。

1）pygame

pygame 模块会自动导入其他的 pygame 模块。pygame 模块包括 surface() 函数，可以返回一个新的 surface 对象。init() 函数是 pygame 游戏的核心，必须在进入游戏的主循环之前调用。init() 函数会自动初始化其他所有模块。

2）pygame. locals

pygame. locals 包含在 pygame 模块作用域内使用的常量的定义。包括事件类型、键和视频模式等的名字。

3）pygame. display

pygame. display 包括处理 pygame 显示方式的函数，包括普通窗口模式和全屏模式。下面介绍 pygame. display 中一些常用的方法。

flip()：更新显示整个屏幕。

update()：更新显示窗口中有变化的区域。

set_mode()：设定显示的类型和尺寸。

set_caption()：设定 pygame 窗口的标题。

get_surface()：获取当前窗口的 surface。

4）pygame. font

pygame. font() 包括 font() 函数，用于设定文字的字体。

5）pygame. sprite

pygame. sprite 即游戏精灵，被 group 对象用作 sprite 对象的容器。调用 group 对象的 update 对象，会自动调用所有 sprite 对象的 update() 方法。

6）pygame. mouse

pygame. mouse 用于隐藏鼠标符号，或者获取鼠标位置。

7）pygame. event

pygame. event 用于追踪鼠标点击、按键按下和释放等事件。

8）pygame. image

pygame. image 用于处理保存为 GIF、PNG 或 JPEG 等格式的图像。

实例 65　用 pygame 绘制几何图形

开发 pygame 是为了让图形和动画的创建变得更便捷。对于大多数游戏设计任务而言，主要精力往往花在响应玩家输入以及对游戏角色图案的刷新绘制上，并且不断地重复这个循环。在每个循环中都会在屏幕上重新绘制游戏角色的图案。

在 pygame 中，surface 指屏幕上可以进行绘图的区域，pygame 图片的加载是通过调用 pygame.image.load()函数来实现的，它会返回一个可用的 surface 对象。尽管图片源文件的格式可能不同，但是 surface 对象会将这些差异隐藏并封装起来。用户可以对 surface 对象进行绘制、填充、变形以及复制等多种操作。

在 pygame 中包含了一系列用于处理基本图形的函数，用户可以轻松地绘制圆形、长方形、多边形等几何图形。当绘制图形时，可以设定绘制线条的粗细和填充图形的颜色。

在绘制图形之前，必须用 pygame.display.get_surface()函数来创建游戏主窗口所对应的 surface。接着用 surface.fill()函数向 surface 填充背景颜色。

在 surface 上绘制圆形需要使用 pygame.draw.circle()函数，包括五个参数：绘制圆形对应 surface 的名称；圆形线条的颜色，如红色[255,0,0]；圆心的位置坐标；半径；圆形线条的宽度，如果取值为 0，表示圆内被第 2 个参数指定的颜色完全填充。

示例代码如下：

```
pygame.draw.circle(screen,(255,0,0),(100,100),30,0)
```

说明：在名称为 screen 的 surface 对象上绘制一个圆，线条的颜色为红色，圆心的横坐标和纵坐标均为 100，半径为 30，并用红色填充。

用 pygame 模块绘制圆的程序如图 12-11 所示。

```
绘制圆形的程序.py ×
1   import pygame
2   import sys
3   from pygame.locals import *
4   from random import randint
5   pygame.init()
6
7   awindow=pygame.display.set_mode((400,300))
8   pygame.display.set_caption("Hello Pygame")
9   surface=pygame.display.get_surface()
10
11  clock=pygame.time.Clock()
12
13  while True:
14      clock.tick(30)
15      for event in pygame.event.get():
16          if event.type==QUIT:
17              pygame.quit()
18              quit()
19      surface.fill((255,255,255))
20      r=randint(0,255)
21      g=randint(0,255)
22      b=randint(0,255)
23      color=pygame.Color(r,g,b)
24      pygame.draw.circle(surface,color,(200,160),80,0)
25      pygame.display.update()
26
```

图 12-11　绘制圆的程序

程序说明如下：

第 1 行，加载 pygame 模块。

第 2 行，加载 sys 模块，该模块包含本例所需的 quit()方法。

第 3 行，加载 pygame 模块的相关模块。

第 4 行，加载 random 模块，用于产生随机数。

第 5 行，对 pygame 模块进行初始化。

第 7 行，定义窗口的高度和宽度为 400×300。

第 8 行，设置窗口的标题为 Hello Pygame。

第 9 行，定义 surface 对象，使后面的代码能在 surface 上绘制图形。

第 11 行，初始化时钟。

第 13 行，创建一个无限循环。

第 14 行，设置时钟的触发间隔为 30 次/s。

第 15 行，检测键盘和鼠标事件。

第 16～18 行，判断事件是否为关闭窗口事件，如果是，则退出程序。

第 19 行，用白色填充 surface。

第 20～23 行，随机生成一种颜色，并将颜色值保存到变量 color 中。

第 24 行，绘制一个圆心坐标为(200,160)半径为 80 的圆，并且填充颜色 color。

第 25 行，更新 surface，即对 surface 进行重新绘制。

第 25 行语句执行后，跳到第 13 行，重复执行循环。

绘制圆程序的运行结果如图 12-12 所示，每次绘制出的圆颜色不同。

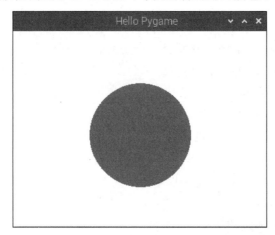

图 12-12　绘制圆程序的运行结果

在 surface 上绘制长方形需要使用 pygame.draw.rect()函数。pygame.draw.rect()函数包含 4 个参数：surface 对象名称；线条的颜色；长方形左上角的位置坐标、长方形的长和宽；线条的宽度。示例代码如下：

```
pygame.draw.rect(screen,(255,0,0),(250,150,300,200),0)
```

说明：在名称为 screen 的 surface 对象上绘制一个长方形，线条的颜色为红色，长方形左上角的横纵坐标分别为 250 和 150，长和宽分别为 300 和 200，并用红色填充。

用 pygame 模块绘制长方形的程序如图 12-13 所示。

```python
import pygame
import sys
from pygame.locals import *
from random import randint
pygame.init()

screen = pygame.display.set_mode((600,600))
pygame.display.set_caption("Hello Pygame")
surface=pygame.display.get_surface()

clock=pygame.time.Clock()

while True:
    clock.tick(30)
    for event in pygame.event.get():
        if event.type==QUIT:
            pygame.quit()
            quit()
    surface.fill((255,255,255))
    r=randint(0,255)
    g=randint(0,255)
    b=randint(0,255)
    color=pygame.Color(r,g,b)
    position_width_height = (randint(0,500),randint(0,500),randint(0,500),randint(0,500))
    pygame.draw.rect(screen, color, position_width_height, 0)
    pygame.display.update()
```

图 12-13 绘制长方形的程序

程序说明如下：

第 1 行,加载 pygame 模块。

第 2 行,加载 sys 模块,这个模块包含本例所需的 quit()方法。

第 3 行,加载 pygame 模块的相关模块。

第 4 行,加载 random 模块,用于产生随机数。

第 5 行,对 pygame 模块进行初始化。

第 7 行,定义窗口的高度和宽度均为 600。

第 8 行,设置窗口的标题为 Hello pygame。

第 9 行,定义 surface 对象,使后面的代码能在 surface 上绘制图形。

第 11 行,初始化时钟。

第 13 行,创建一个无限循环。

第 14 行,设置时钟的触发间隔为 30 次/s。

第 15 行,检测键盘和鼠标事件。

第 16～18 行,判断事件是否为关闭窗口事件,如果是,则退出程序。

第 19 行,用白色填充 surface。

第 20～23 行,随机生成一种颜色,并将颜色值保存到变量 color 中。

第 24 行,随机生成长方形左上角的坐标、宽度和高度,并将参数保存到变量 position_width_height 中。

第 25 行,绘制长方形,并填充颜色 color。

第 26 行,更新 surface,即对 surface 进行重新绘制。

第 26 行语句执行后,跳到第 13 行,重复执行循环。

以上绘制长方形程序的运行结果如图 12-14 所示,绘制出的长方形大小和颜色均不同。

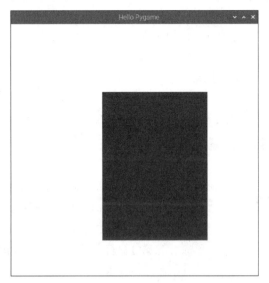

图 12-14　绘制长方形程序的运行结果

实例 66　用 pygame 显示文字

用 pygame 模块在屏幕上不但可以绘制图形,还可以显示文字。

要将文字正确地放到 surface 上,需要先用 pygame.font.Font()函数创建一个字体对象,再用字体对象的 font.render()函数将文字渲染为图形,最后用 blit()函数显示渲染生成的图形。

用 pygame 模块显示文字的程序如图 12-15 所示。

```python
import pygame
from pygame.locals import *

pygame.init()

screen = pygame.display.set_mode((400,300))
pygame.display.set_caption("Hello Pygame")
surface=pygame.display.get_surface()
surface.fill((255,255,255))

font=pygame.font.Font(None,36)
text1=font.render("Welcome to Pygame",1,(100,121,200))
screen.blit(text1,(100,100))
pygame.display.update()
```

图 12-15　显示文字的程序

程序说明如下：

第1行，加载 pygame 模块。

第2行，加载 pygame 模块的相关模块。

第4行，初始化 pygame 模块。

第6行，创建一个大小为 400×300 的窗口。

第7行，设置窗口的标题为 Hello Pygame。

第8行，创建一个 surface 对象。

第9行，将 surface 对象的背景填充为白色。

第11行，创建一个字体对象，字体为默认字体 None，大小为36。

图 12-16 显示文字程序的
运行结果

第12行，将要显示的文字指定为 Welcome to pygame，将文字颜色的 RGB 代码指定为(100,121, 200)，即浅蓝色，然后渲染为图形。

第13行，用 blit()函数将图形绘制到窗口中坐标为(100,100)的位置上。

第14行，更新 surface，即对 surface 进行重新绘制。

显示文字程序的运行结果如图 12-16 所示，在屏幕上显示浅蓝色的文字"Welcome to Pygame"。

实例 67   用 pygame 显示图片

使用 pygame 模块在屏幕上显示图片之前，需要用 pygame. image. load()函数来加载图片。这个函数可以支持 JPG、PNG、GIF、BMP、PCX、TIF、TGA 等图片格式。

例如，加载一个名称为 space. png 的图片的代码如下：

```
space = pygame.image.load("space.png").convert_alpha()
```

convert_alpha()方法会用透明的方法绘制前景对象，因此在加载一个有 alpha 通道的图像文件时(如 PNG 和 TGA 格式文件)，需要使用 convert_alpha()方法。

图片加载完成之后，可以用 surface 对象的 blit()函数显示图片。命令格式如下：

```
screen.blit(photo,(x,y))
```

blit()函数有两个参数，photo 是用 convert_alpha()方法加载的图片文件；(x,y)是图片左上角的坐标。

用 pygame 模块显示图片的程序如图 12-17 所示。

程序说明如下：

第1行，加载 pygame、sys、math 和 random 模块。

第2行，加载 pygame 模块的相关模块。

第4行，初始化 pygame 模块。

第5行，创建一个大小为 800×800 的窗口。

第6行，设置窗口的标题为 Star Space。

```
用pygame模块显示图片.py  ×
1   import sys, random, math, pygame
2   from pygame.locals import *
3
4   pygame.init()
5   screen = pygame.display.set_mode((800,800))
6   pygame.display.set_caption("Star Space")
7
8   space = pygame.image.load("space.jpg").convert_alpha()
9
10  while True:
11      for event in pygame.event.get():
12          if event.type == QUIT:
13              pygame.quit()
14              quit()
15
16      screen.blit(space,(0,0))
17      pygame.display.update()
18
```

图 12-17　显示图片的程序

第 8 行，加载文件名为 space.jpg 的图片文件。

第 10 行，创建一个永远保持运行状态的循环。

第 11 行，检测键盘和鼠标事件。

第 12～14 行，判断事件是否为关闭窗口事件，如果是，则退出程序。

第 16 行，用 blit() 函数显示图片。

第 17 行，更新 surface，即对 surface 进行重新绘制。

第 17 行语句执行后跳到第 10 行，重复执行循环。

显示图片程序的运行结果如图 12-18 所示。

图 12-18　显示图片程序的运行结果

如果需要同时显示多幅图片，只要用 pygame.image.load() 函数分别加载图片，然后再调用 blit() 函数显示图片即可实现。

例如，同时显示 space.jpg 和 target.png 图片的程序如图 12-19 所示。请读者自行分析程序代码。运行结果如图 12-20 所示。

```
同时显示两幅图片.py ×
1    import pygame
2
3    pygame.init()
4    screen = pygame.display.set_mode((600,600))
5    background = pygame.image.load("space.jpg").convert_alpha()
6    target = pygame.image.load("star.png").convert_alpha()
7    screen.blit(background,(0,0))
8    screen.blit(target,(150,150))
9    while True:
10        pygame.display.update()
11
```

图 12-19 同时显示两幅图片的程序

图 12-20 同时显示两幅图片程序的运行结果

实例 68 用 pygame 检测键盘和鼠标事件

pygame. event. get()函数的作用是检测键盘的当前状态是否改变,当用户按下某个按键时,Python 会产生一个 KEYDOWN 事件。此时,可以通过 event. key 来获得按键的键值,也可以用 event. unicode 获得按键的 unicode 码。

检测键盘事件的程序如图 12-21 所示。这个程序可以用键盘控制方块的移动,即通过监听键盘的状态,用四个方向键改变方块在图中的位置。当按下 Esc 键时,结束程序。

程序说明如下:

第 1 行,加载 pygame 和 sys 模块。

第 2 行,初始化 pygame 模块。

第 4 行,定义方块初始位置的横坐标 x。

第 5 行,定义方块初始位置的纵坐标 y。

第 6 行,定义方块每次移动的距离。

第 8 行,创建一个 surface 对象,窗口大小为 600×600。

第 9 行,设置窗口标题为 Pygame Keyboard。

```
检测键盘事件的程序.py  ×
 1    import pygame, sys
 2    pygame.init()
 3
 4    x=300
 5    y=300
 6    d=10
 7
 8    surface = pygame.display.set_mode((600,600))
 9    pygame.display.set_caption('Pygame Keyboard')
10
11    while True:
12        surface.fill((255, 255, 255))
13        pygame.draw.rect(surface, (255, 0, 0), (x, y, 30, 30))
14
15        for event in pygame.event.get():
16            if event.type == pygame.KEYDOWN:
17                print(event.key)
18                if event.key == pygame.K_LEFT:
19                    x = x-d
20                if event.key == pygame.K_RIGHT:
21                    x = x+d
22                if event.key == pygame.K_UP:
23                    y = y-d
24                if event.key == pygame.K_DOWN:
25                    y = y+d
26                if event.key == pygame.K_ESCAPE:
27                    pygame.quit()
28                    sys.exit()
29
30        pygame.display.update()
31
```

图 12-21　检测键盘事件的程序

第 11 行,创建一个永远保持运行状态的循环。

第 12 行,将 surface 对象填充为白色。

第 13 行,在 surface 对象的坐标(x,y)处绘制一个大小为 30×30 的正方形,红色填充。

第 15 行,检测 pygame 键盘或鼠标事件。

第 16 行,判断事件的类型是否为按下了某个键的事件,如果是,则执行第 17～28 行的语句。

第 17 行,显示按键所对应的键值。

第 18、19 行,判断用户是否按下了向左的方向键←(键值为 1073741906),如果是,则将正方形左移 1 次。

第 20、21 行,判断用户是否按下了向右的方向键→(键值为 1073741905),如果是,则将正方形右移 1 次。

第 22、23 行,判断用户是否按下了向上的方向键↑(键值为 1073741903),如果是,则将正方形上移 1 次。

第 24、25 行,判断用户是否按下了向下的方向键↓(键值为 1073741904),如果是,则将正方形下移 1 次。

第 26～28 行,判断用户是否按下了 Esc 键(键值为 27),如果是,则结束程序。

第 30 行,刷新 surface 对象,即重新绘制正方形。

第 30 行语句执行后将跳回第 11 行语句,重新执行循环。

以上检测键盘事件程序运行的结果如图 12-22 和图 12-23 所示。

也可用 pygame.event.get()函数来检测鼠标的当前状态是否改变,当用户移动鼠标或者单击鼠标的某个按键时,都会触发 MOUSEMOTION 或 MOUSEDOWN 事件。此时,可

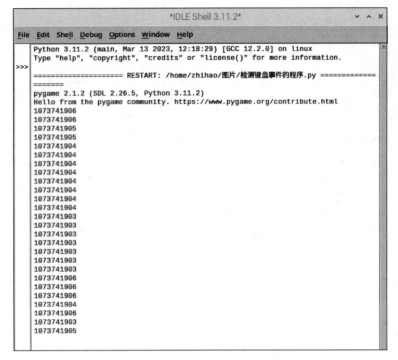

图 12-22　显示按键所对应的键值

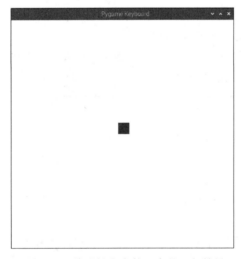

图 12-23　检测键盘事件程序的运行结果

以通过函数 pygame. mouse. get_pos()来获得当前鼠标指针的坐标,也可以用 pygame.
mouse. get_press()函数来获得当前按下了鼠标的哪个按键。

　　检测鼠标事件程序如图 12-24 所示。这个程序绘制一个会自动跟随鼠标移动的圆,即
在主循环中不断检测鼠标指针的坐标,并且以这个坐标为圆心画一个圆。

　　程序说明如下:

　　第 1 行,加载 pygame 模块。

　　第 2 行,加载 sys 模块。

```
跟随鼠标移动的圆形程序.py  ×
1    import pygame
2    import sys
3    from pygame.locals import *
4    from random import randint
5    pygame.init()
6
7    screen = pygame.display.set_mode((600,600))
8    pygame.display.set_caption("Hello Pygame")
9    surface=pygame.display.get_surface()
10
11   while True:
12       for event in pygame.event.get():
13           surface.fill((255,255,255))
14           r=50
15           color=pygame.Color(255,0,0)
16           position_mouse_x,position_mouse_y = pygame.mouse.get_pos()
17           position=(position_mouse_x,position_mouse_y)
18           pygame.draw.circle(screen, color, position, r, 3)
19           left_button,mid_button,right_button=pygame.mouse.get_pressed()
20           if right_button:
21               pygame.quit()
22               sys.exit()
23       pygame.display.update()
24
```

图 12-24　检测鼠标事件程序

第 3 行,加载 pygame 的相关模块。

第 4 行,加载 random 模块。

第 5 行,初始化 pygame 模块。

第 7 行,定义一个大小为 600×600 的窗口。

第 8 行,设置窗口的标题为 Hello pygame。

第 9 行,创建一个 surface 对象。

第 11 行,创建一个无限循环。

第 12 行,检测是否有键盘或鼠标事件,如果有就执行第 13～21 行的语句,否则跳过这 9 行语句。

第 13 行,将 surface 对象填充为白色。

第 14 行,将圆的半径 r 设置为 50。

第 15 行,将圆的颜色设置为红色。

第 16、17 行,取出当前鼠标指针的坐标并保存到变量 position 中。

第 18 行,以 position 为圆心,r 为半径,线条宽度为 3,绘制一个圆。

第 19 行,检测是否单击了鼠标某个按键,并保存结果。

第 20～22 行,判断是否右击,如果是,则退出程序。

第 23 行,刷新屏幕,重新绘制圆形。

第 23 行语句执行后将跳回第 11 行语句,重新执行循环。

检测鼠标事件程序的运行结果如图 12-25 所示。当用户移动鼠标指针时,可以发现圆会自动

图 12-25　检测鼠标事件程序的运行结果

跟随鼠标移动，如果右击，则退出程序。

实例 69　用 pygame 播放声音

在 pygame 中，可以使用混音器模块的 pygame.mixer.Sound()函数加载 WAV 格式的声音文件，然后在混音器的某个通道 pygame.mixer.Channel(n)中播放声音。也就是说，可以同时在多个不同的通道上播放多个 WAV 格式的声音文件。

播放 WAV 格式声音文件的程序如图 12-26 所示。

```
播放WAV格式的声音文件.py  ×
1   import pygame.mixer
2   from time import sleep
3
4   pygame.mixer.init(48000,-16,1,1024)
5
6   sound = pygame.mixer.Sound("test.wav")
7   channelA=pygame.mixer.Channel(1)
8   channelA.play(sound)
9   sleep(2.0)
10
```

图 12-26　播放 WAV 格式声音文件的程序

程序说明如下：

第 1 行，加载 pygame.mixer 模块。

第 2 行，加载 time 计时模块。

第 4 行，初始化混音器，设置采样频率为 48kHz，16 位精度。

第 6 行，加载名称为 test.wav 的声音文件。

第 7 行，创建一个声音通道。

第 8 行，在声音通道上播放声音。

第 9 行，延时 2s，等待声音播放完毕。

如果要播放 MP3 格式的声音文件，需要用 pygame.mixer.music.load()函数加载 MP3 格式文件，然后可以使用 pygame.mixer.music.play()方法播放这个文件。

播放 MP3 格式声音文件的程序如图 12-27 所示。

```
播放MP3格式的声音文件.py  ×
1   import time
2   import pygame
3   pygame.mixer.init()
4   filename='music.mp3'
5   track = pygame.mixer.music.load(filename)
6   pygame.mixer.music.play()
7   time.sleep(60)
8   pygame.mixer.music.stop()
9
```

图 12-27　播放 MP3 格式声音文件的程序

在图 12-27 所示的 Python 程序中，

第 1 行，加载 time 计时模块。

第 2 行，加载 pygame 模块。

第 3 行，初始化混音器。

第 4 行，指定 MP3 声音文件名为 music.mp3。

第 5 行，加载 MP3 声音文件。

第 6 行,播放 MP3 声音文件。

第 7 行,延时 60s。

第 8 行,停止播放。

实例 70 编程实现打地鼠游戏

在实例 69 中介绍了使用 pygame 模块显示图形,检测鼠标、键盘事件和播放声音的知识,本例将编程实现打地鼠游戏。

打地鼠游戏的规则是地鼠会随机从地洞中冒出,在地面停留一段时间,然后消失,玩家需要通过鼠标光标或其他控制器来点击地鼠,击中地鼠会得 1 分,未击中则不得分。

1. 设计思路

游戏开始,首先显示地面图片,接着显示小木槌,然后进入游戏循环,开始游戏,在游戏中随机生成地鼠的位置,即让地鼠随机地出现在某个洞口,同时检测鼠标的动作,让小木槌跟随鼠标移动,如果玩家进行了单击操作,则显示小木槌敲打的动作,如果打中了地鼠,可得 1 分,同时发出"嘟"的响声,然后游戏从头开始;在游戏过程中,如果右击窗口,则退出游戏。程序的设计思路如图 12-28 所示。

2. 程序实现

打地鼠游戏的界面如图 12-29 所示。左上角用于显示当前游戏的得分,地面上共有 12 个洞口,地鼠会随机出现在某个洞口。

程序需要准备 4 个素材文件,第 1 个是地面背景图 background.png,第 2 个是小木槌 hammer.png,第 3 个是地鼠 mole.png,第 4 个是打中地鼠时的提示音 du.wav。

程序共有 108 行。分以下 7 部分介绍,为了方便解释,在每一行代码前都加了行号。

程序的第 1 部分如图 12-30 所示,这部分代码的功能是导入游戏库 pygame、系统库 sys 和随机数库 random,加载声音文件 du.wav 和初始化游戏窗口等。

程序说明如下:

第 1 行,导入游戏库 pygame。

第 2 行,导入系统库 sys。

第 3 行,导入游戏库 pygame 的 locals 模块。

第 4 行,导入随机数库 random。

第 6 行,导入游戏库 pygame 的混音器模块 mixer。

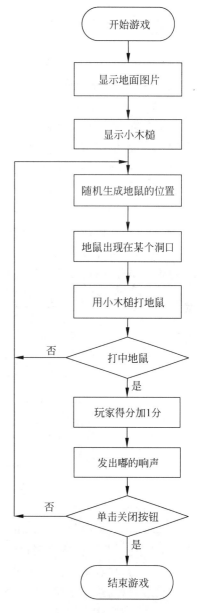

图 12-28 打地鼠游戏程序的设计思路

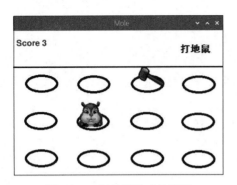

图 12-29 打地鼠游戏的界面

```
打地鼠游戏程序.py
1  import pygame
2  import sys
3  from pygame.locals import *
4  from random import randint
5
6  import pygame.mixer
7  from time import sleep
8
9  pygame.init()
10 pygame.mixer.init(48000,-16,1,1024)
11 sound = pygame.mixer.Sound("du.wav")
12 channelA=pygame.mixer.Channel(1)
13
14 screen = pygame.display.set_mode((480,320))
15 pygame.display.set_caption("Mole")
16 surface=pygame.display.get_surface()
17
```

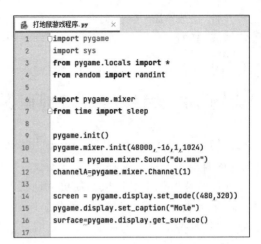

图 12-30 程序的第 1 部分

第 7 行，导入计时库 time 的延时模块 sleep。

第 9 行，初始化 pygame。

第 10 行，初始化混音器 mixer。

第 11 行，加载声音文件 du. wav。

第 12 行，把声音文件 du. wav 置于第 1 个声音通道。

第 14 行，创建一个大小为 480×320 的窗口 screen。

第 15 行，设置窗口的标题为 Mole。

第 16 行，在窗口中创建 surface。

程序的第 2 部分如图 12-31 所示，这部分代码的功能是加载背景、地鼠和小木槌的图片，初始化得分变量，设置地鼠的初始位置。

```
打地鼠游戏程序.py
18 clock=pygame.time.Clock()
19
20 background=pygame.image.load("background.png").convert_alpha()
21 mole=pygame.image.load("mole.png").convert_alpha()
22 hammer=pygame.image.load("hammer.png").convert_alpha()
23 pygame.mouse.set_visible(False)
24
25 x=1
26 score=0
27 position_mole_x = 30
28 position_mole_y = 72
29 position_mole = (30,72)
30
```

图 12-31 程序的第 2 部分

程序说明如下：

第 18 行，创建时钟 clock，用于游戏的计时。

第 20 行，加载有 12 个洞口的背景图 background. png。

第 21 行，加载地鼠图片 mole. png。

第 22 行，加载小木槌图片 hammer. png。

第 23 行，隐藏鼠标指针。

第 25 行,定义变量 x,初始值为 1。

第 26 行,定义得分变量 score,初始值为 0。

第 27 行,定义地鼠起始位置的横坐标为 30。

第 28 行,定义地鼠起始位置的纵坐标为 72。

第 29 行,定义地鼠的坐标变量 position_mole。

程序的第 3 部分如图 12-32 所示,这部分代码的功能是调用随机数函数产生地鼠随机出现的洞口位置。

程序中变量 x 的值对应地鼠在洞口停留的时间,即游戏的难度,x 的值越小,地鼠在洞口停留的时间就越短,玩家就越难打中地鼠。

程序说明如下:

第 31 行,创建一个无限循环。

第 32 行,调用计时器 clock,将屏幕的刷新率定义为 30 次/s。

第 34 行,变量 x 的值加 1。

第 35 行,如果变量 x 的值大于 12,则执行 36~75 行的代码,让地鼠随机出现在某个洞口。

第 36 行,把变量 x 的值重置为 1。

第 37 行,调用随机函数产生 1 个 1~12 范围内的正整数 n。

第 38~40 行,如果 n 等于 1,则地鼠出现在第 1 个洞口,坐标为(30,72)。

第 41~43 行,如果 n 等于 2,则地鼠出现在第 2 个洞口,坐标为(150,72)。

第 44~46 行,如果 n 等于 3,则地鼠出现在第 3 个洞口,坐标为(270,72)。

第 47~49 行,如果 n 等于 4,则地鼠出现在第 4 个洞口,坐标为(390,75)。

程序的第 4 部分如图 12-33 所示,这部分代码的功能是根据随机数 n 给出地鼠出现的洞口坐标。

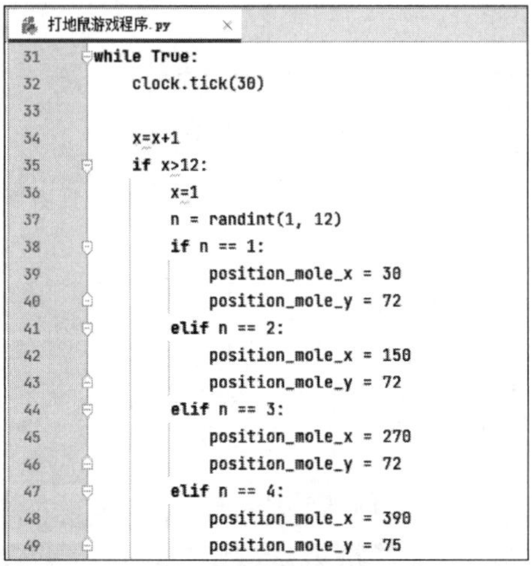

图 12-32　程序的第 3 部分

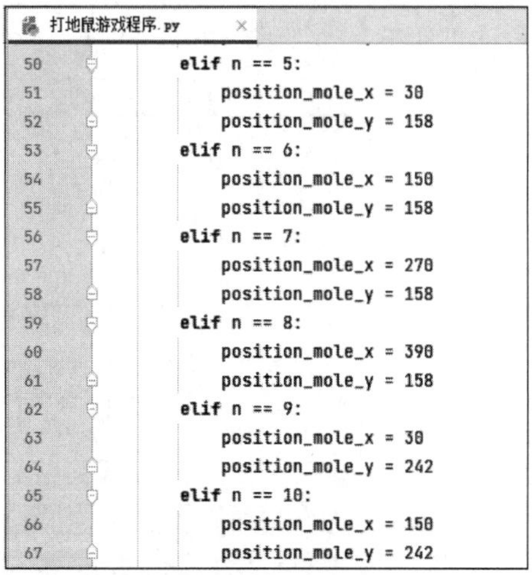

```
31      while True:
32          clock.tick(30)
33
34          x=x+1
35          if x>12:
36              x=1
37              n = randint(1, 12)
38              if n == 1:
39                  position_mole_x = 30
40                  position_mole_y = 72
41              elif n == 2:
42                  position_mole_x = 150
43                  position_mole_y = 72
44              elif n == 3:
45                  position_mole_x = 270
46                  position_mole_y = 72
47              elif n == 4:
48                  position_mole_x = 390
49                  position_mole_y = 75
```

图 12-33　程序的第 4 部分

```
50              elif n == 5:
51                  position_mole_x = 30
52                  position_mole_y = 158
53              elif n == 6:
54                  position_mole_x = 150
55                  position_mole_y = 158
56              elif n == 7:
57                  position_mole_x = 270
58                  position_mole_y = 158
59              elif n == 8:
60                  position_mole_x = 390
61                  position_mole_y = 158
62              elif n == 9:
63                  position_mole_x = 30
64                  position_mole_y = 242
65              elif n == 10:
66                  position_mole_x = 150
67                  position_mole_y = 242
```

程序说明如下:

第 50~52 行,如果 n 等于 5,则地鼠出现在第 5 个洞口,坐标为(30,158)。

第 53~55 行,如果 n 等于 6,则地鼠出现在第 6 个洞口,坐标为(150,158)。

第 56~58 行,如果 n 等于 7,则地鼠出现在第 7 个洞口,坐标为(270,158)。

第 59~61 行,如果 n 等于 8,则地鼠出现在第 8 个洞口,坐标为(390,158)。

第 62~64 行,如果 n 等于 9,则地鼠出现在第 9 个洞口,坐标为(30,242)。

第 65~67 行,如果 n 等于 10,则地鼠出现在第 10 个洞口,坐标为(150,242)。

程序的第 5 部分如图 12-34 所示。

```
68          elif n == 11:
69              position_mole_x = 270
70              position_mole_y = 242
71          elif n == 12:
72              position_mole_x = 390
73              position_mole_y = 242
74
75          position_mole = (position_mole_x,position_mole_y)
76
77      for event in pygame.event.get():
78          if event.type==QUIT:
79              pygame.quit()
80              quit()
81      surface.fill((255,255,255))
82
```

图 12-34　程序的第 5 部分

程序说明如下:

第 68~70 行,如果 n 等于 11,则地鼠出现在第 11 个洞口,坐标为(270,242)。

第 71~73 行,如果 n 等于 12,则地鼠出现在第 12 个洞口,坐标为(390,242)。

第 75 行,用前面生成的横、纵坐标组成地鼠完整的位置坐标 position_mole。

第 77 行,检测窗口的键盘和鼠标事件。

第 78~80 行,如果发生关闭窗口事件,则退出程序。

第 81 行,把窗口填充为白色。

程序的第 6 部分如图 12-35 所示。

```
83      left_button,mid_button,right_button=pygame.mouse.get_pressed()
84      if right_button:
85          pygame.quit()
86          quit()
87
88      position_mouse_x,position_mouse_y = pygame.mouse.get_pos()
89      position_mouse=(position_mouse_x,position_mouse_y)
90
91      screen.blit(background,(0,0))
92      screen.blit(mole,position_mole)
93      screen.blit(hammer,position_mouse)
94
95      font = pygame.font.Font(None, 28)
96      text1 = font.render("Score " + str(score), 1, (100, 121, 200))
97      screen.blit(text1, (7, 18))
98
```

图 12-35　程序的第 6 部分

第 83 行,检测鼠标的按钮事件。

第 84~86 行,如果右击,则退出程序。

第 88、89 行,读取当前鼠标光标的坐标,并保存到变量 position_mouse 中。

第 91 行,在窗口中显示地面的图片。

第 92 行,在窗口的第 n 个洞口显示地鼠的图片。

第 93 行,在窗口的当前鼠标光标的位置显示小木槌的图片。

第 95 行,设置文字的字体为默认字体,字号为 28。

第 96 行,设置得分信息以 Score 开头,然后空一格,再显示得分变量 score 的值,字体颜色为蓝色。

第 97 行,在窗口的左上角显示得分。

程序的第 7 部分如图 12-36 所示。

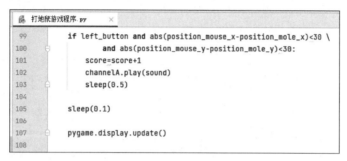

图 12-36　程序的第 7 部分

第 99、100 行,如果单击,并且当前鼠标光标的坐标与地鼠的坐标距离小于 30,就认为小木槌打中了地鼠,执行第 101~103 行。

程序说明如下:

第 101 行,得分加 1。

第 102 行,发出"嘟"的一声。

第 103 行,暂停 0.5s。

第 105 行,暂停 0.1s。

第 107 行,刷新窗口,重新显示窗口中的所有元素。

本实例详细介绍了用 pygame 模块实现的打地鼠游戏程序。请仔细阅读本例程序代码,理解整个游戏的工作原理,耐心调试本程序。

最后请思考并尝试解决以下问题:

如果要把打地鼠游戏中地鼠躲藏的洞口改为 25 个,应如何修改程序?

## 第 13 章

树莓派硬件编程基础

实例 71　探索树莓派的 GPIO 接口

第 1～12 章介绍了树莓派在网络应用和编程方面的基础知识。从本章开始，进入树莓派硬件开发的学习，将树莓派与各种硬件设备（LED、传感器、继电器和电动机等）相连接，并通过对树莓派的 GPIO 接口进行编程来感知和控制外部世界。

与普通计算机不同，树莓派配备了可编程的 GPIO（general purpose input/output，通用输入输出）接口，用于连接和控制各种硬件设备。GPIO 接口的引脚既可以接收传感器发来的信号，也可以输出控制信号，控制外部设备启动或停止工作。树莓派 B 和树莓派 2B 的 GPIO 接口有 26 个引脚，树莓派 3B 之后的 GPIO 接口扩展为 40 个引脚，如图 13-1 所示。

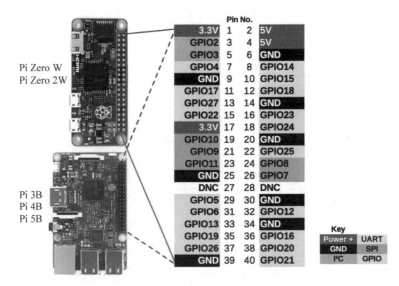

图 13-1　不同型号树莓派的 GPIO 接口引脚

树莓派 GPIO 接口引脚的功能名、BOARD 编码、BCM 编码和 wiringPi 编码如图 13-2 所示。

wiringPi 编码	BCM 编码	功能名	物理引脚 BOARD编码		功能名	BCM 编码	wiringPi 编码
		3.3V	1	2	5V		
8	2	SDA.1	3	4	5V		
9	3	SCL.1	5	6	GND		
7	4	GPIO.7	7	8	TXD	14	15
		GND	9	10	RXD	15	16
0	17	GPIO.0	11	12	GPIO.1	18	1
2	27	GPIO.2	13	14	GND		
3	22	GPIO.3	15	16	GPIO.4	23	4
		3.3V	17	18	GPIO.5	24	5
12	10	MOSI	19	20	GND		
13	9	MISO	21	22	GPIO.6	25	6
14	11	SCLK	23	24	CE0	8	10
		GND	25	26	CE1	7	11
30	0	SDA.0	27	28	SCL.0	1	31
21	5	GPIO.21	29	30	GND		
22	6	GPIO.22	31	32	GPIO.26	12	26
23	13	GPIO.23	33	34	GND		
24	19	GPIO.24	35	36	GPIO.27	16	27
25	26	GPIO.25	37	38	GPIO.28	20	28
		GND	39	40	GPIO.29	21	29

图 13-2　树莓派 GPIO 接口引脚的功能名及编码

在计算机硬件电路中，CPU、内存及其他电路是基于数字信号来工作的，数字信号有低电平和高电平两种状态。在树莓派中，低电平用数字 0 表示，代表 0～1.6V 的电压；高电平用数字 1 表示，代表 1.8～3.3V 的电压。

可以把 GPIO 接口看作是输入输出数字信号的引脚，用户通过编程读入 GPIO 某个引脚的状态，从而得知这个引脚当前的状态是高电平还是低电平；也可以通过编程令 GPIO 的某个引脚输出高电平或低电平。GPIO 的引脚可以分为以下 3 类：

（1）电源引脚。用于连接 5V、3.3V、GND（地）电压。

（2）常规 GPIO 控制引脚。可以通过编程控制引脚作为输入信号的引脚，也可以通过编程控制引脚输出高电平或低电平。

（3）特殊 GPIO 通信引脚。用于 SPI 通信、I^2C 通信、TxD/RxD 串口通信。

GPIO 接口的应用非常广泛，可以通过 GPIO 接口和硬件进行数据交互，控制硬件工作。如点亮 LED、启动小风扇；也可以通过 GPIO 接口控制继电器来启动或关闭家用电器，如点亮台灯、启动电视机等；还可以通过 GPIO 接口读取温度传感器、湿度传感器、超声波测距传感器、红外线人体感应传感器等硬件的信号。

GPIO 接口的每个引脚都有功能名和 3 种不同的编码，这 3 种编码分别是物理引脚编码（BOARD 编码）、BCM 编码和 wiringPi 编码。

功能名表示引脚的功能，例如，3.3V 表示该引脚输出电压为 3.3V；5V 表示该引脚输出电压为 5V；GND 表示地线，即该引脚接地；GPIO.＊是允许用户编程的引脚，这些引脚可以通过编程进行控制。

BOARD 编码代表该引脚的编号，其中奇数编号为左列的引脚，偶数编号为右列的引脚，01 和 02 引脚对应着竖排的 GPIO 接口中第一行的两个引脚。

BCM 编码是由树莓派主芯片提供商 Broadcom（博通）公司定义的编码，也是树莓派官方推荐的编码。BCM 编码是 GPIO 接口的一种常用编码。当用 Python 语言的 GPIO zero 模块控制树莓派引脚时，使用的就是 BCM 编码。

wiringPi 编码是 wiringPi 的 IO 控制库所使用的编码，wiringPi 是树莓派 IO 控制库，用 C 语言开发，包含丰富的编程接口。

实例 72　认识 RPi. GPIO 模块和 GPIOZero 模块

1. RPi. GPIO 模块

RPi. GPIO 模块（库）由开发者 Ben Croston 于 2012 年发布。它是一个强大的库，允许用户通过 Python 语言程序控制 GPIO 接口引脚。

如果要在树莓派 5B 上安装 RPi. GPIO 模块，可在 LX 终端窗口使用下列命令。

```
sudo apt - get update
sudo apt install python3 - rpi - lgpio
```

RPi. GPIO 模块可以用两种方式对 Raspberry Pi 的 IO 引脚进行编码。

第一种方式是用 BOARD 编码。该方式按照 Raspberry Pi 主板上接线柱的物理位置来编码。优点是无须考虑主板的修订版本，树莓派的硬件始终都是可用的状态，更换新一代树莓派时不需要重新更换接线方式，也不需要修改源代码。

第二种方式是用 BCM 编码。这是一种比较底层的编码方式，该方式采用了 Broadcom（博通）公司的 SOC 通道编号。在使用 BCM 编码的过程中，始终要保证主板上的引脚与图表上标注的通道编号相对应。

RPi. GPIO 模块是连接树莓派 GPIO 接口的 Python 库，可以帮助用户通过 Python 编程控制外围设备。RPi. GPIO 模块的基本命令如下：

（1）导入模块。在 Python 程序中导入 RPI. GPIO 库，命令为

```
import RPi.GPIO as GPIO
```

（2）设置 GPIO 的工作模式。通常在开始时就要设置树莓派 GPIO 接口的工作模式，命令为

```
GPIO.setmode(GPIO.BOARD)
```

或

```
GPIO.setmode(GPIO.BCM)
```

（3）配置 GPIO 引脚。配置需要使用的 GPIO 引脚以及相应的方向（输入或输出），命令为

```
GPIO.setup(channel,GPIO.IN/OUT)
```

channel 可以是物理编号，也可以是 BCM 编号。

（4）控制 GPIO 引脚。用适当的值来使 GPIO 接口引脚转换到所需状态，如果是输出状态，则为 High（高电平）或 Low（低电平）；如果是输入状态，则检测当前的状态，命令为

```
GPIO.output(channel,state)
GPIO.input(channel)
```

（5）清除引脚占用的资源。完成所有任务之后，必须释放 GPIO 接口引脚，清除引脚占用的资源，还原到初始状态，命令为

```
GPIO.cleanup()
```

2. GPIO zero 模块

GPIO zero 模块（库）也是一个用于处理 GPIO 接口引脚的 Python 模块。它由 Raspberry Pi 开发团队的 Ben Nuttall 工程师撰写。它简化了大多数原来 RPi.GPIO 模块的 Python 代码，更易于初学者理解。

如果要在树莓派 5B 上安装 GPIO zero 模块，可在 LX 终端窗口使用下列命令：

```
sudo apt - get update
sudo pip3 install gpiozero
```

当我们学习 Python 语言时，总希望代码更容易理解，尽可能简短。GPIO zero 模块就同时具有这两个优点。GPIO zero 模块构建在 RPi.GPIO 模块上，再经过优化和包装，简化 GPIO 接口的设置和使用。

GPIO zero 模块是一个开源的 Python 模块，专为树莓派设计，旨在简化 GPIO 端口的控制，使初学者和经验丰富的开发者都能与硬件实现便捷交互。它以直观、易读的 API 著称，让用户无须深入了解底层细节就能快速启动硬件项目。

GPIO zero 模块的核心理念是将常见的硬件设备（LED、按钮、传感器等）抽象成简单的 Python 类，使用户对这些设备的操作如同调用函数一般。例如，要点亮一个连接到 GPIO 引脚 17 的 LED，需要使用下列代码：

```
from gpiozero import LED
led = LED(17)
led.on()
```

这个库利用了 Python 的元编程特性，动态创建设备对象，并处理底层的 GPIO 接口设置和事件监听。此外，GPIO zero 还内置了信号处理机制，支持设备间的连锁反应和条件控制，非常适合构建简单的物联网应用。

GPIO zero 模块的用途广泛，主要用于教育、原型开发等场景。

（1）教育。对于学习计算机科学的学生，GPIO zero 提供了一个友好的平台，让初学者在实际操作中理解硬件与软件的互动。

（2）原型开发。工程师可以迅速地搭建物联网或自动化系统的原型，测试各种硬件设备的功能和交互逻辑。

（3）创意项目。无论是家庭自动化、环境监测，还是艺术装置，GPIO zero 都可以帮助实现创意想法，让非专业程序员也能参与其中。

GPIO zero 模块有以下 4 个特点：

（1）简洁易用。GPIO zero 的 API 设计得非常直观，大部分硬件操作通过一两行代码即可实现。

（2）设备链式操作。用户可以方便地链接多个设备，创建复杂的逻辑关系，无须编写大量回调函数。

（3）实时反馈。库内设有设备状态更新的实时反馈机制，便于调试和监控。

（4）跨平台。虽然最初是针对 Raspberry Pi 平台，但通过其他库的支持，GPIO zero 也

能在 BeagleBone、Banana Pi 等平台运行。

实例 73　认识面包板、LED 和电阻

1．面包板

在进行电子电路实验时，通常使用电烙铁和焊锡丝在洞洞板上焊接导线和电子元件来搭建电路。电烙铁及套件如图 13-3 所示，洞洞板如图 13-4 所示。

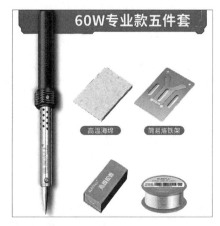

图 13-3　电烙铁及套件

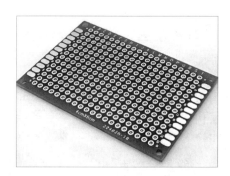

图 13-4　洞洞板

有些读者可能会认为搭建电路时必须焊接电子元器件，其实并不一定。实际上，除了焊接，也可以使用面包板和杜邦线来实现免焊接搭建电路。

面包板是电子实验中常用的一种特殊的电路板，具有很多插孔，可以在上面通过插接导线和各种电子元件，组成不同的电路，从而实现相应的功能。因为无须焊接，仅仅需要简单的插接，所以广泛应用于电子实验。面包板的外观和内部结构如图 13-5 所示。

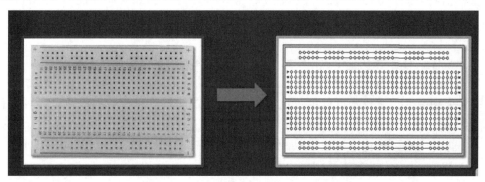

图 13-5　面包板的外观和内部结构

面包板的第 1、2 行、倒数第 1、2 行这 4 行的所有插孔都已经沿水平方向用导线连通，在面包板的中部，则是沿着竖直方向以 5 个孔为一列排列，这 5 个竖排的插孔也已经用导线连通。

2．杜邦线

杜邦线是一种连接电子元件进行电路布线的连接线，如图 13-6 所示。中间部分的连

接线材质柔软,而两端的线头是有硬塑料保护的接线端,能经受一定力量的弯折。杜邦线有各种长度,可用于连接面包板和电子元件,也能用于面包板上较远位置的电子元件的接线。

杜邦线的线头形状分两种,一种引脚凸出,可插入面包板,称为公头;另一种呈插口状,供引脚插入,称为母头。把这两种线头组合起来,杜邦线可以设计为公对公、公对母和母对母三类。

当树莓派与面包板连接时,可以使用公对母规格的杜邦线来连接,即母端接树莓派的 GPIO 接口的引脚,公端插入面包板的插孔中。

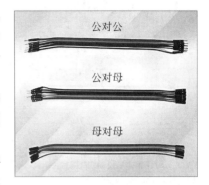

图 13-6　杜邦线

注意:接线时一定要切断电源! 虽然用面包板搭建电子电路非常方便,但是在电源接通的情况下插拔跳线或电子元件,可能会碰到其他的接线部位,从而导致短路。因此接线前一定要关闭树莓派的电源,断开电源连接线,从而确保硬件的安全。

3. LED

发光二极管(light emitting diode,LED)是半导体二极管的一种,可用于把电能转化成光能,如图 13-7 所示。与普通二极管一样,LED 也由一个 PN 结组成,具有单向导电性。当给 LED 加上正向电压后,LED 会形成电流,从 P 区注入 N 区的空穴和由 N 区注入 P 区的电子,在 PN 结附近数微米内分别与 N 区的电子和 P 区的空穴复合,就会发出荧光;当给 LED 加上负向电压后,LED 不会形成电流,也不发光。当电子和空穴复合时,会释放出不同的能量,释放出的能量越多,则光的波长越短。常用的 LED 可发红光、绿光、蓝光或黄光。

LED 的工作电路如图 13-8 所示。当开关闭合后,电流就会从电池的正极出发,流经 LED 和电阻,回到电池的负极,形成闭合回路。为防止电流过大烧毁 LED,电阻起限流保护作用。这个限流电阻值约为 330Ω。

图 13-7　发光二极管

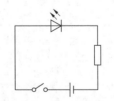

图 13-8　LED 的工作电路

4. 电阻

在电路中,电阻的作用是限制电流,如图 13-9 所示。阻值由 4 个色环或 5 个色环来表示,按照色环的数量,电阻通常可分为四环和五环两类。色环包括棕、红、橙、黄、绿、蓝、紫、灰、白、黑 10 种颜色,分别用数字 1~9、0 标识,而金色和银色则代表允许误差,如图 13-10 所示。

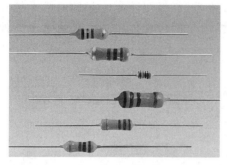

图 13-9　电阻

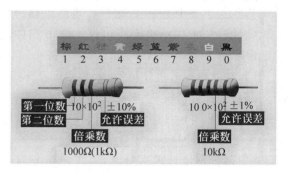

图 13-10　电阻的色环标识

四环电阻的第 1、2 个环代表有效数字，第 3 个环代表倍乘数。第 4 个环代表允许误差，允许误差用金色或银色表示，金色指误差为 $\pm5\%$，银色指误差为 $\pm10\%$。

五环电阻的第 1～3 个环代表有效数字，第 4 个环代表倍乘数，第 5 个环代表允许误差，允许误差同样用金色或银色表示，金色指误差为 $\pm5\%$，银色指误差为 $\pm10\%$。

例如，一只四环电阻，色环的颜色依次为橙、橙、棕、金，两个橙色环代表 33，棕色环代表乘 10 的 1 次方，即电阻值为 330Ω，金色环代表电阻值允许误差为 $\pm5\%$。

实例 74　树莓派控制 LED 闪烁

本例介绍 GPIO 的一个最简单的应用——用树莓派控制 LED 闪烁。

实验器材包括一只 LED、一只 330Ω 的电阻和三根母口对母口的杜邦线。

断开电源，用杜邦线将 LED 正极与 330Ω 的电阻串联，然后连接到树莓派的 BCM 编码为 18（物理编码为 12）的引脚，用杜邦线将 LED 的负极连接到树莓派的地线（功能名为 GND，物理编码为 6 的引脚），如图 13-11 所示。

硬件连接完成后，编写使用 GPIO zero 模块的 Python 程序，实现 LED 每隔 1s 闪烁 1 次的效果，并且将文件命名为"控制 LED 闪烁.py"，如图 13-12 所示。

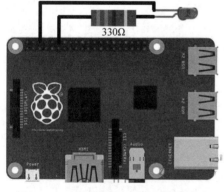

图 13-11　树莓派控制 LED 闪烁的硬件
连接示意图

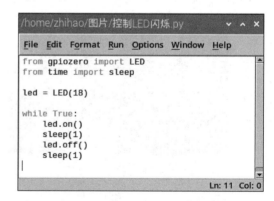

```
from gpiozero import LED
from time import sleep

led = LED(18)

while True:
    led.on()
    sleep(1)
    led.off()
    sleep(1)
```

图 13-12　控制 LED 闪烁的程序

这个控制 LED 闪烁的程序简单易懂，说明如下：

第 1 行，用 from 方式导入 GPIO zero 库中的 LED 模块。

第 2 行,用 from 方式导入 time 库中的 sleep 模块,用于计时。

第 4 行,定义 BCM 编码为 18 的引脚作为 LED 信号输出端。

第 6 行,定义无限循环,重复执行第 7~10 行的代码。

第 7 行,把 LED 信号输出端设置为高电平(即 on),令 LED 发光。

第 8 行,延时 1s。

第 9 行,把 LED 信号输出端设置为低电平(即 off),令 LED 熄灭。

第 10 行,延时 1s,然后转到第 7 行,重复执行循环。

执行程序,就可以让树莓派 GPIO 控制 LED 每隔 1s 闪烁 1 次。

如果要改变 LED 闪烁的时间间隔,只要将程序中第 8 行和第 10 行中的延时参数 1 修改为其他数值即可,如修改为 0.5,则 LED 每隔 0.5s 闪烁 1 次。

在这里,您也许会提出关于 LED 亮度的问题,能否通过编程来改变 LED 的亮度?针对这个问题,可以用脉宽调制(PWM)技术来解决,即让 LED 实现呼吸灯效果,以缓慢的方式使灯光由亮变暗。

脉宽调制技术的基本原理是对数字信号的脉冲宽度进行控制,当需要改变 LED 的亮度时,只要通过程序改变脉冲信号的宽度,即改变信号的占空比即可。

脉宽调制(PWM)信号的占空比是高电平保持的时间 T_{on} 与该信号的时钟周期时间 T_s 之比,如图 13-13 所示,占空比公式为

$$占空比 = \frac{T_{on}}{T_s}$$

例如,占空比分别为 25%、50% 和 75% 的脉冲信号如图 13-14 所示。

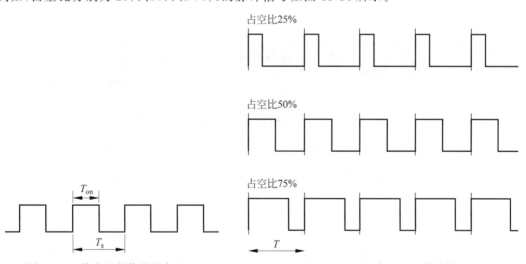

图 13-13　脉宽调制信号的占空比　　　　图 13-14　不同占空比的脉冲信号

例如,当占空比为 0.25(25%)时,LED 的亮度为最大亮度的 25%;当占空比为 0.5(50%)时,LED 的亮度为最大亮度的一半;当占空比为 0.75(75%)时,LED 的亮度为最大亮度的 75%;当占空比的值为 1 时,LED 为最大亮度。

断开电源,并按图 13-11 所示接线,令 LED 半亮和全亮交替效果的 Python 程序如图 13-15 所示。

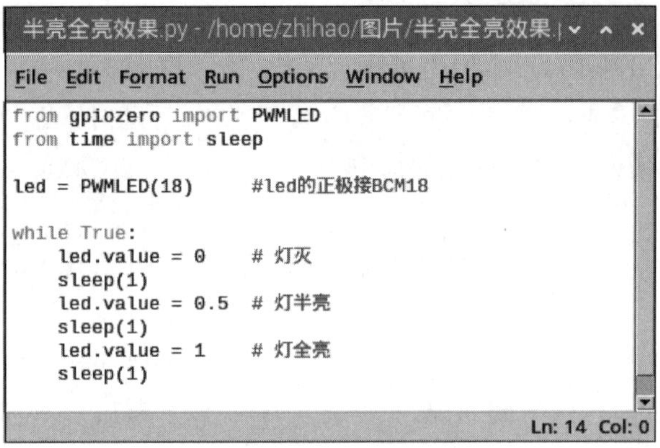

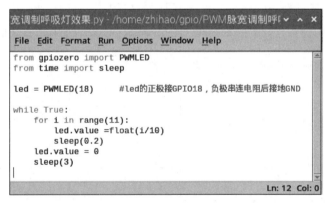

图 13-15　实现半亮和全亮交替效果的 Python 程序

程序说明如下：

第 1 行，用 from 方式导入 GPIOZero 库中的 PWMLED 模块，用于脉宽调制。

第 2 行，用 from 方式导入 time 库中的 sleep 模块，用于计时。

第 4 行，定义 BCM 编码为 18 的引脚作为 LED 脉宽调制（PWM）信号输出端。

第 6 行，定义无限循环，重复执行第 7～12 行的代码。

第 7 行，把 LED 的 value 值（占空比值）清 0，令 LED 熄灭。

第 9 行，把 LED 的 value 值设置为 0.5，令 LED 半亮。

第 11 行，把 LED 的 value 值设置为 1，令 LED 全亮。

第 12 行，延时 1s，然后转至第 7 行，重复执行循环。

如果要实现 LED 逐渐变亮的效果，同样可以通过脉宽调制技术来实现，程序如图 13-16 所示。

图 13-16　控制 LED 逐渐变亮的 Python 程序

程序说明如下：

第 1 行，用 from 方式导入 GPIOZero 库中的 PWMLED 模块，用于脉宽调制。

第 2 行，用 from 方式导入 time（时间）库中的 sleep 模块，用于计时。

第 4 行，定义 BCM 编码为 18 的引脚作为 LED 脉宽调制（PWM）信号的输出端。

第 6 行，定义一个永不停止的循环，重复执行第 7～11 行的代码。

第 7 行，定义一个 for 循环，计数器 i 的值从 1 到 10，即重复执行第 8、9 行 10 次，令

LED 的亮度每次增加 10％。

第 8 行，设置 BCM18 引脚输出信号的占空比为变量 i 取值的 1/10(浮点型数值)。

第 9 行，延时 0.2s。

第 10 行，当第 7 行的 for 循环结束时把 LED 的 value 值清 0，令 LED 熄灭。

第 11 行，延时 3s，然后转至第 7 行，重复执行循环。

请读者进一步思考如何参照以上的实例来模拟交通灯闪亮，即分别控制红色、黄色和绿色 LED 点亮或熄灭。

实例 75 用手机远程控制 LED 亮灭

实例 74 介绍了用 Python 程序控制 LED 发光的方法。如果希望直接用手机控制 LED 发光，同样可以实现，只要在树莓派的 Python 程序中导入 bottle 库即可。手机远程控制 LED 亮灭的窗口如图 13-17 所示。

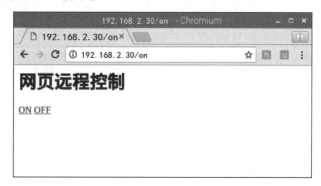

图 13-17 手机远程控制 LED 亮灭的窗口

bottle 库是树莓派专用的一个 Python Web 服务器，可以令树莓派变成一个实用的小型网站。

要实现手机远程控制 LED 亮灭，一共需要编写两个控制程序，第一个为 Python 控制程序，文件名为"远程控制程序. py"；另一个是 HTML 网页源代码程序，文件名是 home. tpl。具体的安装和编程步骤如下：

第 1 步，在树莓派的 LX 终端界面中以超级用户权限安装 bottle 库，命令为

```
sudo apt - get install python - bottle
```

第 2 步，仍然按图 13-11 所示连接 LED。

第 3 步，请在树莓派的/home/zhihao/文件夹中新建一个名为 web 的文件夹。

第 4 步，编写 Python 远程控制程序，将文件命名为"远程控制程序. py"，并保存到/home/zhihao/web 文件夹中，完整的代码如图 13-18 所示。

程序说明如下：

第 1、2 行，分别导入 bottle 库和 GPIOZero 库。

第 4 行，指定 GPIO 的工作模式为 BCM 模式，由 BCM 编码 18 的引脚输出 LED 控制信号。

第 6～8 行，当用户打开远程控制网站的网页时，显示图 13-17 所示的网页远程控制的

```
远程控制程序.py - /home/zhihao/web/远程控制程序.py (3.11.2)          ∨ ∧ ✕

File  Edit  Format  Run  Options  Window  Help

from bottle import route, run, template, request
from gpiozero import LED

led = LED(18)                #led的正极接GPIO18

@route('/')
def index():
    return template('home.tpl')

@route('/on')
def index():
    led.on()               #开灯
    return template('home.tpl')

@route('/off')
def index():
    led.off()              #关灯
    return template('home.tpl')

try:
    run(host='0.0.0.0',port=80)
finally:
    print('End')

                                                    Ln: 1  Col: 0
```

图 13-18 远程控制程序

工作界面。

第 10～13 行，当用户在网站主页中单击 ON 按钮时，控制的引脚输出高电平，点亮 LED，并显示图 13-17 所示的界面。

第 15～18 行，当用户在网站主页中单击 OFF 按钮时，控制的引脚输出低电平，熄灭 LED，并显示图 13-17 所示的界面。

第 20、21 行，启动网站，网址为树莓派的 IP 地址，端口号为 80。

第 22、23 行，当用户退出程序时，输出 End。

第 5 步，用文本编辑器编辑 home. tpl 程序，执行"树莓派的主菜单按钮"（即左上角的树莓派图标）→"附件"→Text Editor（即文本编辑器）命令，启动文本编辑器，编写如图 13-19 所示的程序，将文件命名为 home. tpl，并保存到/home/zhihao/web 文件夹中。

```
                    home.tpl              _ □ ✕

文件(F)  编辑(E)  搜索(S)  选项(O)  帮助(H)
<html>
<body>

<h1>网页远程控制</h1>

<a href="on">ON</a>

<a href="off">OFF</a>

</body>
</html>
```

图 13-19 home. tpl 程序的源代码

程序说明如下：

第 1、2 行，网页首部的 HTML 代码。

第 4 行,用大字显示标题"网页远程控制"。

第 6 行,定义一个 ON 超链接按钮,按下这个按钮时,点亮 LED。

第 8 行,定义一个 OFF 超链接按钮,按下这个按钮时,熄灭 LED。

第 10、11 行是网页尾部的代码,用于与第 1、2 行的网页首部代码配对。

第 6 步,查询树莓派的 IP 地址,请将鼠标移到屏幕右上角的无线连接图标 🛜 便可显示,在本实例中,树莓派的 IP 地址为 192.168.2.30,如图 13-20 所示。

第 7 步,在树莓派或手机中打开浏览器,并在地址栏中输入第 6 步找到的 WiFi 网络连接的 IP 地址,即可通过 WiFi 访问远程控制网页。

图 13-20　查询树莓派的 IP 地址

手机控制 LED 方案仍然有一个不足之处,就是手机与树莓派之间的距离被限制在无线局域网(WiFi)的覆盖范围内,一般仅有几十米。因为在本实例中树莓派的地址是无线局域网地址,树莓派与手机之间是通过 WiFi 信号进行通信的,所以只能在 WiFi 覆盖的范围中进行手机控制。

那么,如何才能使手机通过 4G/5G 网络信号实现远程控制 LED 呢? 解决方法是使用内网穿透技术。在树莓派上实现内网穿透的一种方法是安装花生壳客户端软件。花生壳客户端软件的下载和安装步骤如下:

第 1 步,下载花生壳客户端软件。访问花生壳官网(https://hsk.oray.com)的下载页面,单击右下角树莓派的"立即下载"按钮,开始下载适用于树莓派的花生壳客户端软件,本例使用的文件是 phddns_5.1.0_rapi_aarch64.deb,如图 13-21 所示。

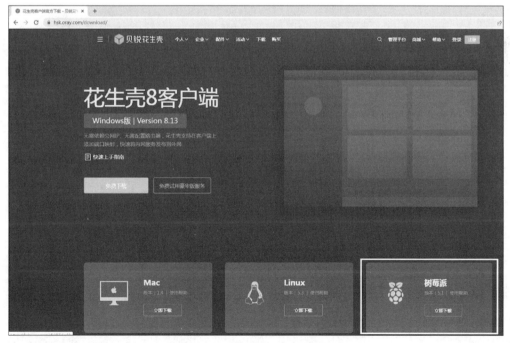

图 13-21　下载花生壳客户端软件

第2步，在树莓派上安装花生壳客户端软件。请注意安装需要在管理员(root)授权下运行。下载安装包后，在LX终端上通过cd命令进入对应下载目录，并输入下列命令进行安装：

sudo dpkg - i phddns_5.1.0_rapi_aarch64.deb

当安装成功后，树莓派的屏幕上将会显示此树莓派的账号、密码和远程管理地址(即http://b.oray.com)，如图13-22所示。

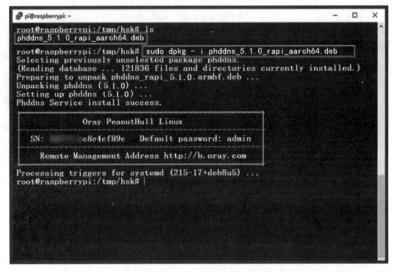

图13-22　花生壳客户端软件安装成功后的信息

第3步，启动花生壳客户端。执行phddns命令，显示如图13-23所示的信息。

phddns start|stop|restart|status|reset|version

图13-23　花生壳客户端的相关命令

(1) 启动花生壳客户端软件。

phddns start

（2）停止花生壳客户端软件。

phddns stop

（3）重新启动花生壳客户端软件。

phddns restart

（4）查询花生壳的工作状态。

phddns status

（5）重新配置花生壳的工作参数。

phddns reset

（6）查询花生壳客户端软件的版本。

phddns version

参照以上各条命令，查询花生壳的工作状态、版本号，或者重新配置花生壳客户端软件，结果如图 13-24 所示。

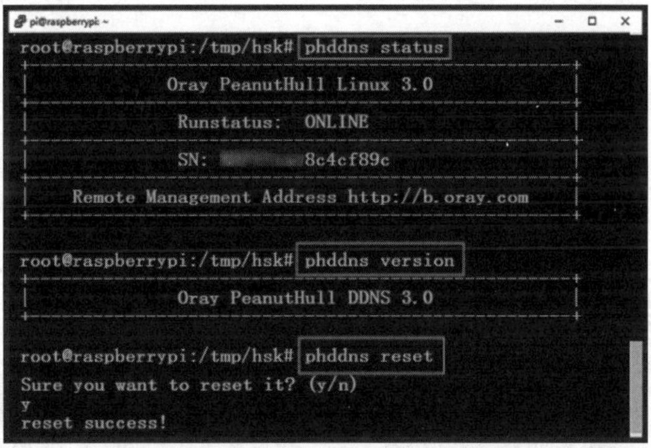

图 13-24　查询花生壳的工作状态和版本

第 4 步，配置花生壳参数。请在浏览器输入远程管理地址 http://b.oray.com，进入花生壳远程管理页面，然后输入账号和密码，进入登录页面，如图 13-25 所示。

图 13-25　花生壳远程管理的登录页面

第 5 步,首次登录远程管理网页。需要补全用户资料、重新设置密码,并用手机号接收和填写验证码等,如图 13-26 所示。

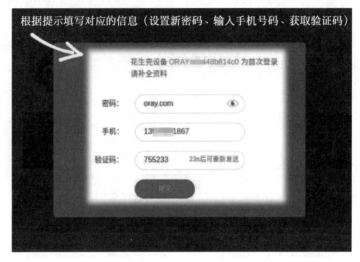

图 13-26　补全用户资料

第 6 步,填写用户资料后,还需要开通内网穿透功能。单击网页左侧的"内网穿透"选项,进入选购"内网穿透"服务的页面,如图 13-27 所示。

图 13-27　单击"内网穿透"选项

第 7 步,"内网穿透"服务共有体验版、畅享版和正式版 3 个版本,如图 13-28 所示。花生壳是一个收费的软件,各版本收费标准不一样,用户可根据实际需要选购。另外,花生壳官方的管理网页也会不定期更新,请读者参考网页的相关提示来进行操作。

第 8 步,选好"内网穿透"服务的版本,按照相关提示信息用手机扫描二维码付款,然后单击"立即开通"按钮,填写内网 IP 地址及端口号等参数,花生壳就会提供一个可以远程访问树莓派控制 LED 的远程网址。

这样,花生壳的安装和配置工作就全部完成了。

此后,每当树莓派启动,只要在 LX 终端输入命令 phddns start,就可以启动花生壳的 phddns 客户端软件,再进入/home/pi/web 文件夹,然后输入命令 sudo python web. py,以超级用户身份运行 web. py 程序,并且在花生壳官方网站的管理页面 http://b. oray. com 启动内网穿透服务,就可以随时随地通过互联网用手机或 PC 的浏览器远程控制树莓派,实现点亮或熄灭树莓派的 LED。

图 13-28 选择"内网穿透"服务的版本

除了使用花生壳,还可以使用 Ngrok、Frp、Holer 和 noIP 等软件来实现内网穿透,限于篇幅,这里不再介绍。请有兴趣的读者搜索与内网穿透相关的技术资料进行深入研究。

本章的最后留给读者一个有关 GPIO 的编程问题。

如果要用手机远程控制点亮或熄灭家中的电灯,启动电饭煲等家用电器,需要用什么解决方法?

提示:可以参考本书实例 75 的具体步骤,让树莓派连接继电器模块,通过继电器控制电路的接通或者断开,远程点亮或熄灭电灯或远程启动其他家用电器。

第 14 章

树莓派图像处理

实例 76　安装和使用 USB 摄像头

本章介绍如何为树莓派配上火眼金睛，即为树莓派安装摄像头和相关的软件，并通过编程，让树莓派感知外部世界，实现拍照、录像和图像识别功能。

1. 安装 USB 摄像头

树莓派能够支持的摄像头分为 USB 接口摄像头和树莓派官方摄像头两类。并非市场上所有的 USB 接口摄像头都能与树莓派正常连接。如果需要正常连接树莓派，必须选购支持 UVC(USB video class，USB 视频类)协议的 USB 接口摄像头。

UVC 协议是微软公司与有关视频设备厂商联合推出的，专门为 USB 视频捕获设备制定的协议，目前已成为 USB 设备的国际标准。UVC 协议的优点是支持 USB 硬件即插即用，无须安装驱动程序，Windows 操作系统只要是 Windows XP SP2 之后的版本都支持 UVC 协议；Linux 操作系统从 2.4 以后的内核也都支持 UVC 设备。

树莓派 5B 配有 4 个 USB 接口，连接键盘和鼠标会占用两个 USB 接口，当需要连接摄像头时，可以把 USB 接口的摄像头插入其他的 USB 接口中。本例选用的是支持 UVC 协议的 USB 接口 4K 高清摄像头，可以固定在显示器的顶部，分辨率为 4000 万像素，带有一个三角支架，如图 14-1 所示。

检测 USB 摄像头是否正常连接常用下列命令：

```
lsusb
```

或

```
ls /dev/v *
```

执行 lsusb 命令后，从返回的 7 行信息可知树莓派当前连接了 7 个 USB 设备，如图 14-2 所示。其中第 3 行的信息 SunplusIT Inc USB 4K

图 14-1　USB 接口 4K 高清摄像头

Camera 表明已经连接了 USB 摄像头。

图 14-2 用 lsusb 命令检测 USB 摄像头是否正常连接

执行 ls /dev/v * 命令检查/dev 目录,如果设备清单中包含了/dev/video0,则表示已经连接 USB 摄像头,如图 14-3 所示。

图 14-3 用 ls /dev/v * 命令检测 USB 摄像头是否正常连接

2. 使用 USB 摄像头拍照

连接好 USB 摄像头后,还需要安装 fswebcam 程序才能实现拍照功能。fswebcam 是适用于树莓派 USB 摄像头的一款小型拍照程序,可在官网 http://www.sanslogic.co.uk/下载。

在树莓派的 LX 终端界面中输入下列命令安装 fswebcam。

```
$ sudo apt-get install fswebcam
```

fswebcam 安装完成后,就可以在 LX 终端界面中通过执行 fswebcam 命令来拍照了。fswebcam 命令的后面要指定一个 JPG 格式的文件名,拍照结果将保存到当前文件夹中。

首先在 LX 终端窗口中执行 cd /home/zhihao/cam 命令进入/home/zhihao/cam 文件夹,然后执行 fswebcam photo1.jpg 命令即可拍摄一张照片,同时在当前文件夹中保存一个名为 photo1.jpg 的图像文件,图像的分辨率也从 384×288 自动调整为 640×480,如图 14-4 所示。

```
                              zhihao@raspberrypi: ~/cam              ∨ ∧ ×
文件(F)  编辑(E)  标签(T)  帮助(H)

zhihao@raspberrypi:~ $ cd /home/zhihao/cam
zhihao@raspberrypi:~/cam $ ls
zhihao@raspberrypi:~/cam $ fswebcam photo1.jpg
--- Opening /dev/video0...
Trying source module v4l2...
/dev/video0 opened.
No input was specified, using the first.
Adjusting resolution from 384x288 to 640x480.
--- Capturing frame...
Captured frame in 0.00 seconds.
--- Processing captured image...
Writing JPEG image to 'photo1.jpg'.
zhihao@raspberrypi:~/cam $
```

图 14-4   执行 fswebcam 命令实现拍照

双击/home/zhihao/cam 文件夹中的 photo1.jpg 文件,可以看到刚拍摄的照片,如图 14-5 所示。

图 14-5   查看拍照结果

在图 14-5 所示的照片中,右下角出现了水印,如果不希望出现水印,可以在 fswebcam 命令中加入参数--no-banner。此外,如果要修改照片的分辨率,可以使用参数-r 1280×720 指定拍摄的分辨率,完整的命令如下:

```
$ fswebcam - r 1280x720 -- no - banner photo2.jpg
```

以上命令实现拍摄一张分辨率为 1280×720 的无水印照片,执行结果如图 14-6 所示。

3. 使用 USB 摄像头监控

如果要用 USB 摄像头实现实时监控,还需要在 LX 终端界面中输入下列命令来安装 guvcview 的视频监控软件,用于支持 UVC 协议。

```
sudo apt - get update
sudo apt - get install guvcview
```

安装完成后,在 LX 终端界面中输入 guvcview 命令,即可看到视频监控的参数设置窗口和监控画面,实时捕捉视频的参数设置窗口如图 14-7 所示。

在图 14-7 所示的窗口中,可以直接用鼠标拖动图中的滑块来修改各个视频参数,包括亮度(brightness)、对比度(contrast)、饱和度(saturation)、灰度(gamma)等。

用 USB 摄像头捕捉到的实时监控画面如图 14-8 所示。

图 14-6 无水印的照片

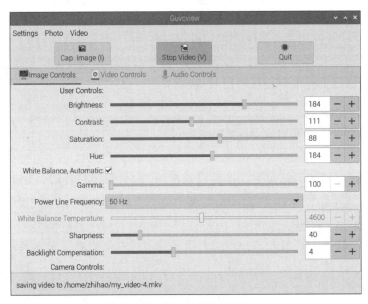

图 14-7 实时捕捉视频的参数设置窗口

图 14-8 用 USB 摄像头实时监控画面

　　如果需要在其他设备上查看 USB 摄像头的实时监控画面,简单易行的方法是在树莓派安装视频监控程序 motion,安装步骤如下:

　　(1) 在 LX 终端窗口执行下列命令安装 motion。

sudo apt – get install motion

　　(2) 修改 motion 的配置文件 motion.conf,这个配置文件比较长,执行下列命令并细心地找到有关参数进行修改。

sudo nano /etc/motion/motion.conf

- 把 daemon off 改成 daemon on,目的是允许 motion 在后台运行。
- 设置分辨率,width 设为 800,height 设为 600。
- 把 stream_localhost on 改为 stream_localhost off,关闭仅限本地浏览。
- 设置视频流最大帧率 stream_maxrate 为 60,这个参数设置不当会导致视频卡顿。
- 设置摄像头捕获帧率 framerate 为 60。
- 设置视频流端口号 stream_port 为 8081,端口默认值为 8081。

参数修改完成后按快捷键 Ctrl+O 保存文件,然后按快捷键 Ctrl+X 退出。

在 LX 终端窗口执行下列命令启动 motion。

sudo motion

在 LX 终端窗口执行下列命令停止 motion。

sudo killall – TERM motion

　　此时,USB 摄像头已经变成了一个网络摄像头。在其他终端设备(笔记本电脑和 iPad 等)的浏览器下,直接输入网址 http://树莓派 IP 地址:8081,就可以看到摄像头当前拍摄的画面。

　　例如,树莓派 IP 地址为 192.168.2.30,则只要在同一个局域网中的其他计算机的浏览器输入 http://192.168.2.30:8081,即可看到监控画面,如图 14-9 所示。在视频的右下角,会显示视频的录制时间。

图 14-9　在其他设备的浏览器上查看监控画面

4. 用 Python 程序控制 USB 摄像头拍照

如果不满足于仅仅使用 fswebcam 和 guvcview 命令来控制 USB 摄像头。可以通过

Python 编程来实现拍照。在 Python 语言中，pygame 模块支持 USB 摄像头，能实现拍照的功能，程序 pygamecam1.py 如图 14-10 所示。

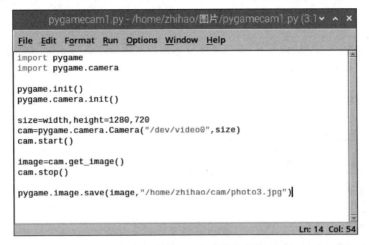

图 14-10　拍摄一张照片的程序

程序说明如下：

第 1 行，导入 pygame 模块。

第 2 行，导入 pygame.camera 模块。

第 4 行，初始化 pygame 模块。

第 5 行，初始化 pygame.camera 模块。

第 7、8 行，设置照片的分辨率为 1280×720。

第 9 行，启动摄像头。

第 11 行，拍摄一张照片。

第 12 行，关闭摄像头。

第 14 行，将照片保存到/home/zhihao/cam 文件夹上，并将文件命名为 photo3.jpg。

以上 Python 程序只能实现拍摄并保存一张照片的功能，并不能显示拍照的内容。下面进一步改进这个程序，实现每隔 3s 拍摄一张照片并显示的功能，连续拍照的程序 pygamecam2.py 如图 14-11 所示。

程序说明如下：

第 1 行，导入 pygame 模块。

第 2 行，导入 pygame.camera 模块。

第 3 行，导入 pygame.locals 模块。

第 4 行，导入 time 模块。

第 6 行，初始化 pygame 模块。

第 7 行，初始化 pygame.camera 模块。

第 9、10 行，设置照片的分辨率为 640×480。

第 12 行，创建一个无限循环。

第 13 行，检测鼠标和键盘事件。

第 14～16 行，判断鼠标和键盘事件，如果是关闭窗口事件则结束程序。

图14-11　连续拍照的程序

第18行,启动摄像头。

第19行,拍摄一张照片。

第20行,关闭摄像头。

第21行,将照片保存到树莓派上,并将文件命名为photo4.jpg。

第22行,在屏幕上创建一个640×480的窗口。

第23行,读取刚才保存到树莓派的文件photo4.jpg。

第24、25行,将文件photo4.jpg的内容显示在窗口中。

第26行,延时3s。

执行完第26行后转至第12行,重复执行循环,再次拍照并显示照片。

实例77　安装和使用树莓派官方摄像头

1. 安装树莓派官方摄像头

2023年1月,树莓派Rasberry Pi发布了相机模块3(Camera Module 3),如图14-12所示,售价25美元,配备了1200万像素的索尼IMX708传感器。支持PDAF(相位检测自动对焦)和HDR(高动态范围)。

安装摄像头时,请关闭树莓派,断开电源,将摄像头接入靠近网孔的排孔中。请注意,插入摄像头排线时要将蓝色排线的一面朝向网线插座,如图14-13所示。

2. 配置官方摄像头

当连接好摄像头后,需要执行sudo raspi-config命令进入系统配置工具,选择Interfacing Options-Legacy Camera菜单禁用Legacy摄像头。

图 14-12　树莓派 Camera Module 3　　　　图 14-13　树莓派官方摄像头的连接位置

然后执行下列命令修改配置文件：

sudo nano /boot/config.txt

找到下面几行配置并按如下所示修改后面的数值。如果某行没有找到，可在文件末尾添加一行。

camera_auto_detect = 0
gpu_mem = 128

在文件结尾处加一行，手动配置摄像头传感器型号：

dtoverlay = imx708

执行下列命令修改/etc/modules 内容：

sudo nano /etc/modules

在文件末尾添加一行：

bcm2835 - v4l2

3. 使用官方摄像头拍照

配置好摄像头后，可在 LX 终端界面上执行 raspistill 命令拍摄照片，例如：

raspistill - o /home/pi/Desktop/image.jpg

执行以上命令后，将会拍摄一张照片，并以 JPG 格式保存在树莓派的桌面上，文件名为 image.jpg。

预览 2s 并拍摄一张 640×480 的照片的命令如下：

raspistill - t 2000 - o image.jpg - w 640 - h 480

禁用预览窗口延时 2s 拍摄一张照片的命令如下：

raspistill - t 2000 - o image.jpg - n

拍摄一张 PNG 格式照片的命令如下：

raspistill - t 2000 - o image.png - e png

注意：与通用的 JPG 压缩格式图像文件不同，PNG 格式的图像文件是微软公司定义的一种无损压缩格式图像文件，图像的质量比较高，但是树莓派处理 PNG 格式文件时的速度要比 JPG 格式文件慢。

4. 使用官方摄像头录制视频

除了拍照,也可以在 LX 终端界面上执行 raspivid 命令录制视频,命令如下:

```
raspivid - o /home/pi/Desktop/video.h264 - t 10000
```

执行以上命令后,将会录制一段时长为 10s(即 10000ms)的视频,并且保存在树莓派的桌面上,文件名为 video.h264。可以用树莓派自带的 VLC 视频播放器播放这个视频文件。

.h264 格式视频文件并未压缩,可用程序 gpac 将.h264 格式文件转换为 MP4 格式,用下列命令安装程序 gpac:

```
sudo apt - get install gpac
```

执行下列命令进行视频格式转换:

```
MP4Box - fps 30 - add video.h264 video.mp4
```

5. 用 Python 程序控制官方摄像头拍照

除了直接使用 raspistill 命令拍照外,还可以通过 Python 程序来控制摄像头拍照,并且实现一些特殊的效果。

(1) 预览 5s 后拍照。

预览 5s 并拍照的 Python 程序 camera1.py 如图 14-14 所示。

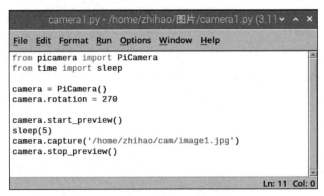

图 14-14　控制摄像头拍照的程序 camera1.py

程序说明如下:

第 1 行,导入 picamera 模块。

第 2 行,导入 time 模块。

第 4 行,创建摄像头对象。

第 5 行,将拍到的照片顺时针旋转 270°。

第 7 行,启动摄像头并开始预览。

第 8 行,延时 5s。

第 9 行,拍摄一张照片,并且保存到文件夹/home/zhihao/cam/中,文件名为 image1.jpg。

第 10 行,关闭摄像头。

(2) 为照片添加水印。

为照片添加水印的程序 camera2.py 如图 14-15 所示。

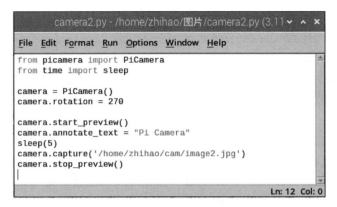

图 14-15 为照片添加水印的程序 camera2.py

相比程序 camera1.py,不同之处是第 8 行,第 8 行代码功能是将照片的水印定义为 Pi Camera。

(3)连拍 5 张照片。

连拍 5 张照片(每隔 3s 拍 1 张)的程序 camera3.py 如图 14-16 所示。

图 14-16 连拍 5 张照片的程序 camera3.py

程序说明如下:

第 1 行,导入 picamera 模块。

第 2 行,导入 time 模块。

第 4 行,创建摄像头对象。

第 5 行,将拍到的照片顺时针旋转 270°。

第 7 行,启动摄像头开始预览。

第 9 行,创建一个重复执行 5 次的循环。

第 10 行,延时 3s。

第 11 行,拍摄照片,保存到树莓派桌面上,将照片文件命名为 image0.jpg;转至第 9 行,再重复拍照 4 次,并依次将文件命名为 image1.jpg~image4.jpg。

第 13 行,关闭摄像头。

实例 78　用树莓派实现文字识别

1. 文字识别技术简介

利用计算机自动识别文字的技术是人工智能技术的一个重要的应用领域。人们在20世纪50年代开始研究一般文字识别方法，并研制出光学字符识别器。20世纪60年代出现了采用磁性墨水和特殊字体的实用机器。60年代后期出现了多种印刷体和手写体文字识别机，其识别精度和机器性能基本上能满足要求。如用于信函分拣的手写体数字识别机和印刷体英文数字识别机。20世纪70年代主要研究文字识别的基本理论和研制高性能的文字识别机，并着重于汉字识别的研究。

2. 文字识别系统的组成

文字识别系统一般由文字信息采集、信息分析与处理、信息分类判别3部分组成。

（1）文字信息采集。文字信息采集是将纸面上的文字灰度变换成电信号，输入到计算机中。信息采集由文字识别机中的送纸机构和光电变换装置实现，包含飞点扫描、摄像机、光敏元件和激光扫描等光电变换装置。

（2）信息分析与处理。信息分析与处理指对变换后的电信号消除各种由于印刷质量、纸质（均匀性、污点等）或书写工具等因素所造成的噪声和干扰，再进行大小、偏转、浓淡、粗细等各种正规化处理。

（3）信息分类判别。信息分类判别是对去掉噪声并正规化后的文字信息进行分类判别，以输出识别结果。

3. 文字识别方法

常用的文字识别方法有模板匹配法和几何特征抽取法。

（1）模板匹配法。模板匹配法是将输入的文字与给定的各类标准文字（模板）进行匹配，计算输入文字与模板之间的相似度，取相似度最大的类别作为识别结果。

这种方法的缺点是当被识别的类别数增加时，模板的数量也会随之增加，这既会增加机器的存储容量，又会降低识别的正确率，因此这种方式适用于识别固定字型的印刷体文字；这种方法的优点是用整个文字进行相似度计算，对文字的缺损、边缘噪声等具有较强的适应能力。

（2）几何特征抽取法。抽取文字的一些几何特征，如文字的端点、分叉点、凹凸部分以及水平、垂直、倾斜等各方向的线段、闭合环路等，根据这些特征的位置和相互关系进行逻辑组合判断，获得识别结果。这种识别方式由于利用结构信息，因此适用于变形较大的手写体文字。

4. 文字识别技术的应用领域

文字识别技术可应用于许多领域，如阅读、翻译、文献资料的检索，信件和包裹的分拣，稿件的编辑和校对，大量统计报表和卡片的汇总与分析，银行支票的处理，商品发票的统计汇总，商品编码的识别，商品仓库的管理，以及水、电、煤气、房租、人身保险等费用的征收业务中的大量信用卡片的自动处理和办公室打字员工作的局部自动化等。

5. Linux 系统常用的文字识别软件

在 Linux 系统中，常用的文字识别（OCR）软件如下：

（1）Tesseract-OCR。Tesseract-OCR 是一个开源的 OCR 引擎，被认为是最准确和功能强大的 OCR 软件。它支持多种语言，并且可以通过命令行来使用。

（2）gImageReader。gImageReader 是一个基于 Tesseract 的图形界面 OCR 工具，提供了一种直观的方式来处理图像和提取文本。

（3）OCRopus。OCRopus 是一个开源 OCR 系统，也是 Tesseract 的前身。它提供了一个完整的 OCR 工作流，包括图像处理、文本提取和后期处理等功能。

（4）CuneiForm。CuneiForm 是一个免费的 OCR 引擎，支持多种语言，并提供命令行接口和图形界面。

6. 在树莓派上实现文字识别

在树莓派上使用 Tesseract 进行文字识别的步骤如下：

（1）安装 Tesseract-OCR。

在树莓派的 LX 终端上执行下列命令来安装 Tesseract-OCR。

```
sudo apt - get update
sudo apt - get install tesseract - ocr
```

（2）下载文字训练库。

eng. traineddata 是 Tesseract-OCR 自带的英文训练库。Tesseract-OCR 同时也支持多种文字，相应的文字训练库需要用户到该项目的官网下载并安装，网址如下：

```
https://github.com/tesseract - ocr/tessdata/raw/
```

Tesseract-OCR 软件的中文训练库包括 chi_sim. traineddata（简体中文横排）、chi_sim_vert. traineddata（简体中文竖排）、chi_tra. traineddata（繁体中文横排）和 chi_tra_vert. traineddata（繁体中文竖排）4 个文件。

以上文字训练库下载完成后，需要把这些文件从所在的目录复制到 tesseract 的数据目录/usr/share/tesseract-ocr/5/tessdata/中，命令如下：

```
sudo cp chi_sim. traineddata /usr/share/tesseract - ocr/5/tessdata/
sudo cp chi_sim_vert. traineddata /usr/share/tesseract - ocr/5/tessdata/
sudo cp chi_tra. traineddata /usr/share/tesseract - ocr/5/tessdata/
sudo cp chi_tra_vert. traineddata /usr/share/tesseract - ocr/5/tessdata/
```

（3）识别图片中的文字。

准备一张名为 raspi. png 的图片，内容是用英文介绍树莓派 5B，如图 14-17 所示。Tesseract 的英文训练库 eng. traineddata 识别图片中的英文。

识别命令如下：

```
tesseract raspi. pngenglish - l eng
```

raspi. png 是待识别的图片文件名，english 是识别结果文件名（不包含扩展名），识别结果保存到文本文件 english. txt 中，如图 14-18 所示，-l eng 用于指定使用英文训练库。

也可以用 Tesseract 的简体中文训练库 chi_sim. traineddata 识别图片中的简体中文。准备一张用中文介绍树莓派的图片，文件名为 raspi1. png，如图 14-19 所示。

识别命令如下：

```
tesseract raspi1. png chinese - l chi_sim
```

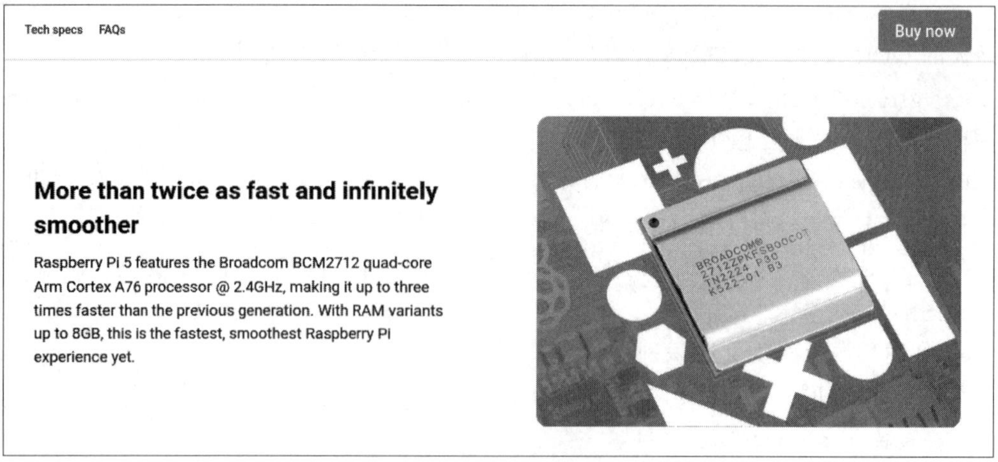

图 14-17　英文介绍树莓派 5B 的图片

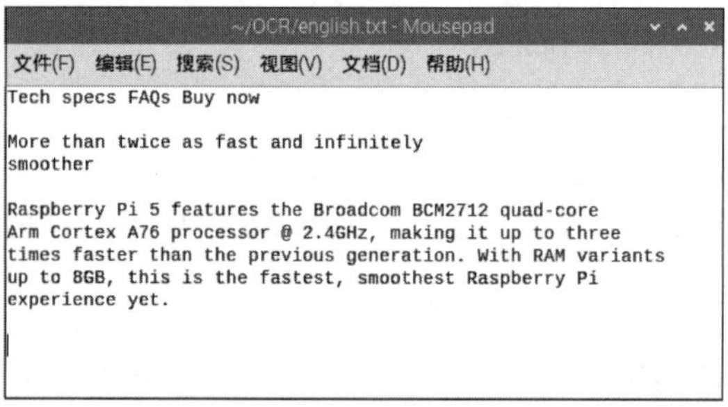

图 14-18　英文图片的识别结果

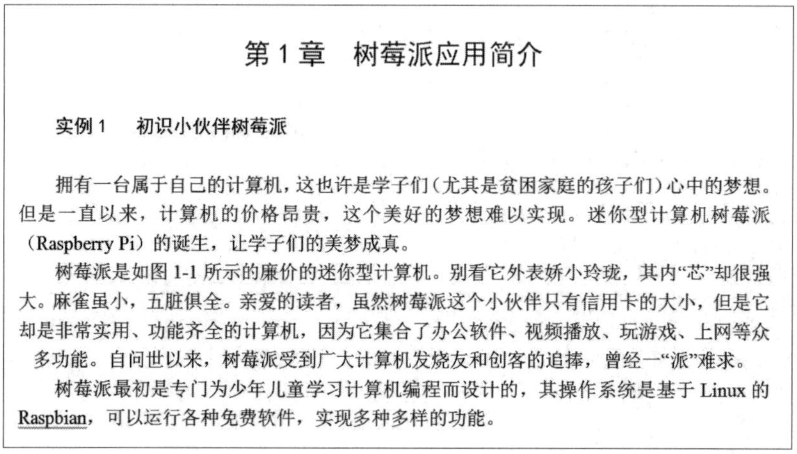

第 1 章　树莓派应用简介

实例 1　初识小伙伴树莓派

　　拥有一台属于自己的计算机，这也许是学子们（尤其是贫困家庭的孩子们）心中的梦想。但是一直以来，计算机的价格昂贵，这个美好的梦想难以实现。迷你型计算机树莓派（Raspberry Pi）的诞生，让学子们的美梦成真。

　　树莓派是如图 1-1 所示的廉价的迷你型计算机。别看它外表娇小玲珑，其内"芯"却很强大。麻雀虽小，五脏俱全。亲爱的读者，虽然树莓派这个小伙伴只有信用卡的大小，但是它却是非常实用、功能齐全的计算机，因为它集成了办公软件、视频播放、玩游戏、上网等众多功能。自问世以来，树莓派受到广大计算机发烧友和创客的追捧，曾经一"派"难求。

　　树莓派最初是专门为少年儿童学习计算机编程而设计的，其操作系统是基于 Linux 的 Raspbian，可以运行各种免费软件，实现多种多样的功能。

图 14-19　用中文介绍树莓派的图片

　　raspi1.png 是待识别的中文图片，chinese 是识别结果文件名（不包含扩展名），-l chi_sim 指定使用简体中文训练库。

　　识别结果保存到文本文件 chinese.txt 中，如图 14-20 所示，可以看到有个别文字识别时出现错误，但是识别的准确率仍较高。

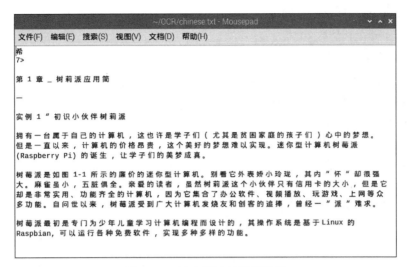

图 14-20　中文图片的识别结果

实例 79　认识 OpenCV 视觉库

1. OpenCV 视觉库简介

OpenCV 是一个跨平台计算机视觉和机器学习软件库，可以运行在 Linux、Windows、Android 和 macOS 操作系统上。它迅捷而且高效——由一系列 C 函数和少量 C++类构成，同时提供 Python、Ruby、MATLAB 等语言的接口，可以实现图像处理和计算机视觉领域的多种通用算法。

OpenCV 视觉库的主要接口用 C++语言编写，但是依然保留了大量的 C 语言接口。该视觉库还含有大量的 Python、Java、MATLAB、OCTAVE(版本 2.5)接口，这些语言的 API 接口函数可以通过在线文档获取。如今也提供对于 C♯、Ch、Ruby、GO 语言的支持。

OpenCV 有多个版本，截至 2024 年 6 月最新版本为 OpenCV 4.10.0。本书仅介绍 OpenCV 3 的安装和使用方法。

OpenCV 视觉库的功能强大，应用领域也很广，主要包括人机互动、物体识别、图像分割、人脸识别、动作识别、运动跟踪、机器人、运动分析、机器视觉、结构分析、汽车安全驾驶等。

在图像处理方面，OpenCV 视觉库包含以下 3 个模块。

(1) core：核心模块，主要包含了 OpenCV 中最基本的结构(矩阵、点线和形状等)，以及相关的基础运算/操作。

(2) imgproc：图像处理模块，包含和图像相关的基础功能(滤波、梯度、改变大小等)，以及一些衍生的高级功能(图像分割、直方图、形态分析和边缘/直线提取等)。

(3) highgui：文件处理模块，提供了用户界面和文件读取的基本函数，如图像显示窗口的生成和控制，图像/视频文件的接口等。

在视频处理方面，OpenCV 也提供了强劲的支持，主要包括以下 15 个模块。

(1) video：视频模块，用于视频分析的常用功能，如光流法(optical flow)和目标跟踪等。

(2) calib3d：三维重建模块，包含立体视觉和相机标定等的相关功能。

（3）features2d：二维特征模块，主要是一些不受专利保护的，商业友好的特征点检测和匹配等功能，如 ORB 特征。

（4）object：目标检测模块，包含级联分类和 Latent SVM。

（5）ml：机器学习算法模块，包含一些视觉库中最常用的传统机器学习算法。

（6）flann：最快近似值计算库。用于高维空间中的最快最近邻搜索。

（7）Nearest Neighbors：最近邻算法库，用于在多维空间进行聚类和检索，经常和关键点匹配搭配使用。

（8）gpu：图像处理器模块，包含了一些图像处理器加速的接口。

（9）photo：计算图像学接口，用于实现图像修复和降噪。

（10）stitching：图像拼接模块，用于生成全景照片。

（11）nonfree：受到专利保护的一些图像处理算法，如 SIFT 和 SURF 等。

（12）contrib：一些实验性质的算法，考虑在未来版本中加入。

（13）ocl：OpenCL 并行加速模块，利用 OpenCL 实现并行加速的一些接口。

（14）superres：超分辨率模块，包含多种超分辨率算法和实用函数。

（15）viz：基础的 3D 渲染模块，即著名的 3D 工具包 VTK（visualization toolkit）。

2．在树莓派上安装 OpenCV 视觉库

如果要在树莓派上安装 OpenCV 视觉库，需要打开 LX 终端，然后依次输入下列命令。

sudo apt－get update

更新树莓派的软件数据库，使树莓派相关软件更新为最新版本。

sudo apt－get install build－essential

构建 OpenCV 必要的函数库。

sudo apt－get install libavformat－dev

对音频和视频信号进行编码和译码。

sudo apt－get install python3－opencv python3－numpy

安装针对 OpenCV 的 Python 开发工具。

sudo apt－get install opencv－doc

安装 OpenCV 的说明文件。

OpenCV 安装完成后，在 LX 终端下执行命令 python，进入 Python 解释器的环境，执行命令 import cv2 导入 OpenCV 函数库，并用命令 print(cv2.__version__)查看 OpenCV 的版本，本例 OpenCV 函数库的版本为 4.6.0，如图 14-21 所示。

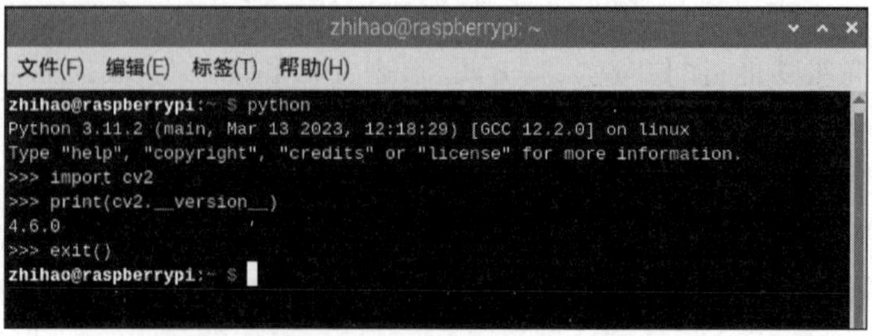

图 14-21　查看 OpenCV 函数库的版本

实例 80　使用 OpenCV 实现人脸识别

1. 下载人脸识别特征检测文件

要进行特定影像辨识,最重要的是要有辨识对象的特征文件。OpenCV 已经自带了辨识脸部特征的文件,只要使用 OpenCV 的阶层分类器(cascade classifier),特征文件就可以辨识人脸。

可以到 OpenCV 的 Github 项目网站(https://github.com)下载辨识对象的特征文件。在下载页面中可以找到很多 XML 文件,这些都是采用 Haar 特征的阶层分类器预先训练好的特征文件,包括人脸检测、眼睛检测、眼镜检测、微笑检测、耳朵检测、嘴检测、鼻子检测、全身检测、上半身检测和下半身检测等。在本例中,需要检测静态图片中的所有人脸在图片中的位置,因此需要下载名为 haarcascade_frontalface_default.xml 的特征文件,如图 14-22 所示。

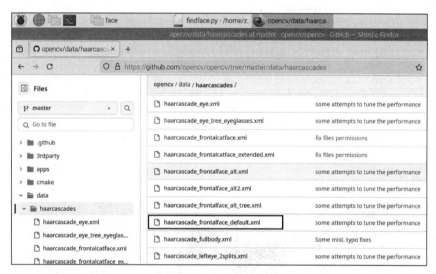

图 14-22　OpenCV 的人脸识别特征文件

2. 实现静态图片中人脸识别的 Python 程序

实现静态图片中人脸识别程序 findface.py 及注释如图 14-23 所示。

程序说明如下:

第 1～4 行,指示人脸识别特征文件的下载地址。

第 5 行,导入 OpenCV 库。

第 7、8 行,指定待检测的图片路径。

第 10 行,读取图片。

第 11 行,将图像转换为灰度图。

第 13 行,加载人脸识别特征文件。

第 15 行,识别图像中的所有人脸。

第 17～20 行,用矩形框标识得到的所有人脸。

第 22、23 行,保存识别结果至 ok.jpg 文件。

```
findface.py   ×
1    """
2    人脸识别特征文件haarcascade_frontalface_default.xml下载地址
3    https://github.com/opencv/opencv/tree/master/data/haarcascades
4    """
5    import cv2
6
7    # 待检测的图片路径
8    imagepath="girls.jpg"
9
10   image = cv2.imread(imagepath)                      #读取图片
11   gray = cv2.cvtColor(image,cv2.COLOR_BGR2GRAY)     #图像转换为灰度图：
12
13   face_cascade = cv2.CascadeClassifier(r'./haarcascade_frontalface_default.xml')#加载使用人脸识别器
14
15   faces = face_cascade.detectMultiScale(gray)       #检测图像中的所有面孔
16
17   #为每个人脸绘制一个绿色矩形
18   for x, y, width, height in faces:
19       # 这里的color是蓝绿红，与rgb相反，thickness设置宽度
20       cv2.rectangle(image, (x, y), (x + width, y + height), color=(255,0,0), thickness=2)
21
22   # 最后，保存识别结果的图像
23   cv2.imwrite("ok.jpg", image)
24   # cv2.imshow("Face Detector",image)
25
26   c = cv2.waitKey(0)
27   cv2.destroyAllWindows()
28
```

图 14-23   程序 findface.py

第 24 行，显示得到的结果。

第 26 行，等待用户按键。

第 27 行，释放摄像头资源并关闭所有窗口，然后结束程序。

运行程序后，其结果如图 14-24 所示。如果识别成功，程序就会自动找到所有人脸，并在每一个人脸的四周画出矩形框。

图 14-24   静态图片中人脸识别的结果

在本例中，读取 girls.jpg 文件，从中找到并标识了 3 个女孩的头像。

3．实现动态图片中人脸识别的 Python 程序

可以通过摄像头实时拍摄，实现动态图片中的人脸检测，完整的 Python 程序较长，因此分两部分进行介绍。两部分的代码如图 14-25 和图 14-26 所示。

第 1 部分程序说明如下：

```
capture.py  ×
1   import cv2
2   import sys
3
4   # 初始化摄像头
5   cap = cv2.VideoCapture(0)
6   cap.set(cv2.CAP_PROP_FRAME_HEIGHT, 480)
7   cap.set(cv2.CAP_PROP_FRAME_WIDTH, 640)
8
9   # 加载人脸识别模型
10  face_cascade = cv2.CascadeClassifier('haarcascade_frontalface_default.xml')
11
12
13  # 检查摄像头是否开启
14  if not cap.isOpened():
15      print("无法打开摄像头")
16      sys.exit()
17
18  while True:
19      # 读取摄像头的帧
20      ret, frame = cap.read()
21      if not ret:
22          print("无法接收帧，请退出")
23          break
24
25      # 转换为灰度图像
26      gray = cv2.cvtColor(frame, cv2.COLOR_BGR2GRAY)
27
```

图 14-25 动态图片中人脸识别程序的第 1 部分

第 1、2 行，导入 OpenCV 库和 sys 系统库。

第 4～7 行，初始化摄像头，把拍摄的窗口大小设置为 640×480。

第 9、10 行，加载人脸识别模型文件。

第 13～16 行，检测摄像头是否开启，如果没有开启则显示"无法打开摄像头"。

第 18 行，创建一个无限循环，这个循环包括第 18～41 行的所有代码。

第 19、20 行，从摄像头实时拍摄的视频中截取一张照片。

第 21～23 行，如果不能截取照片，则显示"无法接收帧，请退出"。

第 25、26 行，把彩色照片转换为灰度图像。

```
capture.py  ×
27
28      # 检测人脸
29      faces = face_cascade.detectMultiScale(gray, scaleFactor=1.1, minNeighbors=5, minSize=(30, 30))
30
31      # 在人脸周围画矩形框
32      for (x, y, w, h) in faces:
33          # cv2.rectangle(frame, (x, y), (x+w, y+h), (255, 0, 0), 2)
34          cv2.circle(frame,(int((x+x+w)/2),int((y+y+h)/2)),int(w/2),(0,255,0),2)
35
36      # 显示结果
37      cv2.imshow('Face Recognition', frame)
38
39      # 按 'Q' 退出循环
40      if cv2.waitKey(1) & 0xFF == ord('q'):
41          break
42
43  # 释放摄像头资源并关闭所有窗口
44  cap.release()
45  cv2.destroyAllWindows()
46
```

图 14-26 动态图片中人脸识别程序的第 2 部分

第28、29行，从灰度图像中识别所有人脸。

第31～34行，在找到的人脸周围画矩形框（用第33行实现）或者画圆形框（用第34行实现）。

第36、37行，显示结果。

第39～41行，判断用户的按键，如果按下 Q 键则退出循环。

第43～45行，释放摄像头资源并关闭所有窗口。

运行程序后，结果如图14-27所示。如果识别成功，程序就会自动找到所有人脸，并将人脸用圆形圈出。

图14-27　动态人脸识别的结果

## 第 15 章

树莓派与传感器

实例 81　红外线人体传感器

本章继续学习树莓派连接传感器,获取外部世界实时物理参数(如温度、湿度、地理位置等)的知识。

本例介绍用树莓派连接红外线人体传感器,制作人体感应监控器,当有人靠近时自动拍照。

实验器材除了树莓派,还需要一个红外线人体传感器和一个树莓派 CSI 官方摄像头。HC-SR501 红外线人体传感器如图 15-1 所示。

图 15-1　HC-SR501 红外线人体传感器

人体正常体温为 $36\sim37$℃,会发出波长为 $10\mu m$ 左右的红外线,HC-SR501 红外线人体传感器就是靠探测人体发射的红外线进行工作的。人体发射的 $10\mu m$ 左右的红外线通过菲涅尔滤光片增强后聚集到红外感应元件上。通常采用热释电元件,该元件在接收到人体红外线辐射温度发生变化时会失去电荷平衡,向外释放电荷,连接的电路经检测处理后就能产生报警信号。

树莓派连接 CSI 摄像头,并在树莓派上设置摄像头为可用。

在 LX 终端上执行以下命令:

```
sudo raspi-config
```

将摄像头的工作状态设置成 enable，然后重新启动树莓派。

用三根母口的杜邦线将红外人体传感器连接到树莓派。将左侧的 5V 电源线连接到树莓派的第 2 个物理引脚（功能名为 5V），将中间的信号线连接到树莓派的第 12 个物理引脚（功能名为 GPIO.1），将右侧的地线 GND 连接到树莓派的第 6 个物理引脚（功能名为 GND），如图 15-2 所示。

注意：将 5V 电源线和地线 GND 接到树莓派 GPIO 针脚上时千万不要插错！否则会烧毁红外线人体传感器。

可以用螺丝刀调节红外线人体传感器的探测距离和封锁时间参数，如图 15-3 所示，左边的电位器为距离感应调节旋钮。用螺丝刀顺时针旋转电位器，可以增大感应距离，最大值约为 7m；反之，用螺丝刀逆时针旋转电位器，可以减少感应距离，最小值约为 3m。

图 15-2　连接红外线人体传感器

图 15-3　调节红外线人体传感器的灵敏度

右边的电位器为封锁时间调节旋钮。传感器在每次人体感应器输出感应信号后（高电平变为低电平），立刻会设置一个封锁时间，在这个封锁时间段内，人体传感器不接收任何感应信号。此功能可以调节感应输出时间和封锁时间两者的时间间隔，有效抑制负载切换过程中产生的各种干扰。

默认的封锁时间为 2.5s，顺时针旋转电位器，可以延长封锁时间，最大值约为 30s；反之，逆时针旋转电位器，可以减少封锁时间，最小值约为 0.5s。

输入并调试红外线人体传感器的 Python 程序，如图 15-4 所示。

程序说明如下：

第 1～3 行，导入 RPi.GPIO、time 和 picamera 模块。

第 5～13 行，创建初始化模块 init()，定义不显示警告，并读取编号为 12 的物理引脚的状态。

第 15～23 行，创建监测模块 detct()，定义一个无限循环，当监测到编号为 12 的物理引脚为高电平信号时报警，并调用报警模块。

第 25～28 行，创建报警模块 alart(curtime)，显示"Someone is coming!"，并根据时间保存图像文件。

第 30～35 行，Python 主程序，首先声明摄像头，延时 2s，接着调用初始化模块 init()，

```
File  Edit  Format  Run  Options  Window  Help
import RPi.GPIO as GPIO
import time
import picamera

#初始化
def init():
    #设置不显示警告
    GPIO.setwarnings(False)
    #设置读取面板针脚模式
    GPIO.setmode(GPIO.BOARD)
    #设置读取针脚标号
    GPIO.setup(12,GPIO.IN)
    pass

def detct():
    while True:
        curtime = time.strftime('%Y-%m-%d-%H-%M-%S',time.localtime(time.time()))
        #当高电平信号输入时报警
        if GPIO.input(12) == True:
            alart(curtime)
        else:
            continue
        time.sleep(3)

def alart(curtime):
    print curtime + " Someone is coming!"
    #根据时间保存图像文件
    camera.capture(curtime + '.jpg')

#声明摄像头
camera = picamera.PiCamera()
time.sleep(2)
init()
detct()
GPIO.cleanup()|

                                                    Ln: 35  Col: 14
```

图 15-4　红外线人体传感器的 Python 程序

然后调用监测模块 detct()，当用户中止程序时清除 GPIO 资源。

执行以上 Python 代码，红外线人体传感器开始工作，当感应到有人靠近时会触发报警信号，自动拍摄照片并保存图像文件。

实例 82　用超声波传感器测量距离

1. HC-SR04 超声波传感器简介

HC-SR04 是一种典型的超声波传感器，如图 15-5 所示，可以与树莓派的 GPIO 接口配合，利用超声波的回声信号来测量距离。

图 15-5　HC-SR04 超声波传感器

HC-SR04 超声波传感器可以测量的距离为 3cm～4m，精确度能达到 3mm，包含超声波发射器、接收器和控制电路三部分。

2. HC-SR04 与树莓派的接线方式

HC-SR04 超声波传感器引脚包括 Vcc、GND、Trig 和 Echo。

在本实例中，HC-SR04 超声波传感器与树莓派的接线方式如图 15-6 所示。

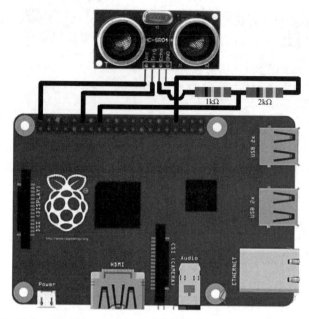

图 15-6　HC-SR04 超声波传感器与树莓派的接线方式示意图

HC-SR04 超声波传感器的 Vcc 引脚为＋5V 电源，接树莓派 GPIO 的第 2 引脚；HC-SR04 超声波传感器的 GND 引脚为地线，接树莓派 GPIO 的 34 引脚；Trig 引脚为控制信号，接树莓派 GPIO 的第 12 引脚，用来接收树莓派的控制信号；Echo 引脚为回声信号，接树莓派 GPIO 的第 16 引脚，用来向树莓派传送测距信息。

注意：Echo 引脚返回的是＋5V 的脉冲信号，而树莓派的 GPIO 引脚只能接收＋3.3V 的信号，超过＋3.3V 则可能会烧毁树莓派的 GPIO 电路。因此，本例用 1 个 1kΩ 和 1 个 2kΩ 的电阻组成分压电路，然后再接到树莓派 GPIO 的第 16 引脚。

3. HC-SR04 的工作原理

超声波传感器测距的工作原理如图 15-7 所示。

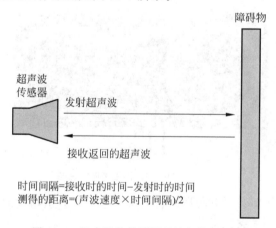

图 15-7　超声波传感器测距的工作原理图

HC-SR04 超声波传感器测距的工作过程分为以下五个步骤：

（1）树莓派向 Trig 引脚发送一个 15μs 的脉冲信号；

（2）HC-SR04 超声波传感器接收到脉冲信号后，开始向正前方发送超声波，并把 Echo 引脚设置为高电平，然后等待接收前方障碍物返回的超声波；

（3）当 HC-SR04 超声波传感器接收到返回的超声波时，会把 Echo 引脚变为低电平；

（4）Echo 引脚高电平的持续时间就是超声波从发射到返回的时间间隔；

（5）将超声波在空气中的传播速度乘超声波从发射到返回所经历的时间，并将乘积除以 2，结果就是超声波传感器与障碍物之间的距离，计算公式为

$$距离＝（收到回波的时间－发送超声波的时间）×声波速度/2$$

声波速度通常取 340m/s。

4. HC-SR04 测距的 Python 程序

HC-SR04 测距的 Python 程序如图 15-8 所示。

图 15-8　HC-SR04 测距的 Python 程序

第 1、2 行，导入 RPi.GPIO 和 time 模块。

第 4 行，定义树莓派的 GPIO 的第 12 引脚接超声波传感器的 Trig 控制信号引脚。

第 5 行，定义树莓派的 GPIO 的第 16 引脚接超声波传感器的 Echo 回声信号引脚。

第 7 行，定义树莓派的 GPIO 工作模式为 BCM 模式。

第 8 行，定义树莓派的 Trig 控制信号引脚（第 12 引脚）为信号输出，初始值为低电平。

第 9 行，定义树莓派的 Echo 回声信号引脚（第 16 引脚）为信号输入。

第 11 行，延时 2s。

第 13～23 行，创建一个名为 checkdist() 的测距模块，首先向 GPIO 编号为 20 的物理引脚发送一个时间间隔为 0.00015s 的超声波，记录发送超声波的时间 t1，等待回波，并记录返回超声波的时间 t2，然后计算距离。

第 25～28 行，执行一个不断重复的循环，在循环中调用 checkdist() 模块测距，并以厘米为单位输出测距的结果，并延时 1s。

第 29、30 行，用户中止程序时，清除 GPIO 接口的资源。

实例 83 连接温度和湿度传感器

1. DHT11 温度和湿度传感器简介

DHT11 是一种物美价廉的温度和湿度传感器,可以与树莓派的 GPIO 接口配合,测量空气的温度和湿度,如图 15-9 所示。

DHT11 是一款含有已校准数字信号输出的温度和湿度复合传感器,具有专用的数字模块采集技术和温湿度传感技术,具有较高的灵敏度和稳定性。传感器内部包括一个电阻式感湿元件和一个 NTC 测温元件,因此该传感器具有品质卓越、响应超快、抗干扰能力强、性价比高等优点。

2. DHT11 与树莓派的连接方式

DHT11 温湿度传感器共有 4 个引脚,与树莓派的接线方式如图 15-10 所示。在本实例中,DHT11 温湿度传感器的第 1 脚 Vcc (或标注为＋)为电源线,连接树莓派的物理引脚 1(3.3V);第 2 脚 DATA(或标注为 out)为信号线,连接树莓派的物理引脚 11(即 GPIO.17),并且用一只 10kΩ 的上拉电阻连接到树莓派的物理引脚 1(3.3V);第 3 脚不接线;第 4 脚 GND(或标注为一)为地线,连接树莓派的物理引脚 9(GND)。

图 15-9　DHT11 温度和湿度传感器

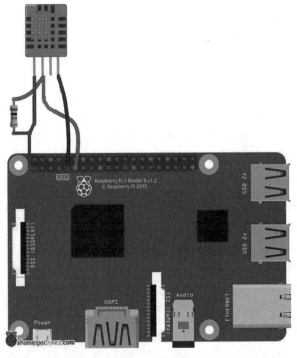

图 15-10　树莓派与 DHT11 传感器的接线方式示意图

3. DHT11 传感器 Python 程序

DHT11 传感器的 Python 程序如图 15-11 和图 15-12 所示。

图 15-11 DHT11 传感器的 Python 程序第 1 部分

```
print ("sensor is working.")
print (data)

humidity_bit = data[0:8]
humidity_point_bit = data[8:16]
temperature_bit = data[16:24]
temperature_point_bit = data[24:32]
check_bit = data[32:40]

humidity = 0
humidity_point = 0
temperature = 0
temperature_point = 0
check = 0

for i in range(8):
    humidity += humidity_bit[i] * 2 ** (7-i)
    humidity_point += humidity_point_bit[i] * 2 ** (7-i)
    temperature += temperature_bit[i] * 2 ** (7-i)
    temperature_point += temperature_point_bit[i] * 2 ** (7-i)
    check += check_bit[i] * 2 ** (7-i)

tmp = humidity + humidity_point + temperature + temperature_point

if check == tmp:
    print ("temperature :", temperature, "*C, humidity :", humidity, "%")
else:
    print ("wrong")
    print ("temperature :", temperature, "*C, humidity :", humidity, "% check :",

GPIO.cleanup()
```

图 15-12 DHT11 传感器的 Python 程序第 2 部分

程序说明如下:

第 1、2 行,导入 RPi.GPIO 模块和 time 模块。

第 4 行,指定树莓派的 channel(即物理引脚 11)连接到 DHT11 的 DATA 信号线。

第 5 行,定义一个 data 列表变量,用于存放采样的数据。

第 6 行,定义一个整型变量 j,并将 j 的初值设为 0,用于逐位读取采样的数据。

第 8 行,定义树莓派 GPIO 的工作模式为 BCM 模式。

第 10 行,暂停 1s。

第 12 行，设置 channel 引脚的工作状态为输出。

第 13 行，指定 channel 输出低电平。

第 14 行，暂停 0.02s。

第 15 行，指定 channel 输出高电平。

第 16 行，设置 channel 引脚的工作状态为输入，等待 DATA 送来信号。

第 18、19 行，如果 channel 为低电平，则继续等待，直到变为高电平。

第 20、21 行，如果 channel 为高电平，则继续等待，直到变为低电平。

第 23～35 行，连续读取 40 位二进制数据，并且保存到变量 data 中。

图 15-12 为 DHT11 传感器程序的第 2 部分。

程序说明如下：

第 1 行，显示 sensor is working。

第 2 行，显示变量 data 的值。

第 4～8 行，定义湿度变量（humidity）、温度变量（temperature）和校验位变量。

第 10～14 行，将 humidity、temperature 和校验位变量的初值设置为 0。

第 16～21 行，从 data 变量的 40 位二进制数据中提取温度数据和湿度数据，将结果保存到温度变量和湿度变量中，并计算校验变量。

第 23 行，生成变量 tmp，用于校验采集到的数据是否正确。

第 25、26 行，如果校验结果正确，则显示温度和湿度。

第 27～29 行，如果校验结果错误，则显示出错的提示信息。

第 31 行，清空 GPIO，使 GPIO 恢复到初始化状态。

4. DHT11 传感器 Python 程序的执行结果

在树莓派 LX 终端的工作界面中，输入命令 python dht11.py，执行 DHT11 温湿度传感器测量程序，执行结果如图 15-13 所示。从图中可以看出共测量了两次，第 1 次测量传感器工作错误；第 2 次测量传感器工作正常，当前温度为 31℃，湿度为 70%。

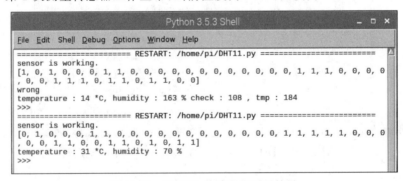

图 15-13　DHT11 传感器的测量结果

实例 84　开启树莓派的硬件串行接口

树莓派包含两个串行接口（串口），一个为硬件串口（/dev/ttyAMA0），另一个为 mini 串口（/dev/ttyS0）。硬件串口由硬件电路实现，包含硬件产生的时钟源，性能稳定、工作可靠；mini 串口的时钟源由 CPU 内核时钟提供，工作时受到内核时钟的影响，性能不稳定。

serial0 是 GPIO 引脚对应的串口,serial1 是蓝牙对应的串口。

使用串口前先查看默认的映射关系,命令为

```
ls -l /dev
```

执行结果如图 15-14 所示。

图 15-14 所示的信息表示,当前并没有启用 serial0(GPIO 串口),而只有 serial1(蓝牙)即 ttyAMA0(硬件串口)在工作。

接着,需要启用 serial0(GPIO 串口),命令为

```
sudo raspi-config
```

图 15-14　查看当前默认的串口

找到 Interfacing 选项,找到 serial,第一个提问选 NO(否),第二个提问选 YES(是)。设置完成后,会提示需要重新启动树莓派。重新启动树莓派后,再次执行"ls -l /dev"命令查看串口默认的映射关系,结果如图 15-15 所示。

图 15-15　当前默认的串口为 serial0 (ttyS0)和 serial1(ttyAMA0)

在图 15-15 中,当前 serial0(GPIO 串口)使用的是 ttyS0(mini 串口),serial1(蓝牙)使用的是 ttyAMA0(硬件串口)。也就是说,当前树莓派的硬件串口默认分配给了蓝牙接口,而 mini 串口则分配给了引脚 GPIO Tx 和 GPIO Rx。

如果要使用稳定可靠的硬件串口 ttyAMA0,就需要将树莓派的硬件串口与 mini 串口默认映射关系对换。这个需求树莓派厂家也考虑到了,并已经在树莓派系统中存放了一个实现这个功能的配置文件。

在 Jessie 版本的树莓派系统中,这个配置文件为/boot/overlays/pi3-miniuart-bt-overlay.dtb,而在 stretch 版本的树莓派系统中,这个配置文件为/boot/overlays/pi3-miniuart-bt.dtbo。如果要使这个配置文件发挥作用,只需要在/boot/config.txt 文件的末尾添加一行代码。需要管理员权限编辑/boot/config.txt 文件(注:nano 是树莓派 LX 终端环境下的文本编辑器),命令为

```
sudo  nano  /boot/config.txt
```

在 config.txt 文件的最后一行添加下列代码:

```
dtoverlay=pi3-miniuart-bt
```

修改完成以后,按快捷键 Ctrl+O 保存文件,按快捷键 Ctrl+X 退出,然后重新启动树莓派,重启后查看串口默认的映射关系,会看到如图 15-16 所示的结果。

在图 15-16 中,当前 serial0(GPIO 串口)使用的是 ttyAMA0(硬件串口),而 serial1(蓝牙)使用的是 ttyS0(mini 串口)。

如果树莓派的屏幕上出现如图 15-16 所示的信息,则表示已经成功开启了树莓派的硬件串行接口。

图 15-16　当前默认的串口为 serial0 (ttyAMA0)和 serial1(ttyS0)

实例 85　树莓派连接 GPS 卫星定位模块

1. GPS 卫星定位系统的工作原理

全球定位系统(global positioning system,GPS)是由美国研发的高精度无线电导航的定位系统,由空间卫星、地面监控和用户接收三部分组成。该系统包括 24 颗卫星,分布在 6 个轨道平面上,能够提供全球覆盖、全天候、高精度的定位和导航服务。GPS 系统现在已经广泛应用于汽车导航、物流管理、大气观测、地理勘测等多个领域。

GPS 卫星定位系统的基本原理是通过测量已知位置的卫星到用户接收机之间的距离,然后综合多颗卫星的数据得到接收机的具体位置。卫星的位置可以根据星载时钟所记录的时间在卫星星历中查出,用户到卫星的距离则由记录卫星信号传播到用户所经历的时间乘以光速得到。

GPS 卫星定位模块(以下简称 GPS 模块)属于用户接收部分,它像"收音机"一样接收、解调卫星的广播 C/A 码信号,中心频率为 1575.42MHz。GPS 模块并不播发信号,属于被动定位。通过运算与每个卫星的伪距离,采用距离交会法求出接收机的经度、纬度、高度和时间修正量,特点是定位速度快,缺点是误差大。初次定位的模块至少需要 4 颗卫星参与计算,称为 3D 定位,如果只有 3 颗卫星,则只能实现 2D 定位,精度不佳。GPS 模块通过串行口不断输出 NMEA 格式的定位信息及辅助信息,供接收装置接收,在本实例中。接收装置就是树莓派。

ATGM336H GPS 卫星定位模块如图 15-17 所示。

2. 树莓派与 GPS 定位模块的连接

树莓派与 GPS 定位模块的接线方式如图 15-18 所示。

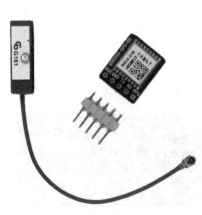

图 15-17　ATGM336H GPS
卫星定位模块

图 15-18　树莓派与 GPS 定位模块的接线方式示意图

GPS 模块的 Vcc 脚连接到树莓派的物理引脚 1(＋3.3V 电源)，GPS 模块的 GND 脚连接到树莓派的物理引脚 6(地线 GND)；GPS 模块的 TX 脚(发送信号脚)连接到树莓派的物理引脚 8(RXD 接收信号引脚)；GPS 模块的 RX 脚(接收信号脚)连接到树莓派的物理引脚 10(TXD 发送信号引脚)。

树莓派连接 GPS 模块后，首先执行以下命令查看 GPS 模块是否连接正常。

`ls /dev/ttyAMA0`

其中，ttyAMA0 就是串行接口的 GPS 模块的设备名。

3. 关闭蓝牙

如果不再使用蓝牙，可以关掉蓝牙设备，使用下列命令：

```
sudo systemctl diable hciuart
sudo nano /lib/systemd/system/hciuart.service
```

将文件中的 ttyAMA0 修改为 ttyS0，如图 15-19 所示。

4. 安装串口通信软件

GPS 模块接收的信号需要解码才能使用，为此，需要在 LX 终端界面中安装串口工具软件包 minicom，安装命令如下：

`sudo apt - get install minicom`

安装完成后，执行以下命令，运行 minicom 软件包：

`sudo minicom - s`

命令执行后，可以看到 minicom 的主菜单，如图 15-20 所示。

图 15-19　编辑 hciuart.service 文件　　　图 15-20　minicom 的主菜单

选择 Serial port setup(串口设置)，出现如图 15-21 所示的页面。

图 15-21　修改 minicom 的配置参数

参照图 15-21 修改 minicom 的配置参数，将参数 Serial Device(串行设备)设置为/dev/ttyAMA0，参数 Bps/Par/Bits 设置为 115200。

到这一步,进行串口内部环回测试,如图 15-22 所示,短接 GPIO14(物理引脚 8)和 GPIO15(物理引脚 10)。

在 minicom 界面中打开回显功能,具体步骤是按快捷键 Ctrl＋A,然后按 Z 键回到配置界面,再按 E 键打开回显功能。

在 minicom 的回显状态下,每当用户输入一个字符时,如果在屏幕上会出现两个相同的字符,如图 15-23 所示,则表示回显测试成功。

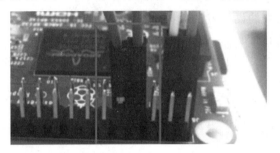

图 15-22　短接 GPIO14 和 GPIO15　　　　图 15-23　回显状态的测试结果

关闭树莓派,拔除在回显测试时所使用的短路跳接线,然后参照图 15-18 所示的方法连接树莓派和 GPS 模块。

使用 minicom 命令获取从串口收到的 GPS 卫星定位数据,命令如下:

```
minicom － b 9600 － o － D /dev/ttyAMA0
```

-b 用于设定波特率,由 GPS 模块的具体参数而定;-o 表示不初始化 modem 且不锁定文件;-D 设定接口为/dev/ttyAMA0。命令执行后会出现如图 15-24 所示的页面。

```
pi@raspberrypi: ~                                    _  □  ×
文件(F)  编辑(E)  标签(T)  帮助(H)
$GPTXT,01,01,01,ANTENNA OK*35
$GNGGA,131014.821,,,,,0,00,25.5,,,,,,*77
$GNGLL,,,,,131014.821,V,M*6A
$GPGSA,A,1,,,,,,,,,,,,,,25.5,25.5,25.5*02
$BDGSA,A,1,,,,,,,,,,,,,,25.5,25.5,25.5*13
$GPGSV,2,1,08,02,33,289,,05,20,215,,06,51,334,,17,56,064,*73
$GPGSV,2,2,08,19,58,019,,28,34,169,,33,62,101,,35,63,089,*79
$BDGSV,1,1,01,13,48,321,*57
$GNRMC,131014.821,V,,,,,,,,060419,,,M*57
$GNVTG,,,,,,,,,M*2D
$GNZDA,131014.821,06,04,2019,00,00*4D
$GPTXT,01,01,01,ANTENNA OK*35
$GNGGA,131015.821,,,,,0,00,25.5,,,,,,*76
$GNGLL,,,,,131015.821,V,M*6B
$GPGSA,A,1,,,,,,,,,,,,,,25.5,25.5,25.5*02
$BDGSA,A,1,,,,,,,,,,,,,,25.5,25.5,25.5*13
$GPGSV,2,1,08,02,33,289,,05,20,215,,06,51,334,,17,56,064,*73
$GPGSV,2,2,08,19,58,019,,28,34,169,,33,62,101,,35,63,089,*79
$BDGSV,1,1,01,13,48,321,*57
$GNRMC,131015.821,V,,,,,,,,060419,,,M*56
$GNVTG,,,,,,,,,M*2D
$GNZDA,131015.821,06,04,2019,00,00*4C
$GPTXT,01,01,01,ANTENNA OK*35
```

图 15-24　没有收到卫星定位数据

在这里,以 $GNRMC 开头的一行数据包含地理位置信息。但是,图 15-24 中用长方形围起来的以 $GNRMC 开头的两行数据都没有找到有用信息,原因是 GPS 信号太弱了。所以，需把天线的一头放到窗外，这就会出现如图 15-25 所示的页面。

图 15-25 收到卫星定位数据

在图 15-25 中，长方形围起来的是接收到的卫星定位信息，各标识的含义如下。

GN：全球导航卫星系统（global navigation satellite system，GNSS）。

BD：北斗导航卫星系统（COMPASS）。

GGA：时间、位置、定位数据。

GLL：经纬度，UTC 时间和定位状态。

GSA：接收机模式和卫星工作数据，包括位置和水平/竖直稀释精度等。稀释精度（dilution of precision）是个地理定位术语。一个接收器可以在同一时间得到许多颗卫星定位信息，一般来说，只要收到 4 颗卫星信号就可以精确定位。

GSV：接收机能接收到的卫星信息，包括卫星 ID、海拔、仰角、方位角、信噪比（SNR）等。

RMC：包括日期、时间、位置、方向、速度等数据，这是最常用的一个消息。

VTG：方位角与对地速度。

MSS：信噪比、信号强度、频率、比特率。

ZDA：时间和日期数据。

5. 用 Python 程序读取位置信息

可以用 Python 程序识别出以 $GNRMC 开头的某一行信息，从中自动提取出并显示时间、经纬度数据。Python 程序如图 15-26 所示。

程序的运行结果如图 15-27 所示。

```
gps1.py - /home/pi/趣学树莓派100例/GPS编程/gps1.py (3.5.3)
File Edit Format Run Options Window Help
import serial
import time
ser = serial.Serial("/dev/ttyAMA0",9600)
ser.flushInput()
while True:
    line = str(ser.readline())
    if line.find("$GNRMC")>-1 and line[20:21]=="A":

        Year1="20"+line[61:63]
        Month1=line[59:61]
        Day1=line[57:59]

        Hour1=str(int(line[9:11])+8)
        Min1=line[11:13]
        Second1=line[13:15]

        print(Year1+"-"+Month1+"-"+Day1+" "+Hour1+":"+Min1+":"+Second1)

        North1=line[22:31]
        East1=line[34:44]
        print("North="+North1+"    "+"East="+East1)
        print("  ")

Ln: 23 Col: 0
```

图 15-26　显示时间、经纬度数据的 Python 程序

```
Shell

2019-04-07 19:10:39
North=2300.6415    East=11307.4918

2019-04-07 19:10:40
North=2300.6415    East=11307.4918

2019-04-07 19:10:41
North=2300.6415    East=11307.4917

2019-04-07 19:10:42
North=2300.6416    East=11307.4917
```

图 15-27　显示时间、经纬度数据程序的运行结果

## 第16章

用树莓派搭建服务器

实例 86　用树莓派搭建 Nginx 服务器

1. Nginx 服务器简介

Nginx 是一款轻量级的 Web 服务器,特点是占用内存少,并发能力强,以稳定性强、功能丰富、示例配置文件完善和系统资源消耗低而闻名。

Nginx 服务器是俄罗斯的软件工程师伊戈尔·赛索耶夫为俄罗斯访问量第二的网站 www.rambler.ru 开发的,第一个公开版本 0.1.0 发布于 2004 年 10 月 4 日。

事实上 Nginx 的性能确实在同类型的网站服务器中表现更佳。由于性能优异,目前中国使用 Nginx 服务器的网站众多,如百度、京东、新浪、网易、腾讯和淘宝等知名网站。

相对于功能强大的 Apache,简洁轻巧的 Nginx 更适合于树莓派。如果需要了解更多有关 Nginx 服务器的知识,可访问其官方网站 https://www.nginx.com/。

2. 安装 Nginx 服务器

在安装 Nginx 服务器之前,需要更新树莓派的软件源信息,因此,首先用管理员权限执行 sudo apt-get update 命令,如图 16-1 所示。

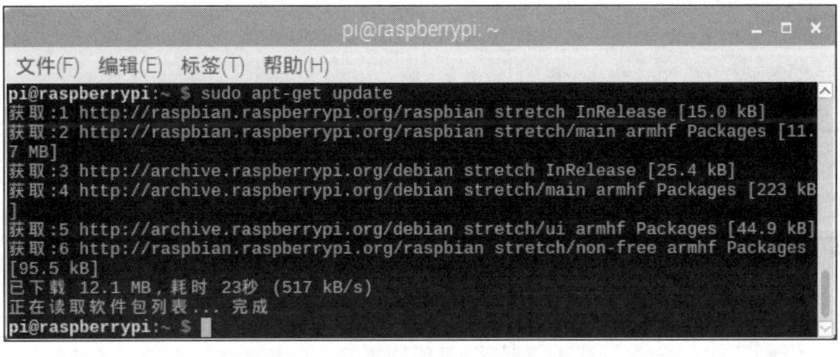

图 16-1　更新树莓派的软件源信息

然后用管理员权限在树莓派的 LX 终端界面上执行 sudo apt-get install nginx 命令,安装 Nginx 服务器,如图 16-2 所示。

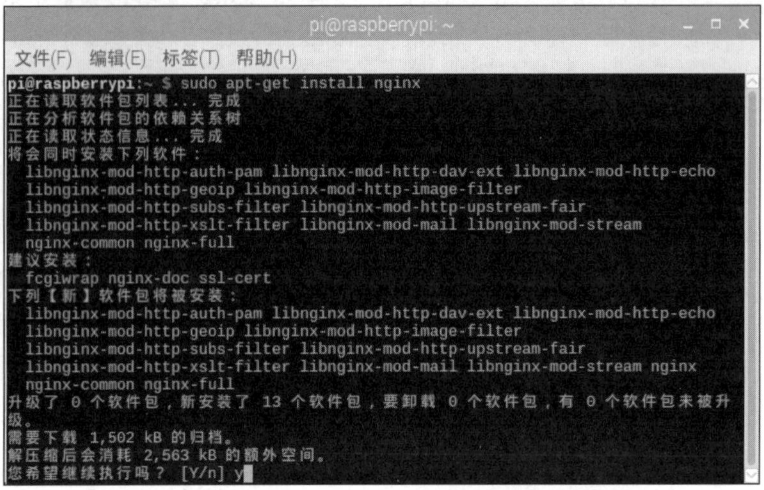

图 16-2　安装 Nginx 服务器

当 Nginx 服务器安装完成后,打开网页浏览器,输入本机地址 127.0.0.1,如果能够看到如图 16-3 所示的 Nginx 的欢迎页面,则表明 Nginx 已经安装成功。

图 16-3　Nginx 的欢迎页面

执行 sudo /etc/init.d/nginx start 命令可启动 Nginx 服务器;执行 sudo /etc/init.d/nginx stop 命令可关闭 Nginx 服务器。

3. 试用 Nginx 服务器

Nginx 服务器的主页文件名为 index.nginx-debian.html,存放在树莓派的/var/www/html/文件夹中,如图 16-4 所示。

使用管理员权限执行下列命令:

```
sudo nano /var/www/html/index.nginx - debian.html
```

该命令用于编辑主页文件,如图 16-5 所示。

删除主页文件中的原有内容,重新输入如下 html 代码,如图 16-6 所示。

图 16-4 Nginx 服务器的主页文件

图 16-5 编辑 Nginx 主页文件

< h3 > hello,Nginx!</h3 >

按快捷键 Ctrl＋O 保存修改好的主页文件,然后按快捷键 Ctrl＋X 退出编辑状态。

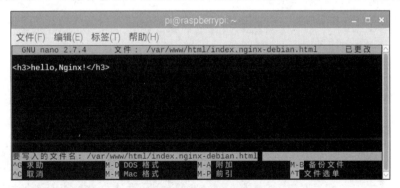

图 16-6 保存主页文件

再次打开网页浏览器,在地址栏输入 127.0.0.1,则会看到修改后的主页的内容,如图 16-7 所示。

图 16-7　查看修改后的 Nginx 主页

实例 87　安装和使用 MySQL 数据库

1. MySQL 数据库简介

MySQL 数据库最初是由瑞典 MySQL AB 公司开发的，现由 Oracle 公司拥有和维护。MySQL 因为其速度、可靠性和适应性均表现出众而备受关注。

MySQL 是一种开源关系型数据库管理系统（RDBMS），也是最常用的数据库管理系统，它采用结构化查询语言（SQL）来对数据库进行管理，用户可以在通用公共许可证（General Public License）的许可下下载并根据个性化的需要对其进行修改。

2. 安装 MySQL

使用管理员权限运行如下命令安装 MySQL 及 Python 编程接口（之后用于数据库编程）：

```
$sudo apt - get install mysql - server python - mysqldb
```

安装过程如图 16-8 所示，如果需要输入 root 管理员的密码，需输入并牢记这个密码，以后这个密码将用于登录数据库系统。

图 16-8　安装 MySQL

3. 试用 MySQL

MySQL 安装完成后,可通过下列命令来启动 MySQL,根据屏幕上的提示信息输入在安装过程中设置的密码。

```
mysql - u root - p
Enter password:
```

输入正确的密码后,将出现 MySQL 的启动界面,如图 16-9 所示。此时,如果输入"help;"或"\h"命令,屏幕会出现帮助信息,给出 MySQL 支持的命令格式和使用说明。

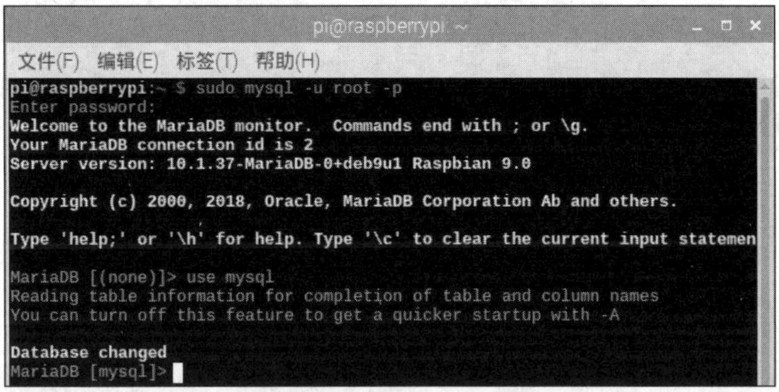

图 16-9 MySQL 的启动界面

注意:当输入一条 MySQL 命令时,必须有分号结尾才能按 Enter 键,否则 MySQL 管理系统会认为输入的命令并未结束,从而拒绝执行命令,直到输入了分号";"和 Enter 键才执行。

执行 use mysql 命令,打开数据库 mysql,如图 16-9 所示。

执行"create table mytable (name varchar(10),year int);"命令,创建一个名为 mytable 的学生档案表。表中包括两个数据项,第一个数据项是 name(姓名),数据类型是长度为 10 的字符串;第二个数据项是 year(年龄),数据类型是整数,如图 16-10 所示。

图 16-10 创建学生档案表 mytable

依次执行命令:

```
insert into mytable values('xiaoli',14);
insert into mytable values('xiaoming',12);
insert into mytable values('xiaohong',13);
```

向学生档案表添加三个学生的资料。

然后执行"select * from mytable;"命令查看表中的所有数据,如图 16-11 所示。

执行"update mytable set year＝15 where name＝'xiaoli';"命令,将名字(name)为 xiaoli(小李)的学生年龄(year)修改为 15 岁。然后执行"select * from mytable;"命令查看修改后的表中所有数据,如图 16-12 所示。

执行"delete from mytable where name＝'xiaoming';"命令,删除学生档案表中学生 xiaoming 的信息,如图 16-13 所示,再次输入"select * from mytable;"命令,查看删除操作后表中的所有数据。

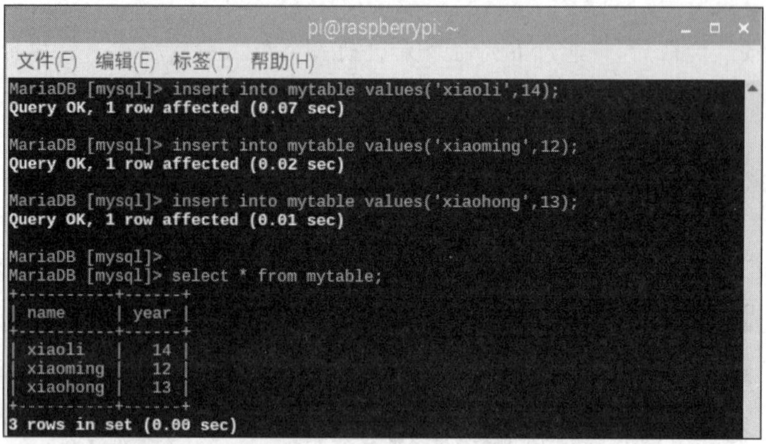

```
pi@raspberrypi: ~
文件(F) 编辑(E) 标签(T) 帮助(H)
MariaDB [mysql]> insert into mytable values('xiaoli',14);
Query OK, 1 row affected (0.07 sec)

MariaDB [mysql]> insert into mytable values('xiaoming',12);
Query OK, 1 row affected (0.02 sec)

MariaDB [mysql]> insert into mytable values('xiaohong',13);
Query OK, 1 row affected (0.01 sec)

MariaDB [mysql]>
MariaDB [mysql]> select * from mytable;
+----------+------+
| name     | year |
+----------+------+
| xiaoli   |   14 |
| xiaoming |   12 |
| xiaohong |   13 |
+----------+------+
3 rows in set (0.00 sec)
```

图 16-11　向学生档案表添加数据并查看

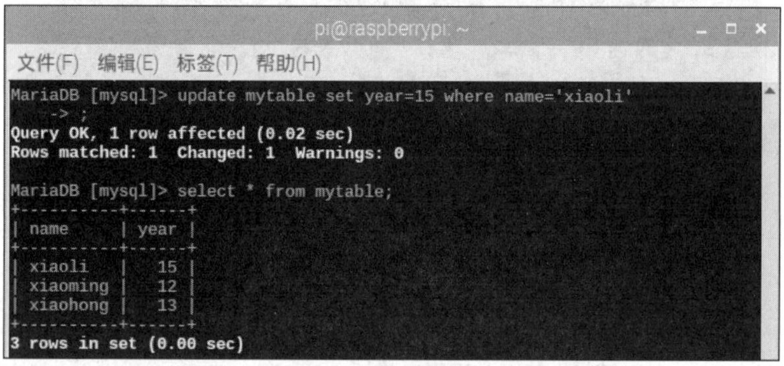

```
pi@raspberrypi: ~
文件(F) 编辑(E) 标签(T) 帮助(H)
MariaDB [mysql]> update mytable set year=15 where name='xiaoli'
    -> ;
Query OK, 1 row affected (0.02 sec)
Rows matched: 1  Changed: 1  Warnings: 0

MariaDB [mysql]> select * from mytable;
+----------+------+
| name     | year |
+----------+------+
| xiaoli   |   15 |
| xiaoming |   12 |
| xiaohong |   13 |
+----------+------+
3 rows in set (0.00 sec)
```

图 16-12　修改后的学生档案表数据

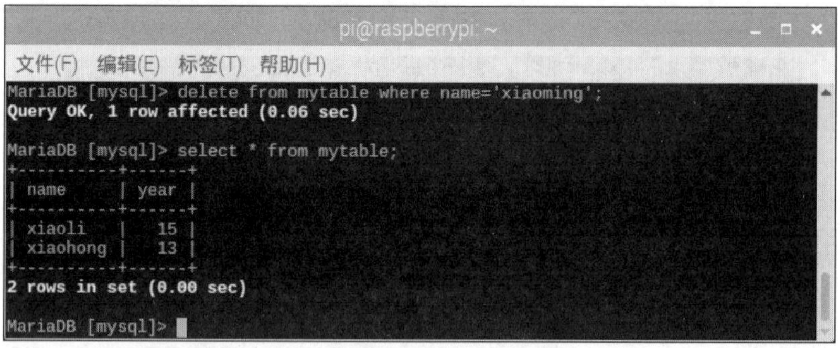

```
pi@raspberrypi: ~
文件(F) 编辑(E) 标签(T) 帮助(H)
MariaDB [mysql]> delete from mytable where name='xiaoming';
Query OK, 1 row affected (0.06 sec)

MariaDB [mysql]> select * from mytable;
+----------+------+
| name     | year |
+----------+------+
| xiaoli   |   15 |
| xiaohong |   13 |
+----------+------+
2 rows in set (0.00 sec)

MariaDB [mysql]>
```

图 16-13　删除学生档案表中学生 xiaoming 的信息

最后，使用 quit 命令退出 MySQL 系统。

实例 88　安装 PHP 服务器

1. PHP 服务器简介

PHP 的 logo 是一只大象的图案，如图 16-14 所示。截至 2024 年 9 月，PHP 最新版本为 8.3.11，本书以 7.0 版本为例介绍其安装和配置方法。

在学习 PHP 服务器之前，需要了解 HTML 网页的工作原理。用户在客户端通过浏览器向服务器发出页面请求。

与其他编程语言相比，用 PHP 实现的动态页面是将程序嵌入 HTML（标准通用标记语言下的一个应用）文档中去执行，执行效率比完全生成 HTML 标记的 CGI 要高许多；PHP 还可以执行编译后的代码，编译可以优化代码运行，使代码运行更快。

图 16-14 PHP 的 logo

如果要了解更多 PHP 的知识，可访问其官方网站 www.php.net。

2. 在树莓派上安装 PHP 服务器

参考本书的实例 86 所述的步骤先安装好 Nginx 服务器。

在树莓派的 LX 终端界面上依次执行下列命令，安装 PHP 7.0 所有相关文件：

```
sudo apt install php7.0 - fpm  - y
sudo apt install php7.0 - cli  - y
sudo apt install php7.0 - curl  - y
sudo apt install php7.0 - gd  - y
sudo apt install php7.0 - mcrypt  - y
sudo apt install php7.0 - cgi  - y
sudo apt install php7.0 - mysql  - y
```

继续执行下列命令，启动 PHP 服务：

```
sudo systemctl restart php7.0 - fpm
```

如果安装成功，接下来需要配置 Nginx 以便运行 PHP 代码。在树莓派的 LX 终端界面上执行以下命令编辑 Nginx 的配置文件：

```
sudo nano /etc/nginx/sites - available/default
```

在原来的配置文件中找到如下的代码：

```
# Add index.php to the list if you are using PHP
  index index.html index.htm index.nginx - debian.html;
  server_name _;
  location / {
  # First attempt to serve request as file, then
 # as directory, then fall back to displaying a 404.
 try_files $uri $uri/ = 404;
  }
```

将以上代码替换为下列代码：

```
index index.html index.htm index.nginx - debian.html index.php;
server_name _;
location / {
     # First attempt to serve request as file, then
     # as directory, then fall back to displaying a 404.
try_files $uri $uri/ = 404;
}
location ~\.php$ {
fastcgi_pass unix:/run/php/php7.0 - fpm.sock;
fastcgi_param SCRIPT_FILENAME $document_root $fastcgi_script_name;
include fastcgi_params;
```

```
}
client_max_body_size 256m;
```

修改完成后，按快捷键 Ctrl+O 保存文件，再按快捷键 Ctrl+X 退出编辑状态。

修改 PHP 的配置文件，更改上传文件大小限制。执行下列命令编辑 PHP 的配置文件，并参照以下提示信息修改 PHP 的相关参数：

```
sudo nano /etc/php/7.0/fpm/php.ini
# 每个脚本运行的最长时间，单位为秒，0 为无限
max_execution_time = 0
# 每个脚本可以消耗的时间，单位也是秒
max_input_time = 300
# 脚本运行最大消耗的内存
memory_limit = 256M
# 表单提交最大数据为 8M，针对整个表单的提交数据进行限制的
post_max_size = 20M
# 上传文件最大支持 10MB
upload_max_filesize = 10M
```

修改完成后，按快捷键 Ctrl+O 保存文件，再按快捷键 Ctrl+X 退出编辑状态。

执行命令 sudo service nginx restart 重新启动 Nginx 服务器。

在/var/www/html/文件夹中编写一个 PHP 主页文件 index.php，用于测试 PHP 能否正常运行，命令如下：

```
sudo nano /var/www/html/index.php
```

输入如下代码：

```
<?php
phpinfo();
?>
```

这段代码的含义是在网页浏览器中返回 PHP 的版本及相关信息。

在网页浏览器中输入“树莓派的 IP 地址/index.php”，如果能看到如图 16-15 所示的页面，则表明 PHP 服务器已经正常运行。

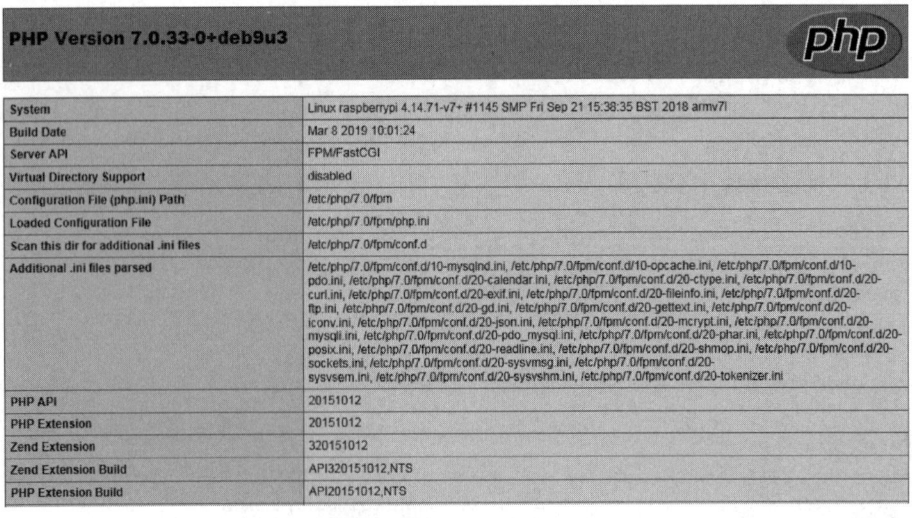

PHP Version 7.0.33-0+deb9u3

System	Linux raspberrypi 4.14.71-v7+ #1145 SMP Fri Sep 21 15:38:35 BST 2018 armv7l
Build Date	Mar 8 2019 10:01:24
Server API	FPM/FastCGI
Virtual Directory Support	disabled
Configuration File (php.ini) Path	/etc/php/7.0/fpm
Loaded Configuration File	/etc/php/7.0/fpm/php.ini
Scan this dir for additional .ini files	/etc/php/7.0/fpm/conf.d
Additional .ini files parsed	/etc/php/7.0/fpm/conf.d/10-mysqlnd.ini, /etc/php/7.0/fpm/conf.d/10-opcache.ini, /etc/php/7.0/fpm/conf.d/10-pdo.ini, /etc/php/7.0/fpm/conf.d/20-calendar.ini, /etc/php/7.0/fpm/conf.d/20-ctype.ini, /etc/php/7.0/fpm/conf.d/20-curl.ini, /etc/php/7.0/fpm/conf.d/20-exif.ini, /etc/php/7.0/fpm/conf.d/20-fileinfo.ini, /etc/php/7.0/fpm/conf.d/20-ftp.ini, /etc/php/7.0/fpm/conf.d/20-gd.ini, /etc/php/7.0/fpm/conf.d/20-gettext.ini, /etc/php/7.0/fpm/conf.d/20-iconv.ini, /etc/php/7.0/fpm/conf.d/20-json.ini, /etc/php/7.0/fpm/conf.d/20-mcrypt.ini, /etc/php/7.0/fpm/conf.d/20-mysqli.ini, /etc/php/7.0/fpm/conf.d/20-pdo_mysql.ini, /etc/php/7.0/fpm/conf.d/20-phar.ini, /etc/php/7.0/fpm/conf.d/20-posix.ini, /etc/php/7.0/fpm/conf.d/20-readline.ini, /etc/php/7.0/fpm/conf.d/20-shmop.ini, /etc/php/7.0/fpm/conf.d/20-sockets.ini, /etc/php/7.0/fpm/conf.d/20-sysvmsg.ini, /etc/php/7.0/fpm/conf.d/20-sysvsem.ini, /etc/php/7.0/fpm/conf.d/20-sysvshm.ini, /etc/php/7.0/fpm/conf.d/20-tokenizer.ini
PHP API	20151012
PHP Extension	20151012
Zend Extension	320151012
Zend Extension Build	API320151012,NTS
PHP Extension Build	API20151012,NTS

图 16-15　PHP 的版本信息

本实例是入门介绍，如果希望学习更多的 PHP 动态网页设计的知识，建议查阅相关资料。

实例 89　用树莓派搭建 DHCP 服务器

1. DHCP 服务器简介

一般来说，DHCP 服务器既可由 Linux 主机实现，也可由微软的 Windows 服务器实现。本实例介绍在树莓派上搭建 DHCP 服务器的工作原理和具体步骤。

位于局域网中的每台计算机都必须拥有 IP 地址才能访问互联网中的网站（Lighttpd 服务器、Apache 服务器、Nginx 服务器、PHP 服务器）。而 DHCP 服务器指能够为局域网中的其他计算机（即客户机）自动分配 IP 地址的主机。

DHCP 服务器的工作原理如图 16-16 所示。

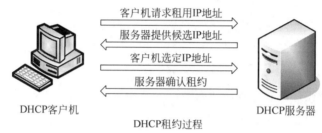

图 16-16　DHCP 服务器的工作原理

动态主机设置协议（dynamic host configuration protocol，DHCP）是一个局域网的网络协议，基于 UDP 工作，主要作用是集中管理、分配 IP 地址，使网络环境中的主机动态地获得 IP 地址、网关地址、域名解析（DNS）服务器地址等重要信息，从而能够在互联网上访问外部网络。

DHCP 采用客户机/服务器模式工作，客户机 IP 地址的动态分配任务由 DHCP 服务器来完成。当接收到来自客户机申请租用 IP 地址的请求信息时，DHCP 服务器会做出响应，向客户机提供候选的 IP 地址等信息；当客户机收到了可以租用的 IP 地址信息后，就会回复服务器，表明已经选定了 IP 地址；当服务器收到了来自客户机的租用 IP 信息后，则会回复 IP 地址租约的确认信息。此后，客户机就可以用这个租用的 IP 地址作为自己在互联网的身份，自由地访问互联网了。

显然，当某一台客户机租约期满后，DHCP 服务器将会自动收回之前出租给这台客户机的 IP 地址；同理，当某台客户机关机后，DHCP 服务器也会自动收回之前出租给这台客户机的 IP 地址，从而使 IP 地址池有足够的 IP 地址以供备用。

注意：DHCP 是基于 UDP 67 和 68 服务端口的，因此当配置防火墙时，要允许服务器使用这两个端口。

2. 在树莓派安装 DHCP 服务器

为了顺利地在树莓派上安装 DHCP 服务器，避免产生冲突，首先要关闭家庭无线路由器中原来的 DHCP 服务器，在浏览器中输入家庭无线路由器的 IP 地址，打开家庭无线路由器的配置界面，在左侧选择"DHCP 服务器"→"DHCP 服务"，然后单击"不启用"单选按钮，最后单击"保存"按钮,如图 16-17 所示。

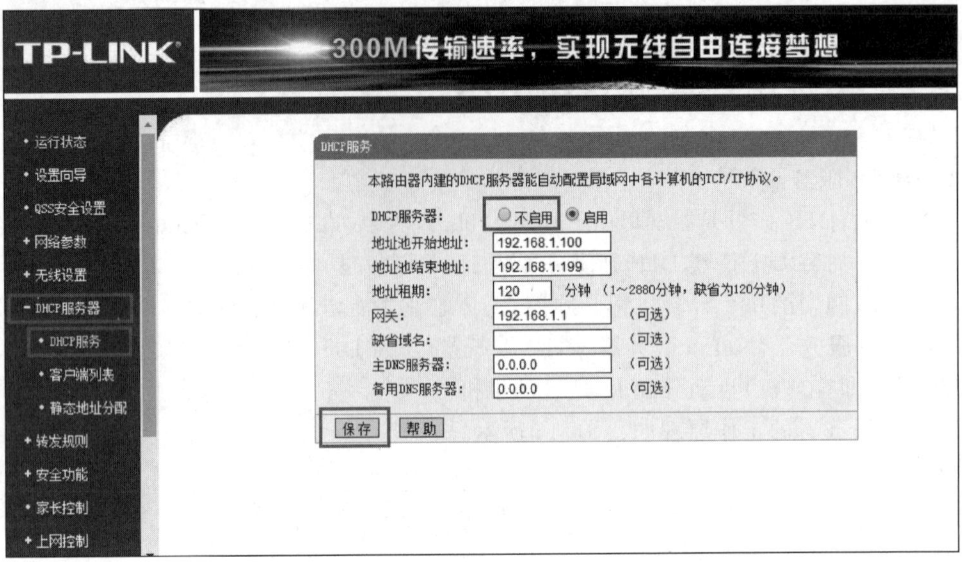

图 16-17　关闭家庭无线路由器中的 DHCP 服务器

接着,需要升级树莓派软件到最新版本,在树莓派的 LX 终端上执行以下的升级命令:

```
sudo apt - get update
sudo apt - get dist - upgrade
```

当顺利地完成系统升级后,就可以安装 DHCP 服务器了。其实,在树莓派上安装 DHCP 服务器的方法很简单,只需要在 LX 终端界面上执行以下 Linux 命令即可完成整个安装过程:

```
sudo apt - get install dhcp3 - server
```

3. 配置树莓派 DHCP 服务器

一般情况下,DHCP 服务安装完成后就可以修改配置文件了,DHCP 服务的配置文件 dhcpd. conf 存放在树莓派的/etc/文件夹中。可以以超级用户身份用 nano 编辑器打开配置文件 dhcpd. conf 进行编辑,即执行 sudo nano /etc/dhcpd. conf 命令来修改配置文件。

在 DHCP 的配置文件 dhcpd. conf 中包含了各种配置选项,常用的配置选项说明如下:

```
ddns - update - style interim;                          //设置 DHCP 互动更新模式
ignore client - updates;                                //忽略客户机更新
subnet 192.168.1.0 netmask 255.255.255.0;               //设置子网地址和子网掩码
option routers 192.168.1.1;                             //设置客户机默认网关
option subnet - mask 255.255.255.0;                     //设置客户机子网掩码
option nis - domain "ixdba.net ";                       //设置 NIS 域
option time - offset - 18000; # Eastern Standard Time   //设置时间偏差
range dynamic - bootp 192.168.1.100 192.168.1.200;      //设置地址池,在本例中,DHCP 服务器
//IP 地址池可以出租给客户机的候选 IP 地址为 192.168.1.100～192.168.1.200
option domain - name " ixdba.net ";                     //设置 DNS 域
option domain - name - servers 192.168.11.1;            //设置 DNS 服务器地址
default - lease - time 21600;                           //设置默认租期,单位为 s
max - lease - time 43200;                               //设置客户端最长租期,单位为 s
```

实例 90　用树莓派搭建 DNS 服务器

1. DNS 服务器的工作原理

提起 DNS 服务器，相信经常上网的读者都不会觉得陌生，因为在访问网站时都需要用 DNS 服务，那么 DNS 服务器究竟是怎样工作的？怎样安装 DNS 服务器？本实例就为你拨开这团团云雾，解开 DNS 服务器这个谜团。

DNS 服务器主要用于帮助用户方便地访问网站，当用户访问网站的时候，可通过 DNS 服务器来进行域名解析，这样，互联网用户就可以在不需要知道网站（即 Web 服务器）IP 地址的情况下直接通过域名来进行访问。

如实例 89 所述，互联网上的每台计算机都分配了一个 IP 地址，数据的传输实际上是在不同 IP 地址之间进行的。包括家庭上网时使用的计算机，在连网后也被分配了一个 IP 地址，这个 IP 地址绝大部分情况下是动态的。也就是说，每次重新开机上网时，DHCP 服务器就会从 IP 地址池中随机取出一个 IP 地址分配给计算机。

实际上，在互联网中，无论是客户机或服务器，在进行通信时都是基于 TCP/IP 的，常用的 IP 地址格式是 IPv4。IPv4 地址由 32 位二进制数组成，为了方便记忆，一般写成用实心圆点分隔的 4 个十进制数，例如，百度网站的 IPv4 地址为 14.215.177.39，新浪网站的 IPv4 地址为 222.76.214.60。

但是，对于普通用户来说，记住 14.215.177.39 或 222.76.214.60 这些数字比较困难，为了方便记忆，互联网专家想到一个巧妙的解决办法，就是用特定的服务将网站的域名与 IPv4 地址对应起来，这样就可以通过域名解析来获得其相应的 IP 地址。而完成域名解析任务的就是 DNS 服务器。

当用户在浏览器地址框中输入某个网站的域名，或者从其他网站单击链接跳转到了这个网站，浏览器会向这个用户的互联网服务提供商（internet service provider，ISP）发出域名解析请求，互联网服务提供商指定的 DNS 服务器就会查询域名数据库，然后从 DNS 服务器中搜索相应的 DNS 记录，也就是搜索这个域名对应的 IPv4 地址。找到这个 IPv4 地址后，就会把地址传送给客户机，此时，客户机的浏览器就可以访问正确的 Web 服务器，并将网页呈现给用户。

2. 在树莓派上安装 DNS 服务器

dnsmasq 是一款方便易用的 DNS 服务器软件，适用于小型网络，相对于 bind 和 dhcpd，dnsmasq 配置起来也比较简单。

在树莓派上，dnsmasq 服务器的安装命令为

```
sudo apt install dnsmasq - y
```

当 dnsmasq 服务器安装完成后，可以通过 dnsmasq -help 命令查看相应的帮助信息。

3. 在树莓派上配置 DNS 服务器

dnsmasq 的配置文件 dnsmasq.conf 位于树莓派的/etc/文件夹中，可以在树莓派的 LX 终端界面上用超级用户身份执行以下命令来修改这个配置文件：

```
sudo nano /etc/dnsmasq.conf
```

删除 strict-order 前面的注释符号♯,这个参数的含义是 dnsmasq 会严格按照 resolv-file 参数指定的文件中的 DNS 服务器进行域名解析。

指定本地域名解析文件 bboysoul_dns. conf 所存放的位置,设置参数

resolv - file = /etc/bboysoul_dns.conf

配置监听地址 listen-address,即指定树莓派的 IP 地址,使局域网中的其他计算机都可以使用树莓派提供的 DNS 服务,设置参数

listen - address = 127.0.0.1,192.168.1.100

设置缓存的大小,参数

cache - size = 10000

因为是用来作缓存的,所以需将这个缓存参数设置得大一点,这里设置为 10000。

配置文件修改完成后,可以按快捷键 Ctrl+O 和快捷键 Ctrl+X 保存配置文件并退出编辑。

创建并编辑本地域名解析文件 bboysoul_dns. conf。

在/etc/文件夹中建立本地域名解析文件 bboysoul_dns. conf,执行以下命令:

sudo nano /etc/bboysoul_dns.conf

在 bboysoul_dns. conf 文件中添加下列参数:

```
nameserver 127.0.0.1
nameserver 202.96.128.166
nameserver 202.96.134.133
nameserver 223.5.5.5
nameserver 223.6.6.6
```

第 1 行的 127.0.0.1 是本机的 IP 地址,第 2 行的 202.96.128.166 是互联网服务提供商所指定的主 DNS 服务器的 IP 地址,第 3 行 202.96.134.133 是互联网服务提供商所指定的辅助 DNS 服务器的 IP 地址,最后两行则是其他已知的公共 DNS 服务器的 IP 地址。

修改完成后,保存文件。

重启 dnsmasq 服务,命令为

service dnsmasq restart

实例 91   用树莓派搭建 FTP 服务器

1. FTP 服务器简介

FTP 服务器(file transfer protocol server)用于在互联网上提供文件传输服务,它们依靠 FTP 提供服务。文件传输协议(file transfer protocol,FTP)是专门用来传输文件的协议。简单地说,支持 FTP 的服务器就是 FTP 服务器。

一般来说,用户联网的首要目的就是实现信息共享,文件传输是信息共享的重要内容。在 Internet 上传输文件并不是一件容易的事,因为 Internet 是一个复杂的计算机网络,计算机主机的类型包括 PC、工作站、Mac,还有小型机、中型机和大型机,据统计,连接在 Internet 上的计算机已有上千万台,而这些计算机可能运行不同的操作系统,如 UNIX、Windows、 macOS 等,要实现在拥有不同操作系统的计算机之间正确传输文件,需要各计算机都遵守一个统一的文件传输协议,这就是 FTP。

与大多数 Internet 服务一样,FTP 也遵循客户机/服务器工作模式。基于不同的操作系统的计算机运行 FTP 应用程序,而所有这些应用程序都遵守相同的 FTP,这样用户通过客户端就可以把文件上传给服务器,或者从服务器端下载文件到本地。

2. 安装 vsftpd 服务器

在 Linux 中,可供选择的 FTP 服务器种类众多。但如果想在树莓派上搭建一个安全、性能高且稳定性好的 FTP 服务器,首选就是 vsftpd 服务器。vsftpd 的全称是 very secure FTP daemon(非常安全的 FTP 进程),它是一个基于 GPL 发布的类 UNIX 系统上使用的 FTP 服务器软件,可以运行在 Linux、BSD、Solaris、HP-UX 等操作系统上。同时,vsftpd 支持很多其他 FTP 服务器不支持的特性,用八个字概括其特点就是"小巧轻快,安全易用",十分适合于树莓派。

在树莓派上安装 vsftpd 服务器的命令为

```
sudo apt – get install  – y vsftpd
```

安装完成后,启动 vsftpd 服务器,命令为

```
sudo service vsftpd start
```

3. 配置 vsftpd 服务器

vsftpd 服务器的配置文件 vsftpd.conf 存放在/etc/文件夹上。安装完成后,执行以下命令编辑 vsftpd.conf 配置文件:

```
sudo nano /etc/vsftpd.conf
```

修改 vsftpd.conf 配置文件中的下列参数:

```
local_enable = YES              ♯ 允许本地访问
write_enable = YES              ♯ 允许写操作
anonymous_enable = NO           ♯ 不允许匿名登录
local_umask = 022               ♯ 修改上传文件的权限,允许用户写文件
```

配置文件修改完成后,保存文件,执行下列命令重新启动 vsftpd 服务:

```
sudo service vsftpd restart
```

4. 添加 FTP 本地用户

添加 FTP 本地用户,需要在/etc/文件夹中创建一个文件 vsftpd.user_list,用于存放 vsftpd 服务器的用户列表。可以使用下列命令修改 vsftpd.user_list 文件,添加一个本地用户 pi:

```
sudo nano /etc/vsftpd.conf        ♯在最后一行添加下列命令
userlist_enable = NO              ♯YES 为禁止 user_list 内用户登录
userlist_file = /etc/vsftpd.user_list
sudo echo "pi" >> /etc/vsftpd.user_list
```

5. 修改/etc/vsftpd.chroot_list 文件

(1) 设置所有的本地用户可以访问根目录,只要将/etc/vsftpd/vsftpd.con 文件中的 chroot_list_enable 和 chroot_local_user 值设置为 YES,即 chroot_list_enable＝YES 且 chroot_local_user＝YES。

（2）设置用户 pi 可以访问根目录，命令为

```
sudo echo "pi" >> /etc/vsftpd.chroot_list
```

6. 修改/etc/ftpuser 文件

此配置文件是在安装时 vsftpd 自动生成的，存放账户黑名单，这些账户一般都是比较敏感的账户，禁止登录 FTP 服务器，如 root 用户。

7. 连接 FTP 服务器

执行以上配置操作后，就可以通过 FTP 连接树莓派系统，以用户名 pi 登录，默认密码是 raspberry，FTP 的根目录是/home/pi，即 pi 用户的 HOME 目录，FTP 连接成功后，就可以上传或下载文件。

实例 92　用树莓派搭建 Samba 服务器

1. Samba 服务器简介

Samba 服务器是在 Linux 和 UNIX 系统上实现 SMB 协议的一个免费软件，由服务器及客户端程序构成。SMB（server messages block，信息服务块）协议是在局域网上共享文件和打印机的通信协议，它为局域网内的不同计算机之间提供文件及打印机等资源的共享服务。SMB 协议是客户机/服务器模式的协议，客户机通过该协议可以访问服务器上的共享文件系统、打印机及其他资源。

Samba 服务器使用 Windows 网上邻居的 SMB 协议，将 Linux 操作系统"伪装成"Windows 操作系统，使运行 Windows 操作系统的计算机可以通过网上邻居的方式来对树莓派上的文件进行文件传输。

SMB 协议的工作原理是让 NetBIOS 与 SMB 协议运行在 TCP/IP 上，且使用 NetBIOS 名称服务让用户的 Linux 主机可以被运行 Windows 操作系统的计算机的网上邻居看到，这样就能与 Windows 计算机在网上相互沟通，共享文件与服务。

Samba 的两个主要进程是 smbd 和 nmbd。smbd 进程提供文件和打印服务；nmbd 进程提供 NetBIOS 名称服务和浏览支持，帮助 SMB 客户定位服务器，处理所有基于 UDP 的协议。

2. 安装 Samba 服务器

在树莓派的 LX 终端界面上执行下列命令来安装 Samba 服务器：

```
sudo apt-get update
sudo apt-get install samba samba-common-bin
```

3. 配置 Samba 服务器

Samba 服务器的配置文件 smb.conf 存放在树莓派的/etc/samba/文件夹，编辑配置文件的命令为

```
sudo nano /etc/samba/smb.conf
```

在配置文件末尾添加以下内容：

```
[share]                    # share 为共享文件夹的名称，将在网络上显示此名称
path = /share              # 共享文件的路径
```

```
valid users = pi            ♯允许访问的用户名称
browseable = yes            ♯允许浏览文件夹
public = yes                ♯可以共享
writable = yes              ♯可以写入文件
```

编辑完成后,保存文件,并重新启动 Samba 服务,命令为

```
sudo service samba restart
```

4. 添加 Samba 用户

重启 Samba 服务后,可添加共享用户 pi 并设置密码,命令如下:

```
sudo smbpasswd – a pi
New SMB password:           ♯输入 pi 用户的密码
Retype new SMB password:    ♯重复输入 pi 用户的密码
Added user pi               ♯表示已经成功添加 pi 用户
```

5. 测试 Samba 服务器

在 Windows 7 系统上,执行"开始"→"运行"命令,输入树莓派的 IP 地址,单击"确定"按钮,访问 Samba 服务器,在本实例中假设树莓派的 IP 地址是 192.168.3.104,如图 16-18 所示。

图 16-18 访问 Samba 服务器

双击打开 Samba 服务器中的 share 文件夹,输入用户名 pi 以及密码,通过身份验证后,可以访问 Samba 服务器,此后便可在 share 文件夹中任意复制或者删除文件,如图 16-19 所示。

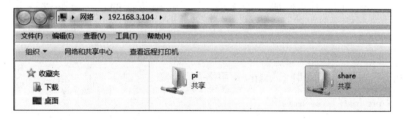

图 16-19 访问 share 文件夹

实例 93 用树莓派搭建电子邮件服务器

1. 电子邮件系统简介

一个完整的电子邮件系统包括邮件用户代理程序、电子邮件服务器和电子邮件协议 3 部分。

邮件用户代理(mailer user agent,MUA)程序的功能是帮助用户发送和接收电子邮件,

常用的邮件用户代理程序有 Outlook、Outlook Express 和 Foxmail 等。

电子邮件服务器是处理邮件交换的软硬件的总称,包括电子邮件程序、电子邮件箱等。它为用户提供全由 E-mail 服务的电子邮件系统,人们通过访问电子邮件服务器实现邮件的交换。服务器程序通常不能由客户端运行,而是一直在电子邮件服务器中运行,它一方面负责把客户端提交的 E-mail 发送出去,另一方面负责接收其他电子邮件服务器转发过来的 E-mail,并把各种电子邮件分发给正确的用户。

电子邮件协议包括 SMTP、POP3 和 IMAP。

SMTP(simple mail transfer protocol,简单邮件传输协议)是一组用于由源地址到目的地址传送邮件的规则,用于控制邮件的中转方式。SMTP 属于 TCP/IP 协议族,它帮助每台计算机在发送或中转邮件时找到下一个目的地。通过 SMTP 指定的服务器可以把 E-mail 发送到收信人的服务器上。SMTP 服务器是遵循 SMTP 的发送邮件服务器,用来发送或中转发出的电子邮件。

POP3(post office protocol-version 3,邮局协议版本 3)是规定个人计算机如何连接到互联网上的邮件服务器进行收发邮件的协议。它是因特网电子邮件的第一个离线协议标准,POP3 允许用户从服务器上把邮件存储到本地主机上,同时根据客户端的操作删除或保存在邮件服务器上的邮件。POP3 服务器是遵循 POP3 协议的接收邮件服务器,用来接收电子邮件。

IMAP(internet mail access protocol,交互式邮件存取协议)是邮件管理协议。它的主要作用是邮件客户端(如 MS Outlook Express)可以通过这种协议从邮件服务器上获取邮件的信息、下载邮件等,国际标准是 RFC3501。IMAP 运行在 TCP/IP 之上,使用的端口是143。它与 POP3 的主要区别是用户不用下载所有的邮件,可以通过客户端直接对服务器上的邮件进行操作。

2. 安装电子邮件服务器

常用的电子邮件服务器包括 Sendmail、Qmail 和 Postfix 等。Sendmail 是一款经典的电子邮件服务器。本实例介绍如何在树莓派上安装 Sendmail 电子邮件服务器。

在安装 Sendmail 电子邮件服务器之前,需要对树莓派的系统软件进行升级和更新,命令为

```
sudo apt-get update
```

然后执行下列命令来安装 Sendmail 服务器:

```
sudo apt-get install sendmail -y
sudo apt-get install sendmail-cf
```

发送电子邮件时,除了文字之外,还经常需要发送图片和视频等附件,因此需要安装电子邮件附件的发送和接收功能,命令为

```
sudo apt-get install mailutils
```

3. 配置 Sendmail 服务器

与 Sendmail 服务器相关的配置文件包括 sendmail.cf、sendmail.mc、access.db 和 aliases.db 等。

sendmail.cf 是 Sendmail 的主配置文件,所有 Sendmail 的配置参数都保存在这个文件

中,但是这个文件语法复杂,不易理解。因此,建议不要直接修改这个文件,而是修改宏文件 sendmail. mc。

　　sendmail. mc 是与主配置文件完全对应的宏文件,其实它的内容与主配置文件 sendmail. cf 完全一样,但是语句易于理解。当 sendmail. mc 宏文件修改完成后,可用 m4 程序把宏文件 sendmail. mc 转换为主配置文件 sendmail. cf。

　　access. db 是数据库文件,记录了哪些域名或哪些 IP 地址的计算机可以访问本地邮件服务器,以及是哪种类型的访问。数据库文件 access. db 是由纯文本文件 access 转换而成的,格式为“地址 操作符”,操作符为 OK,表示允许将邮件传送到指定地址的计算机;操作符为 REJECT,表示拒绝来自指定地址的邮件;操作符为 RELAY,表示允许通过这个邮件服务器将邮件发送到任何地方。

　　aliases. db 是别名数据库文件,主要用来存放用户的别名。例如,某个用户的名称为 cindy,别名为 cander,由于是同一个人,实际上使用同一个邮箱,因此,只需要为这个用户创建一个别名即可。在这里,aliases. db 是一个数据库格式文件,不能直接编辑,只能先编辑 aliases 文本文件,然后使用 newaliases 命令将其转换为 aliases. db 数据库文件。

　　(1) 执行下列命令编辑宏文件 sendmail. mc:

```
sudo nano /etc/mail/sendmail.mc
```

在宏文件 sendmail. mc 中找到包含 IP 地址 127.0.0.1 的命令:

```
DAEMON_OPTIONS('Family = inet, Name = MTA - v4, Port = smtp, Addr = 127.0.0.1')dnl
```

然后,把这两个 IP 地址 127.0.0.1 都修改为 0.0.0.0,使邮件服务器可以连接到任何 IP 地址。

　　按快捷键 Ctrl+O 保存宏文件,再按快捷键 Ctrl+X 退出后,用下列命令生成新的配置文件:

```
cd /etc/mail                      # 转入/etc/mail/文件夹
mv sendmail.cf sendmail.org       # 备份原来的 Sendmail 配置文件
m4 sendmail.mc > sendmail.cf      # 把宏文件 sendmail.mc 转换为主配置文件
```

　　(2) 需要设置用户对邮件服务器的访问权限,访问权限数据库文件 access. db 存放在树莓派的/etc/mail 文件夹中,执行以下命令编辑访问权限:

```
sudo nano /etc/mail/access
```

添加以下几行内容:

```
Connect:localdomain.tst RELAY   # 允许 localdomain.tst 网域使用服务器转发邮件
Connect:127.0.0.1 RELAY         # 允许本机用户使用服务器转发邮件
Connect:192.168.0 RELAY         # 允许 192.168.0 网段内用户使用服务器转发邮件
Connect:192.168.1 REJECT        # 拒绝 192.168.1 网段内用户使用服务器转发邮件
Connect:ki.local RELAY          # 允许 ki.local 网域使用服务器转发邮件
```

保存文本文件并退出。

　　(3) 转入/etc/mail 文件夹并使用 makemap 命令生成 access. db 数据库文件。命令为

```
cd /etc/mail
makemap hash access.db < access
```

　　(4) 修改/etc/hosts 文件,删除其中的 IPv6 的记录,加入 192.168.1.22 ki.local 这一行,命令为

```
sudo nano /etc/hosts
192.168.1.22  ki.local(在这里,设置树莓派对应的电子邮件后缀为@ki.local)
```

(5) 修改/etc/mail/local-host-names 文件,加入 ki.local 这一行,命令为

```
sudo nano /etc/mail/local - host - names
ki.local
```

(6) 执行以下命令使配置生效:

```
sudo sendmailconfig
```

在执行过程中,当出现提示时,都回答 y。

4. 安装和配置 POP3 服务

Sendmail 仅提供 SMTP 服务,不提供 POP3 服务,因此还需要在树莓派上继续安装 POP3 服务,命令为

```
sudo apt - get install dovecot - pop3d
```

修改/etc/dovecot/文件夹中的 conf.10-auth.conf 文件,命令为

```
sudo nano /etc/dovecot/conf.d/10 - auth.conf
```

删除 disable_plaintext_auth 前的注释符号"#",并将其值改为 no。

修改/etc/dovecot/文件夹中的 10-ssl.conf 文件,命令为

```
sudo nano /etc/dovecot/10 - ssl.conf
```

找到 ssl 所在行,并确认 ssl 的值设置为 no,即 ssl=no。

5. 启动电子邮件服务

要启动 Sendmail 服务,需要执行以下命令:

```
sudo service sendmail restart
```

要启动 POP3 服务,需要执行以下命令:

```
sudo service dovecot restart
```

6. 测试邮件

向邮件服务器中的电子邮箱发送一封电子邮件,然后执行 mail 命令进行测试,测试结果如图 16-20 所示。

```
pi@raspberrypi:~ $ mail
"/var/mail/pi": 2 messages 2 new
>N   1 pi@raspberrypi      四 7月 12 20:3  15/525   TEST FROM PI
 N   2 PI@树莓派         四 7月 12 20:5  18/720   数据库邮件测试
? 2
Return-Path: <pi@ki.local>
Received: from DESKTOP-9HDFOPQ ([192.168.1.15])
        by raspberrypi (8.15.2/8.15.2/Debian-8) with ESMTP id w6CCrbFV007765
        for <pi@ki.local>; Thu, 12 Jul 2018 20:53:38 +0800
Message-Id: <201807121253.w6CCrbFV007765@raspberrypi>
Sensitivity: Normal
Importance: Normal
MIME-Version: 1.0
From: "PI@树莓派" <pi@ki.local>
To: pi@ki.local
Reply-To: pi@ki.local
Date: 12 Jul 2018 20:50:53 +0800
Subject: 数据库邮件测试
Content-Type: text/plain; charset=utf-8
Content-Transfer-Encoding: 8bit
X-MIME-Autoconverted: from base64 to 8bit by raspberrypi id w6CCrbFV007765
```

图 16-20 测试电子邮件服务器

实例 94　用树莓派搭建代理服务器

1. 代理服务器简介

代理(proxy)也称网络代理,是一种特殊的网络服务,允许一个网络终端(一般为客户机)通过这个服务与另一个网络终端(一般为服务器)进行非直接的连接。网关和路由器等网络设备可以配备网络代理功能。一般认为代理服务有利于保障网络终端的隐私或安全,防止黑客攻击。

提供代理服务的计算机系统或其他类型的网络终端称为代理服务器。一个完整的代理请求过程是客户机首先与代理服务器创建连接,根据代理服务器所使用的代理协议请求对目标服务器创建连接,或者获得目标服务器的指定资源(如文件)。在后一种情况中,代理服务器可能将目标服务器的资源下载至本地缓存,如果客户机所要获取的资源在代理服务器的缓存之中,则代理服务器不会向目标服务器发送请求,而是直接返回缓存中的资源。一些代理协议允许代理服务器改变客户机的原始请求或目标服务器的原始响应,以满足代理协议的需要。代理服务器的选项和设置保存在计算机程序中,通常包括一个防火墙,允许用户输入代理地址,它会遮盖用户的网络活动,允许绕过互联网过滤实现网络访问。

代理服务器软件很多,常用的有 Squid、Sygate、Wingate、Isa、Ccproxy 等。本实例介绍 Squid 代理服务器。

Squid 是开源代理服务器软件,可在免费软件基金会的 GNU 通用公共许可证下使用。Squid 最开始是设计在 UNIX 系统上运行的,目前也能在 Windows 系统上运行。

2. 安装 Squid 代理服务器

安装 Squid 代理服务器的命令如下:

```
sudo apt - get install squid3
```

3. 配置 Squid 代理服务器

(1) 备份 Squid 的配置文件。Squid 配置文件 squid. conf 存放在/etc/squid 文件夹中,备份命令为

```
sudo cp /etc/squid/squid.conf   /etc/squid/squid.conf.bak
```

(2) 修改 Squid 代理服务器的配置文件,命令为

```
sudu nano /etc/squid/squid.conf
```

在配置文件中找到 http_access allow localnet,把前面的 ♯ 去掉。

在 ♯ acl localnet src 后面加入一行访问控制列表,把允许用代理服务器上网的 IP 地址加进去:

```
acl localnet src 10.16.36.0/22
```

删除 ♯ dns_v4_first off 前面的 ♯,改为 dns_v4_first on。

修改 Cache 的配置参数如下:

```
cache_mem 256 MB
```

```
maximum_object_size 4096 MB
maximum_object_size_in_memory 8192 KB
```

配置文件修改完成后，保存文件并退出。

4. 启动 Squid 代理服务器

启动 Squid 代理服务器的命令如下：

```
sudo service squid restart
```

## 第 17 章

树莓派语音处理

实例 95　用树莓派制作微型广播电台

树莓派的 GPIO 引脚能用于信号输出，因此，可以把音频信号经树莓派 FM 调制后从 GPIO 引脚输出，这样树莓派就变成了一个微型 FM 发射器，即微型广播电台，可以由用户指定发射频率，打开 FM 调频收音机，调到对应频道就可以接收树莓派播放的 FM 广播信号。

本例通过安装 PiFmRds 实现将树莓派变成微型 FM 广播电台。

1. 安装过程

安装 sndfile 库，命令如下：

```
sudo apt - get install libsndfile1 - dev
```

克隆 PiFmRds 的源代码，命令如下：

```
git clone https://github.com/ChristopheJacquet/PiFmRds.git
```

进行编译，命令如下：

```
cd PiFmRds/src
make clean
make
```

2. 播放命令

编译完成后，执行 sudo ./fm_transmitter 命令发射 FM 信号。pi_fm_rds 命令的格式为

```
sudo ./fm_transmitter - audio filename - freq frequency
```

其中，—audio filename 用于指定要播放的音频文件（WAV 格式）；—freq frequency 用于指定发射信号的频率。

例如，在 88.8 频道播放 music.wav 文件，命令如下：

```
sudo ./fm_transmitter - audio sound.wav - freq 88.8
```

3. 增强播放效果

为增强 FM 信号，在树莓派 GPIO BCM4（物理引脚 7）引脚接一根长 20cm 的杜邦线作

为发射天线,如图17-1所示,然后使用FM(调频)收音机收听,在3m范围内能正常收听。

图17-1 树莓派FM发射器

经测试,命令fm_transmitter在树莓派3B能正常使用,但不能用于4B/5B。

注意:在我国,未经国家主管部门批准发射无线电信号的行为是违法的,需在法律允许范围内进行本实验。

实例96 用树莓派实现语音合成

1. 语音合成技术简介

语音合成是利用电子计算机和一些专门装置模拟人发出语音的技术。

语音合成和语音识别技术是实现人机语音通信,建立一个有听和讲能力的语音处理系统所需的两项关键技术。使计算机具有类似于人的说话能力,是当今时代信息产业的重要竞争市场。和语音识别相比,语音合成的技术要成熟一些,并已开始向产业化方向成功迈进,大规模应用指日可待。

语音合成,又称文语转换(text to speech)技术,能将任意文字信息实时转换为标准流畅的语音朗读出来,相当于给机器装上了嘴巴。它涉及声学、语言学、数字信号处理、计算机科学等多个学科技术,是中文信息处理领域的一项前沿技术,解决的主要问题就是如何将文字信息转换为声音信息,即让机器像人一样开口说话。这里所说的"让机器像人一样开口说话"与传统的声音回放设备(系统)有本质的区别。传统的声音回放设备(系统),如磁带录音机,是通过预先录制声音然后回放来实现"让机器说话"的。这种方式无论是在内容、存储、传输或者方便性、及时性等方面都受到很大的限制。而通过计算机语音合成则可以在任何时候将任意文本转换成具有高自然度的语音,从而真正实现让机器"像人一样开口说话"。

2. 安装和使用Festival语音合成软件

Festival是一款简单易用的语音合成软件,其安装和使用方法如下。

在树莓派LX终端界面上执行下列命令更新树莓派系统:

```
sudo apt-get update
```

在LX终端界面上执行下列命令安装Festival:

```
sudo apt-get install festival
```

安装完成后,就可以在LX终端界面上执行下列命令启动Festival:

```
festival
```

启动 Festival 后,执行 help 命令查看帮助信息,如图 17-2 所示。

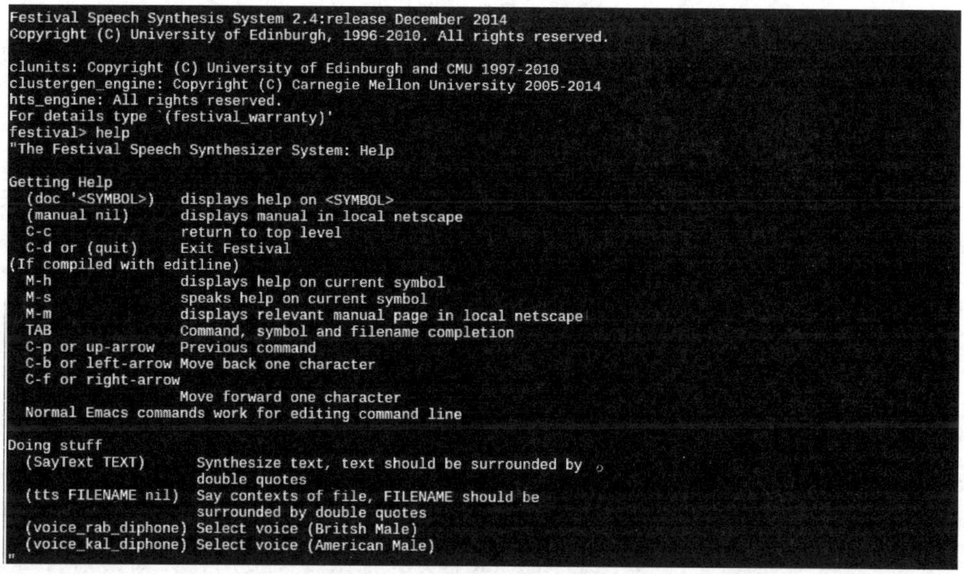

```
Festival Speech Synthesis System 2.4:release December 2014
Copyright (C) University of Edinburgh, 1996-2010. All rights reserved.

clunits: Copyright (C) University of Edinburgh and CMU 1997-2010
clustergen_engine: Copyright (C) Carnegie Mellon University 2005-2014
hts_engine: All rights reserved.
For details type '(festival_warranty)'
festival> help
"The Festival Speech Synthesizer System: Help

Getting Help
  (doc '<SYMBOL>)    displays help on <SYMBOL>
  (manual nil)       displays manual in local netscape
  C-c                return to top level
  C-d or (quit)      Exit Festival
(If compiled with editline)
  M-h                displays help on current symbol
  M-s                speaks help on current symbol
  M-m                displays relevant manual page in local netscape
  TAB                Command, symbol and filename completion
  C-p or up-arrow    Previous command
  C-b or left-arrow  Move back one character
  C-f or right-arrow
                     Move forward one character
  Normal Emacs commands work for editing command line

Doing stuff
  (SayText TEXT)     Synthesize text, text should be surrounded by
                     double quotes
  (tts FILENAME nil) Say contexts of file, FILENAME should be
                     surrounded by double quotes
  (voice_rab_diphone) Select voice (Britsh Male)
  (voice_kal_diphone) Select voice (American Male)
"
```

图 17-2　Festival 的帮助信息

从图 17-2 中可以看出,实现语音合成的命令格式是 SayText Text,Text 表示需要实现合成的文本,这是一个字符串,要用英文的双引号引起来。例如:

SayText "Hello,This is a example for Text to Speech."

树莓派会用英语朗读"Hello,This is a example for Text to Speech."这个句子。

也可以预先把需要朗读的句子保存到一个文件中,然后让树莓派直接打开这个文件来朗读,命令格式是 tts FILENAME nil,FILENAME 是文件名,也要用英文的双引号引起来。执行下列命令编辑文本文件 sayfile:

sudo nano sayfile

在 sayfile 文件中输入一些英文句子,例如"Hi! My friend,What are you doing?"
接着,按快捷键 Ctrl+O 保存文件,并按快捷键 Ctrl+X 退出。

然后,可以在 Festival 工作界面中执行下列命令朗读 sayfile 文件中的句子:

tts "sayfile" nil

朗读结束,可以使用命令 quit 退出 Festival。

3. 安装和使用 eSpeak 语音合成软件

Festival 语音合成软件有一个缺点,不能合成中文句子。因此需要再介绍另一款语音合成软件 eSpeak。

在树莓派 LX 终端界面上下列命令更新树莓派系统:

sudo apt-get update

在 LX 终端界面上下列命令来安装 eSpeak,安装过程需要持续一段时间:

sudo apt-get install espeak

安装完成后,可以在 LX 终端界面上执行命令 espeak —vzh text 来朗读中英文句子。例如:

espeak —vzh 床前明月光,疑是地上霜.举头望明月,低头思故乡.

屏幕上会出现许多行英文提示信息,不必理会,同时树莓派会用男声来朗读句子。如果需要用女声来朗读,则可以改用如下命令:

espeak —vzh+f3 床前明月光,疑是地上霜.举头望明月,低头思故乡.

如果听不到声音,是因为 espeak 命令需要让系统在启动时加载和音频相关的模块,可用以下命令编辑树莓派的启动配置文件:

sudo nano /boot/config.txt

在配置文件的最后加上一行:

dtparam=audio=on

按快捷键 Ctrl＋O 保存配置文件,并按快捷键 Ctrl＋X 退出。重新启动后,再执行 espeak 命令,就可以听到声音了。

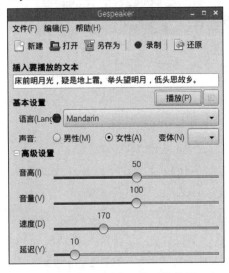

图 17-3　Gespeaker 的工作界面

eSpeak 的工作界面不够直观和友好,因此,eSpeak 官方又推出了图形工作界面的语音合成软件 Gespeaker。执行如下命令来安装 Gespeaker:

sudo apt—get install gespeaker

安装完成后,单击屏幕左上角的树莓派主菜单,选择"影音",就可以找到 Gespeaker,单击此项即可启动 Gespeaker,其工作界面如图 17-3 所示。

在"插入要播放的文本"文本框中输入需要语音合成的文字,然后单击"播放"按钮,可以听到声音。如果需要改为男声,只要选中"男性"单选按钮即可。

Gespeaker 还具有语音录制功能,可以把合成的语音录制成 WAV 格式的音频文件。录制前单击"录制"按钮,并且按照提示信息指定需要录制的 WAV 文件名和保存路径,然后回到 Gespeaker 工作界面,单击"播放"按钮,可以在播放的同时录制 WAV 音频文件。

实例 97　用树莓派实现语音报时温度计

在本例中,通过编程将传感器技术和语音合成技术结合起来,使树莓派变成一个语音报时温度计。

1. 在 Python 中调用 eSpeak 语音合成软件

在 Python 语言环境中调用 Linux 操作系统命令的方法如下。

首先执行 import os 命令导入操作系统模块 os。然后用 os.system(command)来调用操作系统命令。例如,需要在 Python 语言环境中用语音朗读"床前明月光,疑是地上霜。

举头望明月,低头思故乡"这首诗,命令如下:

```
import os
say = "espeak - vzh 床前明月光,疑是地上霜.举头望明月,低头思故乡."
```

最后,在 Python 中执行命令 os. system(say)即可朗读句子。

2. 在 Python 中实现语音报时

在 Python 语言环境中获取系统时间的方法如下。

首先执行 import datetime 命令导入日期和时间模块。然后用下列命令获取并显示当前时间:

```
now_time = datetime. datetime. now(). strftime('%H:%M')
print(now_time)
```

如果需要语音报时,则需要执行下列命令:

```
say0 = "espeak -vzh 你好!当前时间是" + now_time
os. system(say0)
```

3. 语音报告当前温度和湿度

可以在本书实例 83 树莓派连接 DHT11 温湿度传感器的基础上,增加语音报告温度和湿度的功能,具体步骤如下:

首先,在图 15-11 所示的 Python 程序的第 3 行插入以下两行代码,结果如图 17-4 所示。

图 17-4　语音报时温度计程序

```
import os
import datetime
```

然后，将图 15-12 中的从"if check == tmp:"到 else 的代码替换为如下代码：

```
now_time = datetime.datetime.now().strftime('%H:%M')
print(now_time)
print ("temperature :", temperature, "*C, humidity :", humidity, "%")
say0 = "espeak - vzh 你好! 当前时间是" + now_time
os.system(say0)
say1 = "espeak - vzh 你好! 当前温度是" + str(temperature) + "度."
os.system(say1)
say2 = "espeak - vzh 你好! 当前湿度是百分之" + str(humidity)
os.system(say2)
```

修改完成后的代码如图 17-5 所示。保存好文件，然后运行程序，可以听到语音报时和语音播报温度和湿度。

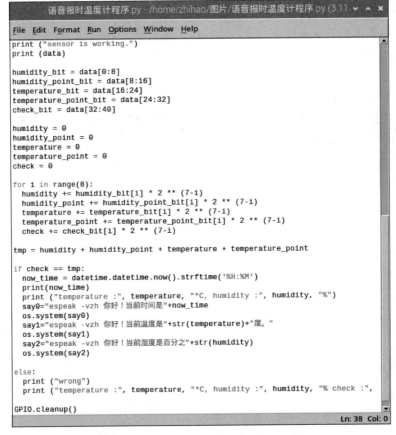

图 17-5　修改后的语音报时温度计程序

实例 98　用树莓派实现声控电灯

在本实例中，通过编程将语音识别技术与 GPIO 接口技术结合起来，使树莓派变成一个声控电灯——能听懂人的语音命令，开启或关闭电灯。

1. 语音识别技术简介

语音识别技术，也称为自动语音识别（automatic speech recognition，ASR），其目标是将人类语音中的词汇转换为可以在计算机中表示的文本。

最早的基于电子计算机的语音识别系统是由 AT&T 贝尔实验室开发的 Audrey 语音识别系统，它能够识别 10 个英文数字。其识别方法是跟踪语音中的共振峰。该系统能达到 98％的正确率。到 20 世纪 50 年代末，伦敦学院的 Denes 将语法概率技术加入语音识别系统中。

20 世纪 60 年代，人工神经网络引入语音识别。这一时期的两大突破是线性预测编码（linear predictive coding，LPC）和动态时间规整（dynamic time warp）技术。

语音识别技术的最重大突破是隐马尔可夫模型（hidden Markov model，HMM）的应用。从 Baum 提出相关数学推理，经过 Labiner 等人的研究，卡内基-梅隆大学的李开复博士最终实现了第一个基于 HMM 的非特定人大词汇量连续语音识别系统 Sphinx。严格来说，此后的语音识别技术都没有脱离 HMM 的框架。

国外比较知名的语音识别系统有 IBM VIAVoice 和苹果公司的智能语音助手 Siri，国内比较知名的语音识别系统是百度语音系统和科大讯飞语音系统。

近年来，语音识别技术在移动终端上的应用最为火热，语音对话机器人、语音助手、互动工具等层出不穷，许多互联网公司纷纷投入人力、物力和财力展开此方面的研究和应用，目的在于通过语音交互的新颖和便利模式迅速占领客户群。

一个完整的基于统计的语音识别系统可大致分为 3 部分：

（1）语音信号预处理与特征提取；

（2）声学模型与模式匹配；

（3）语言模型与语言处理。

2. 给树莓派添加 USB 声卡

树莓派并没有声音输入设备，因此，要实现语音识别，需要为树莓派添加 USB 接口的声卡和麦克风。

USB 接口的声卡如图 17-6 所示。一端的 USB 接口连接树莓派的 USB 接口，另一端的红色小圆孔连接 3.5mm 接口的麦克风，绿色小圆孔则连接耳机或有源音箱。

典型的 3.5mm 接口的麦克风如图 17-7 所示。

图 17-6　USB 接口的声卡

图 17-7　麦克风

3. Snowboy 语音识别引擎简介

Snowboy 是一个可定制的热门词检测引擎，可以让树莓派离线识别热门词，不需要依赖于网络。目前，百度的语音唤醒实际上使用的也是 Snowboy 引擎。

Snowboy 语音识别引擎的主要特性如下：

（1）高度可定制。可自定义任何唤醒词，只需要在 https://snowboy.kitt.ai/网站上进行唤醒词模型训练即可。

（2）持续实时监听，又能够保护用户的隐私。因为 Snowboy 语音唤醒的机制不需要链接到互联网，所以比较安全。

（3）轻量级和嵌入式。可以在所有版本的树莓派上正常运行，在树莓派 Zero（单核 700M Hz ARMv6）上消耗不到 10% 的 CPU 资源。

4. 在树莓派上安装 Snowboy 语音识别引擎

为了让树莓派在 Python 语言中运行 Snowboy 语音识别引擎，必须安装下列软件：

SoX (实现音频转换)
PortAudio or PyAudio (实现音频捕捉)
SWIG 3.0.10 或以上版本(Snowboy 内核)
Atlas or OpenBLAS (矩阵运算模块)

1）安装 SoX

执行下列命令安装音频转换和音频捕捉相关软件 SoX、PortAudio 和 Python 的 PyAudio 绑定模块：

```
sudo apt-get install python-pyaudio python3-pyaudio sox
pip install pyaudio
```

音频软件安装完成后，执行 sox -d -d 命令，如果安装正常，对着麦克风说话，应能听到回声。

此时，如果执行 rec test.wav 命令，应能自动录音，并且保存到 test.wav 文件中。

2）安装 Snowboy 内核 SWIG

执行下列命令安装 Snowboy 内核 SWIG：

```
sudo apt-get install swig
```

树莓派会安装最新版的 Snowboy 内核。

3）安装 Atlas 矩阵运算库

执行下列命令安装 Atlas 矩阵运算库：

```
sudo apt-get install libatlas-base-dev
```

4）下载并解压 Snowboy 的 Python 演示代码

访问以下链接地址下载并解压 Snowboy 的 Python 演示代码：

```
https://s3-us-west-2.amazonaws.com/snowboy/snowboy-releases/rpi-arm-raspbian-8.0-1.3.0.tar.bz2
```

解压完成后，在下载文件夹/home/pi/Downloads/中，会找到 Python 演示代码文件夹 /rpi-arm-raspbian-8.0-1.3.0/，文件结构如下：

```
├─── README.md
├─── _snowboydetect.so
├─── demo.py
├─── demo2.py
├─── light.py
├─── requirements.txt
```

```
│      ├──── ding.wav
│      ├──── dong.wav
│      ├──── common.res
│      └──── snowboy.umdl
├──── snowboydecoder.py
├──── snowboydetect.py
└──── version
```

将资源文件夹/resources/中的通用模型文件 snowboy.umdl 复制到上一级的文件夹/rpi-arm-raspbian-8.0-1.3.0/中。

5. 试运行 Snowboy 语音识别引擎

执行下列命令转入 Python 演示代码文件夹：

cd /home/pi/Downloads/rpi-arm-raspbian-8.0-1.3.0/

然后执行下列命令启动 Snowboy 语音识别引擎：

python demo.py snowboy.umdl

执行以上命令的作用是识别唤醒词 snowboy，此时只要对着麦克风用英语说 snowboy，树莓派会发出"叮"的一声，并且会给出如下提示信息：

INFO:snowboy:Keyword 1:Detected at time:年-月-日 时:分:秒

当然，如果对着麦克风说其他单词，树莓派不会有任何响应。

6. 更换 Snowboy 的唤醒词

如果要更换唤醒词，只要把命令 python demo.py snowboy.umdl 中的 snowboy.umdl 更换为其他模型文件即可。通用模型文件的扩展名为.umdl，自定义模型文件的扩展名为.pmdl。

可以访问 Snowboy 的源代码网站 https://github.com/Kitt-AI/snowboy，从中找到并下载其他的通用模型文件，例如 smart_mirror.umdl（智能镜子），然后执行下列命令：

python demo.py smart_mirror.umdl

这样，树莓派识别的唤醒词就变成了英语单词 smart_mirror。

如果执行程序 demo2.py，可以让树莓派同时识别两个唤醒词，命令格式如下：

python demo2.py 模型文件1 模型文件2

例如，执行以下命令：

python demo2.py snowboy.umdl smart_mirror.umdl

则树莓派能同时识别 snowboy 和 smart_mirror 这两个唤醒词，会分别发出"叮"或"咚"的声音。

7. 自定义唤醒词模型训练

访问 https://snowboy.kitt.ai/网站，单击右上角的 Login 按钮登录网站后，只需3步，就可以轻松完成自定义唤醒词模型训练。指定唤醒词的工作界面如图 17-8 所示。

第1步，在 Hotword Name（唤醒词）文本框中填写"电灯"，在 Language（语言）下拉列表中选择 Chinese（中文），并在 Personal Comment（个人注释）文本框中填写"电灯"，然后单击右下角 Record my voice（录制我的声音）按钮，即可进入录制唤醒词的工作界面，如图 17-9 所示。

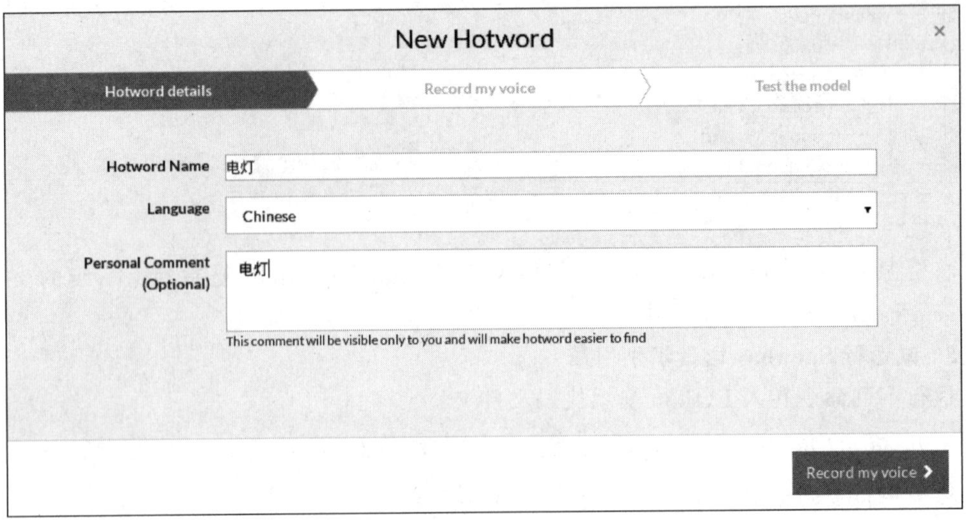

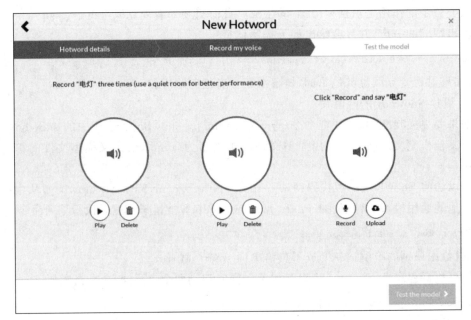

图 17-8　指定唤醒词的工作界面

图 17-9　录制唤醒词的工作界面

第 2 步，在录制唤醒词的工作界面中，需要对唤醒词进行 3 次录音。Record 是录音按钮，Upload 是上传按钮，Play 是播放按钮，Delete 是删除按钮。在这一步，单击 Record 录音按钮，并朗读唤醒词"电灯"进行录音。录音 3 次后，右下角的 Test the model（测试模型）按钮会变成绿色，单击该按钮，即可进入测试唤醒词模型的工作界面，如图 17-10所示。

第 3 步，在测试唤醒词的工作界面中，单击 Run the test（运行测试）按钮，并朗读"电灯"，对唤醒词进行语音识别测试。此时，可以拖动右边的蓝色小圆，调整麦克风检测语音的灵敏度。如果唤醒词模型测试成功，右下角的 Save and download（保存并下载）按钮会变成绿色。单击该按钮，即可下载自定义的唤醒词模型。

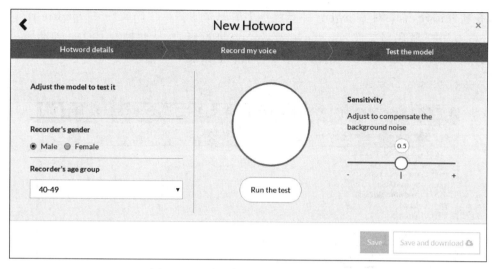

图 17-10　测试唤醒词模型的工作界面

可以在树莓派的/home/pi/Downloads/文件夹中找到刚才下载的"电灯"模型文件"电灯.pmdl",把这个文件名更改为 lamp.pmdl,并复制到树莓派的/home/pi/Downloads/rpi-arm-raspbian-8.0-1.3.0/文件夹中。

然后,即可执行下列命令测试自定义的唤醒词"电灯":

```
cd /home/pi/Downloads/rpi-arm-raspbian-8.0-1.3.0/
python demo.py lamp.pmdl
```

当对着麦克风用汉语说"电灯"时,树莓派会发出"叮"的一声,并且给出以下提示信息:

```
INFO:snowboy:Keyword 1:Detected at time:年-月-日 时:分:秒
```

当然,如果对着麦克风说其他单词,则树莓派不会做出任何响应。

8. 用 Snowboy 和 GPIO 设计声控电灯

声控电灯的电路如图 17-11 所示。发光二极管的正极(即较长的引脚)串联一只 330Ω电阻接到 GPIO17 引脚,发光二极管的负极(即较短的引脚)则接到地线(GND),并且把GPIO17 引脚连接至 GPIO22 引脚。

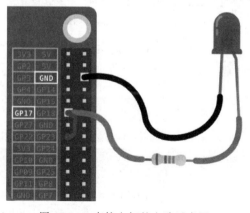

图 17-11　声控电灯的电路示意图

在软件部分,需要对 Snowboy 语音唤醒引擎原来的演示代码文件夹/rpi-arm-raspbian-8.0-1.3.0/中的解码器文件 snowboydecoder.py 进行修改,从而控制 LED。如图 17-12 所示,修改 snowboydecoder.py 文件,在第 9 行的后面添加下列代码:

```
import RPi.GPIO as GPIO
```

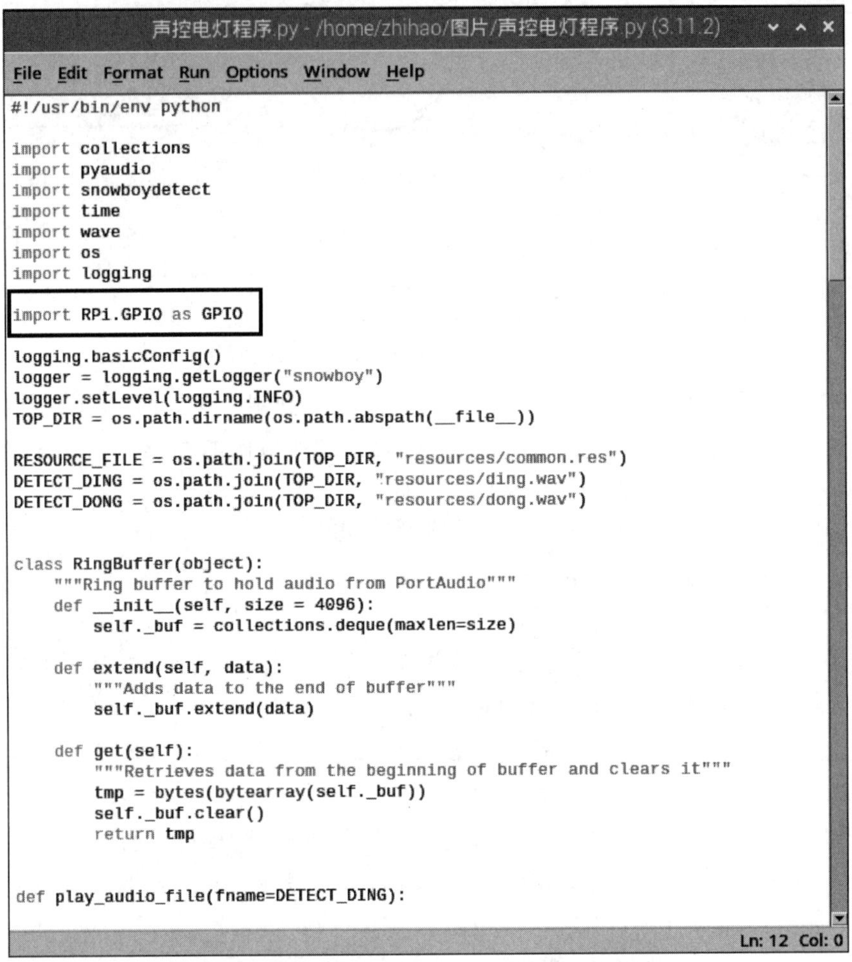

```
声控电灯程序.py - /home/zhihao/图片/声控电灯程序.py (3.11.2)

File  Edit  Format  Run  Options  Window  Help

#!/usr/bin/env python

import collections
import pyaudio
import snowboydetect
import time
import wave
import os
import logging

import RPi.GPIO as GPIO

logging.basicConfig()
logger = logging.getLogger("snowboy")
logger.setLevel(logging.INFO)
TOP_DIR = os.path.dirname(os.path.abspath(__file__))

RESOURCE_FILE = os.path.join(TOP_DIR, "resources/common.res")
DETECT_DING = os.path.join(TOP_DIR, "resources/ding.wav")
DETECT_DONG = os.path.join(TOP_DIR, "resources/dong.wav")


class RingBuffer(object):
    """Ring buffer to hold audio from PortAudio"""
    def __init__(self, size = 4096):
        self._buf = collections.deque(maxlen=size)

    def extend(self, data):
        """Adds data to the end of buffer"""
        self._buf.extend(data)

    def get(self):
        """Retrieves data from the beginning of buffer and clears it"""
        tmp = bytes(bytearray(self._buf))
        self._buf.clear()
        return tmp


def play_audio_file(fname=DETECT_DING):

                                                          Ln: 12  Col: 0
```

图 17-12　修改后的 snowboydecoder.py 文件

在 snowboydecoder.py 文件中"def play_audio_file(fname＝DETECT_DING):"这一行的后面,插入以下 6 行代码,其结果如图 17-13 所示。

```
GPIO.setmode(GPIO.BCM)
GPIO.setup(22, GPIO.IN)
x = GPIO.input(22)
x = not x
GPIO.setup(17, GPIO.OUT)
GPIO.output(17, x)
```

这些代码的作用是定义 GPIO 接口为 BCM 模式,将 GPIO22 引脚设置为信号输入脚,将 GPIO17 引脚设置为信号输出脚,用于控制电灯的开关。当收到语音控制指令时,通过与 GPIO22 引脚读取当前 GPIO17 引脚的工作状态,然后,求出其相反值,再输出到 GPIO17

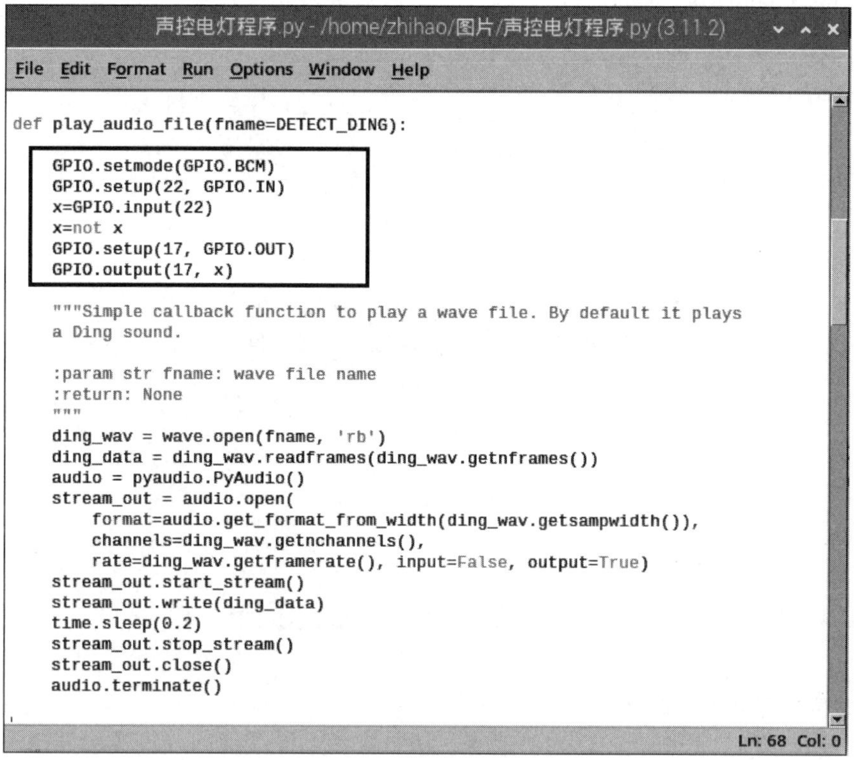

```
声控电灯程序.py - /home/zhihao/图片/声控电灯程序.py (3.11.2)        ∨ ∧ ✕

File  Edit  Format  Run  Options  Window  Help

def play_audio_file(fname=DETECT_DING):

    GPIO.setmode(GPIO.BCM)
    GPIO.setup(22, GPIO.IN)
    x=GPIO.input(22)
    x=not x
    GPIO.setup(17, GPIO.OUT)
    GPIO.output(17, x)

    """Simple callback function to play a wave file. By default it plays
    a Ding sound.

    :param str fname: wave file name
    :return: None
    """
    ding_wav = wave.open(fname, 'rb')
    ding_data = ding_wav.readframes(ding_wav.getnframes())
    audio = pyaudio.PyAudio()
    stream_out = audio.open(
        format=audio.get_format_from_width(ding_wav.getsampwidth()),
        channels=ding_wav.getnchannels(),
        rate=ding_wav.getframerate(), input=False, output=True)
    stream_out.start_stream()
    stream_out.write(ding_data)
    time.sleep(0.2)
    stream_out.stop_stream()
    stream_out.close()
    audio.terminate()

                                                              Ln: 68  Col: 0
```

图 17-13 修改后的 snowboydecoder.py 文件

引脚。

修改完成后，保存 snowboydecoder.py 文件，并重新执行以下命令：

```
python demo.py lamp.pmdl
```

如果一切正常，则每说一次唤醒词"电灯"，电灯的工作状态就会应声变化，从熄灭变为点亮，或者从点亮变为熄灭。

第 *18* 章

用树莓派搭建智能小车

实例 99　树莓派智能小车的硬件设计

1. 树莓派智能小车的结构

树莓派智能小车典型的硬件结构主要包括树莓派主板、电机驱动模块、传感器模块和其他辅助模块(如无线通信模块和电源模块),如图 18-1 所示。

图 18-1　树莓派智能小车

树莓派智能小车各部分的工作原理如下:

(1) 核心控制单元。树莓派主板作为小车的核心控制单元,负责运行程序和控制各个模块。通过编程,树莓派可以接收并处理来自传感器的数据,发送指令给电机驱动模块,控制小车的运动。

(2) 电机驱动模块。电机驱动模块用于控制小车的电机和车轮,实现前进、后退、转弯等动作。树莓派主板通过 GPIO(通用输入输出)引脚与电机驱动模块相连,发送 PWM(脉冲宽度调制)信号给电机驱动模块,控制电机的转速和方向。

(3) 传感器模块。传感器模块包括各种传感器,如超声波传感器、红外线传感器等,用于感知周围环境。这些传感器将感知到的数据(如距离、方向等)发送给树莓派主板,主板根据这些数据来控制小车的运动。

(4) 循线模块。循线功能通常用红外线传感器来实现。红外线传感器可以检测地面上的黑线或其他标记,从而引导小车沿着预定的路线行驶。

(5) 超声波避障模块。超声波传感器可以测量小车与前方障碍物之间的距离。当距离小于一定阈值时,树莓派主板会发送指令给电机驱动模块,使小车改变方向,绕过障碍物。

（6）无线通信模块。无线通信模块通常是 WiFi 模块或蓝牙模块，用于同其他设备或云平台进行通信。这使得用户可以通过手机、计算机等设备远程控制小车，或者将小车的状态信息发送到云平台进行监控和分析。

（7）电源模块。电源模块提供电力供应，可以是电池或外部电源适配器。电源模块为小车的各个部件提供稳定的电力供应，确保小车能够正常运行。

在软件方面，树莓派智能小车通常使用 Python 等编程语言进行编程。通过编写程序，用户可以定义小车的行为模式、传感器数据的处理方式以及与其他设备的通信方式等。此外，还可以使用各种开源的库和框架来简化编程过程，提高开发效率。

总的来说，树莓派智能小车的工作原理是通过树莓派主板、电机驱动模块、传感器模块以及其他辅助模块的协同工作，实现小车的自动控制和智能感知。

2. 智能小车的底盘

树莓派智能小车的底盘包括支架和安装孔等，如图 18-2 所示。组成一辆小车需要在底盘上安装树莓派主板、四个车轮、电机驱动板、超声波传感器、红外线传感器、摄像头和电池等部件。

图 18-2　树莓派智能小车的底盘

3. 直流电机

电机分直流电机、伺服电机和步进电机 3 类。直流电机俗称马达，用于带动树莓派智能小车的车轮旋转，从而令智能小车前进、后退、转弯和停止。树莓派智能小车使用的直流电机如图 18-3 所示。

直流电机是一种能将直流电能转换成机械能（直流电动机）或将机械能转换成直流电能（直流发电机）的旋转电机。下面介绍直流电机的结构与工作原理。

1）直流电机的结构

直流电机主要由定子和转子两部分组成，结构如图 18-4 所示。

（1）定子部分包括主磁极、换向极、机座、碳刷和端盖等装置。

主磁极的作用是产生气隙磁场，由主磁极铁心和励磁绕组两部分组成。铁心一般用硅钢板冲片叠压铆紧而成，分为极身和极靴两部分。励磁绕组用绝缘铜线绕制而成，套在主磁极铁心上。

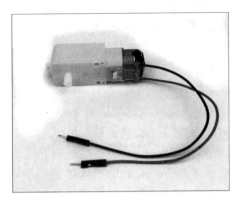

图 18-3 直流电机

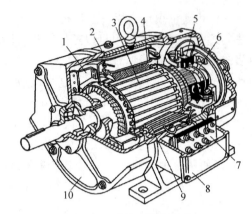

图 18-4 直流电机的结构

1—风扇；2—机座；3—电枢；4—主磁极；5—碳刷；6—换向器；
7—接线板；8—出线盒；9—换向极；10—端盖

换向极的作用是改善换向,减小电机运行时电刷与换向器之间可能产生的换向火花。一般装在两个相邻主磁极之间,由换向极铁心和换向极绕组组成。

机座是电机定子的外壳,用于固定主磁极、换向极和端盖,对整个电机起支撑和固定作用。同时,机座本身也是磁路的一部分,借以构成磁极之间磁的通路。

碳刷由电刷、刷握、刷杆和刷杆座等组成,用于引入或引出直流电压和电流。

(2) 转子部分包括电枢铁心、电枢绕组、换向器和风扇等部件。

电枢铁心是主磁路的主要部分,同时用于嵌放电枢绕组。一般采用硅钢片冲制而成的冲片叠压而成,以降低电机运行时电枢铁心中产生的涡流损耗和磁滞损耗。

电枢绕组用于产生电磁转矩和感应电动势,是直流电机进行能量变换的关键部件。由许多线圈按一定规律连接而成。

换向器又称整流子,在直流电动机中的作用是将电刷上的直流电流变换成电枢绕组内的交流电流,使电磁转矩的方向稳定不变。在直流发电机中,它将电枢绕组交流电动势变换为电刷端上输出的直流电动势。

2) 直流电机的工作原理

当直流电通过定子绕组时,会在定子内部产生磁场。转子上的电枢绕组在磁场中旋转时,会切割磁力线,从而在电枢绕组中产生感应电动势。因为电枢绕组是闭合的,所以感应电动势会产生电流,并与磁场相互作用产生电磁力,保证转子持续旋转。在直流电动机中,电磁力会克服转子的阻转矩(如摩擦和负载转矩),使转子按特定方向旋转。而在直流发电机中,转子的旋转会在电枢绕组中产生交变电动势,通过换向器和电刷装置,将其转换为直流电动势输出。

总之,直流电机的构造和工作原理是基于电磁感应和电磁力作用的。通过定子产生的磁场和转子电枢绕组中的电流相互作用,实现电能和机械能之间的转换。

4. 直流电机驱动模块

一般来说,可以通过给直流电机施加正向电流和反向电流来改变直流电机的旋转方向。这个用来改变直流电机转动方向的电路称为 H 桥,如图 18-5 所示。

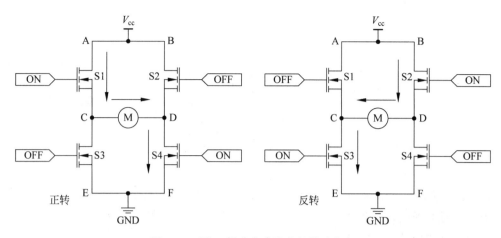

图 18-5 用 H 桥改变直流电机转动方向

H 桥电路由 4 个开关(通常是晶体管或 MOSFET)按特定配置排列而成。通过选择性地打开和关闭这些开关,可以控制通过电机的电流,使其能够以正反方向旋转或停止。

在图 18-5 所示的电路中,当开关 S1 和 S4 闭合并且开关 S2 和 S3 断开时,电流从电源正极出发,流经 A 点、C 点、直流电机、D 点和 F 点,最后到达电源负极,使直流电机顺时针旋转(正转);当开关 S1 和 S4 断开并且开关 S2 和 S3 闭合时,电流从电源正极出发,流经 B 点、D 点、直流电机、C 点和 E 点,最后到达电源负极,从而使流过直流电机的电流方向相反,直流电机逆时针旋转(反转)。

由于树莓派自身没有电机驱动模块,因此使用直流电机时需要外加具有 H 桥功能的电机驱动模块。L298N 是一款常用的电机驱动模块,如图 18-6 所示。

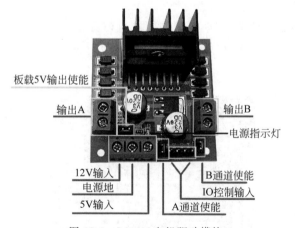

图 18-6 L298N 电机驱动模块

L298N 电机驱动模块是一种基于 L298N 芯片的电机驱动解决方案。下面简要介绍 L298N 电机驱动模块。

(1)基本功能:L298N 电机驱动模块主要用于控制直流电机或步进电机的转动方向和速度。它通过控制芯片内部的 4 个开关管来控制电流流向电机的两个线圈,从而实现电机的正转、反转、停止以及调速等功能。

（2）主要技术参数。

驱动部分端子供电范围(Vs)：5～35V

驱动部分峰值电流(Io)：2A

逻辑部分端子供电范围(Vss)：5～7V(板内取电＋5V)

控制信号输入电压范围：低电平为－0.3～1.5V；高电平为2.3～5V

使能信号输入电压范围：低电平为－0.3～1.5V(控制信号无效)；高电平为2.3～5V(控制信号有效)

驱动板尺寸：48mm×43mm×33mm

（3）工作模式：L298N电机驱动模块采用H桥驱动(双路)模式，可以同时驱动两个电机。当两个对角线的开关管同时通电时，会产生电机转动的力矩。通过不同的开关管组合，可以控制电机的旋转方向和速度。

（4）电路结构：L298N电机驱动模块的电路包括一个电源接口、一个控制端口和两个输出端口。控制端口可以接入树莓派、蓝牙模块等外部控制器，通过传输不同的数字信号来控制L298N驱动电机的方向和速度。输出端口可以接入直流电机的两个线圈或步进电机的4个线圈，通过输出不同的电流和电压来控制电机的运行。

（5）应用实例：在实际应用中，L298N电机驱动模块可用于各种需要控制电机转动方向和速度的场合，如机器人、智能小车、自动化设备等。例如，可以利用两个L298N电机驱动模块来驱动4个电机，实现智能小车的前进、后退、平移和自转等动作。

总之，L298N电机驱动模块是一种功能强大、易于使用的电机驱动解决方案，广泛应用于各种需要精确控制电机动作的场合。

5. 树莓派扩展板

如果需要连接的电机较多，例如要用伺服电机改变摄像头的拍摄方向，使之能左右转动、沿俯仰角转动，则可以选购树莓派多功能电机驱动扩展板，如图18-7所示。

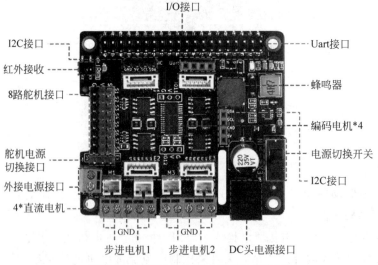

图18-7　树莓派多功能电机驱动扩展板

树莓派多功能电机驱动扩展板适用于树莓派 Zero/Zero W/Zero 2W/A＋/B＋/2B/3B/4B/5B。能同时支持多路电机、步进电机、舵机、编码电机，并且可以多板层叠扩展出更多的控制接口，特别适合玩家 DIY 机器人、智能小车、机械手臂和智能云台等各种应用。控制接口采用简单的 I²C 接口，兼容 3.3V/5V 电平。

树莓派多功能电机驱动扩展板可同时驱动 8 路舵机，3Pin(黑红蓝 GVS)标准接口接线，方便连接舵机，舵机电源可切换至外部独立供电；支持 4 路 6～24V 直流电机，PH2.0 接口或者 3.5mm 接线柱，电机单路输出电流 3A；支持同时驱动 2 路 4 线步进电机。

目前，市场上还有许多同类的适用于树莓派的驱动直流电机、舵机的扩展板产品，这些产品能够支持更多的电机和传感器。

实例 100　树莓派智能小车的软件设计

本例讨论单个直流电机的树莓派智能小车设计方案。如果需要控制多个直流电机，其工作原理与本例相似。

1. 所需组件

所需的组件包括树莓派 4B/5B 主板、L298N 电机驱动模块、12V 直流电机、12V 电源、树莓派电源、连接线若干。

2. 电路设计

树莓派与单个直流电机和 L298N 电机驱动模块的接线方式如图 18-8 所示。

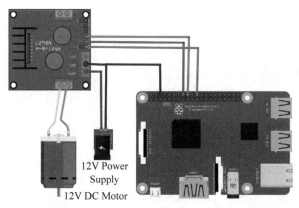

图 18-8　树莓派与单个直流电机和 L298N 电机驱动模块的接线方式示意图

树莓派与 L298N 电机驱动模块电路的设计非常简单，电路连接方式如下：

(1) 将 12V 电源连接到 L298N 电机驱动模块；

(2) 使树莓派的地线(GND)和 L298N 电机驱动模块的地线(GND)连接在一起；

(3) 由于需要使用 L298N 的单个通道，因此请将 L298N 的 ENA 引脚连接到树莓派的物理引脚 22(GPIO BCM25)；

(4) 将 L298N 模块的 IN1 和 IN2 分别连接到树莓派 GPIO 的物理引脚 16(GPIO BCM23)和物理引脚 18(GPIO BCM24)。

3. 控制命令

在这个实例中，可以实现通过按下某个按键来指挥直流电机的运转，各个按键对应的控制命令如下。

r：运行（运行或启动电机）。

s：停止（停止电机）。

f：向前（正转）-默认方向。

b：向后（反转）。

l：低速（将速度降低到 25%）-默认速度。

m：中速（以中速 50% 运行电机）。

h：高速（将速度提高到 75% 水平）。

e：退出（停止电机并退出 Python）。

4. 软件设计

在 Python 程序中，通过树莓派的物理引脚 16 和物理引脚 18 向 L298N 电机驱动模块的 IN1 脚和 IN2 脚输出不同的控制信号，可以令直流电机正转或反转。改变 EN 使能端的 PWM 脉宽调制信号的占空比，可以改变直流电机的转速。

控制单个直流电机的 Python 程序较长，以下分 4 部分来说明。

控制单个直流电机程序的第 1 部分如图 18-9 所示。

```python
控制单个直流电机.py  ×
1   import RPi.GPIO as GPIO        # 导入RPi.GPIO库
2   from time import sleep         # 导入time计时库
3
4   # 定义接口
5   in1 = 24                       # 树莓派BCM24脚连接到L298N的in1控制端
6   in2 = 23                       # 树莓派BCM23脚连接到L298N的in2控制端
7   en = 25                        # 树莓派BCM25脚连接到L298N的ENA使能端
8   temp1=1                        # 设置临时变量,代表直流电机当前的工作状况
9
10  # 设置输出模式
11  GPIO.setmode(GPIO.BCM)
12  GPIO.setup(in1,GPIO.OUT)
13  GPIO.setup(in2,GPIO.OUT)
14  GPIO.setup(en,GPIO.OUT)
15
16  # 输出低电平
17  GPIO.output(in1,GPIO.LOW)
18  GPIO.output(in2,GPIO.LOW)
19
20  # 启动直流电机，并显示命令列表
21  # r-运行 s-停止 f-前进 b-后退 l-低速 m-中速 h-高速 e-结束
22  p=GPIO.PWM(en,1000)            # 创建一个频率为1000的PWM对象,并向en端输出PWM信号
23  p.start(25)
24  print("\n")
25  print("The default speed & direction of motor is LOW & Forward.....")
26  print("r-run s-stop f-forward b-backward l-low m-medium h-high e-exit")
27  print("\n")
28
```

图 18-9　控制单个直流电机程序的第 1 部分

程序说明如下：

第 1、2 行，导入 RPi. GPIO 库和 time 库。

第 4~8 行，定义接口，BCM23 引脚（即物理引脚 18）和 BCM24 引脚（即物理引脚 20）为控制信号输出端，连接 L298N 模块的输入端 IN1 和 IN2，用于控制直流电机的旋转方向。并定义树莓派的 BCM25 引脚（即物理引脚 24）连接 L298N 模块的使能端 EN，输出 PWM

信号,并通过改变占空比来改变直流电机的转速。

第10~14行,定义输出模式,树莓派的 GPIO 工作模式为 BCM 模式,in1、in2 和 en 为输出端。

第16~18行,令 in1 和 in2 输出低电平。

第20~27行,启动直流电机,并给出命令提示。

控制单个直流电机程序的第 2 部分如图 18-10 所示,说明如下:

```
控制单个直流电机.py  ×
29    # 主循环
30  ⊟while(1):
31        x=input()
32  ⊟    if x=='r':          # 如果按下 R 键,令小车运转
33            print("run")
34  ⊟        if(temp1==1):       # 如果临时变量的值为1,那么小车的当前状态为前进
35                GPIO.output(in1,GPIO.HIGH)
36                GPIO.output(in2,GPIO.LOW)
37                print("forward")
38                x='z'
39  ⊟        else:               # 否则令小车后退
40                GPIO.output(in1,GPIO.LOW)
41                GPIO.output(in2,GPIO.HIGH)
42                print("backward")
43              x='z'
44
45  ⊟    elif x=='s':        # 如果按下 S 键,那么令小车停止
46            print("stop")
47            GPIO.output(in1,GPIO.LOW)
48            GPIO.output(in2,GPIO.LOW)
49            x='z'
50
51  ⊟    elif x=='f':        # 如果按下 F 键,那么令小车前进
52            print("forward")
53            GPIO.output(in1,GPIO.HIGH)
54            GPIO.output(in2,GPIO.LOW)
55            temp1=1
56            x='z'
```

图 18-10　控制单个直流电机程序的第 2 部分

第30行,创建无限循环。在这个循环中,等待用户按键来输入命令,并且根据不同的按键控制直流电机执行相应的动作。

第31行,等待用户按键。

第32~43行,如果用户按 R(restart)键,则智能小车重新运转,原来的方向是前进则继续前进,原来的方向是后退则继续后退。

第45~49行,如果用户按 S(stop)键,则智能小车停止运转。

第51~56行,如果用户按 F(forward)键,则智能小车前进。

控制单个直流电机程序的第 3 部分如图 18-11 所示,说明如下:

第58~63行,如果用户按 B(backward)键,则智能小车后退。

第65~68行,如果用户按 L(low)键,则使能端的占空比设置为 25%,智能小车以低速运转。

第70~73行,如果用户按 M(middle)键,则使能端的占空比设置为 50%,智能小车以中速运转。

第75~78行,如果用户按 F(fast)键,则使能端的占空比设置为 75%,智能小车以高速运转。

第80~82行,如果用户按下了 E(exit)键,则智能小车停止,运转结束程序。

图 18-11　控制单个直流电机程序的第 3 部分

控制单个直流电机程序的第 4 部分如图 18-12 所示,说明如下:

图 18-12　控制单个直流电机程序的第 4 部分

第 84~86 行,如果用户按下了其他键,则提示输入错误。

到此,控制单个直流电机的 Python 程序剖析完成。

5. 超声波测距避障程序

如实例 82 所述,用户可以在树莓派智能小车的前面安装超声波传感器(如 HC-SR04),通过超声波传感器来检测智能小车与障碍物之间的距离,并根据检测结果来自动控制智能小车的行驶。

树莓派超声波避障程序分两部分进行介绍。

如图 18-13 所示,这是可以实现树莓派超声波避障程序的第 1 部分。

第 1、2 行,导入 RPi. GPIO 库和计时 time 库。

第 4~6 行,设置 GPIO 模式,忽略 GPIO 出错警告。

第 8~14 行,设置 BCM19 引脚和 BCM26 引脚为发送和接收超声波信号的引脚。

超声波避障程序的第 2 部分如图 18-14 所示。

第 16~33 行,定义测量距离的函数 get_distance(),检测超声波从发送至接收回声波的时间间隔,并用声音的传播速度乘以时间间隔,然后除以 2 计算距离。

第 35~45 行,主循环中每 0.5s 调用一次避障检测函数测距,如果小于安全距离

超声波避障.py

```
1  import RPi.GPIO as GPIO  # 导入RPi.GPIO库
2  import time              # 导入计时库
3
4  # 设置GPIO模式
5  GPIO.setmode(GPIO.BCM)
6  GPIO.setwarnings(False)
7
8  # 定义GPIO引脚
9  TRIGGER = 19             # 超声波发送端
10 ECHO = 26                # 回声波检测端
11
12 # 设置GPIO模式
13 GPIO.setup(TRIGGER, GPIO.OUT)
14 GPIO.setup(ECHO, GPIO.IN)
15
16 def get_distance():
17     # 发送超声波触发信号
18     GPIO.output(TRIGGER, True)
19     time.sleep(0.00001)
20     GPIO.output(TRIGGER, False)
21
22     start_time = time.time()
23     while GPIO.input(ECHO) == 0:  # 开始计时
24         start_time = time.time()
25
26     while GPIO.input(ECHO) == 1:  # 结束计时
27         stop_time = time.time()
28
```

图 18-13 树莓派超声波避障程序的第 1 部分

超声波避障.py

```
29     # 计算距离
30     elapsed_time = stop_time - start_time
31     distance = (elapsed_time * 34300) / 2
32
33     return distance
34
35 def avoid_obstacle():
36     # 检测距离，如果物体太近，则执行避障动作
37     distance = get_distance()
38     if distance < 30:  # 假设安全距离为30cm
39         # 实现小车避障的代码，例如转向等
40         print("Obstacle detected! Avoiding...")
41
42 try:
43     while True:
44         avoid_obstacle()   # 调用自动避障函数
45         time.sleep(0.5)    # 每0.5秒检测一次
46
47 except KeyboardInterrupt:  # 当按下[ctrl+c]时结束程序
48     print("Program terminated.")
49
50 finally:
51     GPIO.cleanup()  # 清理GPIO设置
52
```

图 18-14 超声波避障程序的第 2 部分

(30cm)，则令小车转弯或者停止，从而避开障碍物。

第 47～51 行，如果用户按快捷键 Ctrl+C，则结束程序，并释放 GPIO 资源。

以上仅讨论了单个直流电机的控制，单个直流电机的功能比较简单，只能实现变速、前进、后退和停止，请读者思考，怎样用两个或 4 个直流电机来驱动车轮，从而实现智能小车向左转和向右转的功能。

参 考 文 献

[1]   柯博文.树莓派(Raspberry Pi)实战指南[M].北京:清华大学出版社,2015.

[2]   程国钢.树莓派就这么玩[M].北京:电子工业出版社,2015.

[3]   朱铁斌.开源硬件创客:15 个酷应用玩转树莓派[M].北京:人民邮电出版社,2015.

[4]   Blum R,Bresnahan C.树莓派 Python 编程入门与实战[M].王超,马立新,译.北京:人民邮电出版
       社,2015.

[5]   McManus S,Cook M.电子达人:我的第一本 Raspberry Pi 入门手册[M].杜春晓,译.北京:人民邮
       电出版社,2016.

[6]   Upton E,Halfacree G.树莓派用户指南[M].张静轩,郭栋,许金超,等译.3 版.北京:人民邮电出版
       社,2016.

[7]   Gajjar R.树莓派+传感器:创建智能交互项目的实用方法、工具及最佳实践[M].胡训强,张新景,
       译.北京:机械工业出版社,2016.

[8]   胡松涛.树莓派开发从零开始学[M].北京:清华大学出版社,2016.

[9]   Richardson M,Wallace S.爱上 Raspberry Pi 树莓派编程快速入门手册[M].张佳进,孙超,陈立畅,等
       译.2 版.北京:人民邮电出版社,2016.

[10]   柯博文.树莓派 3 实战指南[M].北京:清华大学出版社,2016.

[11]   Grimmett R.树莓派机器人蓝图权威宝典[M].刘端阳,译.北京:电子工业出版社,2017.

[12]   Monk S.树莓派开发实战[M].韩波,译.2 版.北京:人民邮电出版社,2017.

[13]   张政桢.用树莓派去创造[M].北京:清华大学出版社,2017.

[14]   Monk S.创客电子·Arduino 和 Raspberry Pi 智能制作项目精选[M].陈立畅,张佳进,马瑛,等译.
       北京:人民邮电出版社,2017.

[15]   Sweigart A.Python 游戏编程快速上手[M].李强,译.4 版.北京:人民邮电出版社,2017.

[16]   Breen D.达人迷:Scratch 趣味编程 16 例[M].李小敬,翁恺,译.北京:人民邮电出版社,2017.

[17]   Upton E,Duntemann J,Roberts R,et al.使用 Raspberry Pi 学习计算机体系结构[M].张龙杰,杨玫,
       孙涛,等译.北京:清华大学出版社,2018.

[18]   王进德.Raspberry Pi 入门与机器人实战[M].北京:北京大学出版社,2018.

[19]   金学林.零基础学编程:树莓派和 Python[M].北京:电子工业出版社,2018.

[20]   Vamei,周昕梓.树莓派开始,玩转 Linux[M].北京:电子工业出版社,2018.

[21]   Watkiss S.树莓派实战全攻略:Scratch、Python、Linux、Minecraft 应用与机器人智能制作[M].方
       可,译.北京:人民邮电出版社,2018.

[22]   藏下雅之.Arduino+传感器:玩转电子制作[M].曾薇薇,译.北京:人民邮电出版社,2018.

[23]   Newcomb A.Linux 创客实战[M].刘端阳,王学昭,译.北京:机械工业出版社,2018.

[24]   Grimmett R.树莓派机器人实战秘笈[M].韩波,译.北京:人民邮电出版社,2018.

[25]   陈佳林.树莓派创客:手把手教你搭建机器人[M].北京:清华大学出版社,2019.

[26]   Membrey P,Hows D.高效树莓派学习指南[M].肖文鹏,译.北京:机械工业出版社,2020.

[27]   刘洋,马兴录,赵振,等.树莓派智能小车嵌入式系统开发实战[M].北京:清华大学出版社,2020.

[28]   陈佳林.智能硬件与机器视觉:基于树莓派、Python 和 OpenCV[M].北京:机械工业出版社,2020.

[29]   贺雪晨,仝明磊,谢凯年,等.智能家居设计:树莓派上的 Python 实现[M].北京:清华大学出版
       社,2020.

[30]   明日科技,李再天,王龙祥.Python 硬件开发树莓派从入门到实践[M].北京:清华大学出版

社,2021.

[31]　王勇.树莓派智能系统设计与应用[M].北京:清华大学出版社,2022.

[32]　李伟斌.树莓派4与人工智能实战项目[M].北京:清华大学出版社,2022.

[33]　Monk S.Python树莓派编程从零开始[M].张小明,任海英,译.3版.北京:清华大学出版社,2022.

[34]　余智豪.Python超好玩:Python+Pygame+20个精彩游戏剖析[M].北京:清华大学出版社,2023.

[35]　Matthes E.Python编程从入门到实践[M].袁国忠,译.3版.北京:人民邮电出版社,2023.

[36]　Monk S.树莓派开发实战[M].韩波,译.3版 北京:人民邮电出版社,2023.